高等学校烹饪与营养教育专业教材

金洪霞

宫润华 / 主编

U0378649

中国
烹饪概论

（第二版）

ZHONGGUO
PENGREN
GAILUN

中国轻工业出版社

图书在版编目（CIP）数据

中国烹饪概论/金洪霞，宫润华主编. —2版. —北京：
中国轻工业出版社，2024.8
高等学校烹饪与营养教育专业教材
ISBN 978-7-5184-3321-6

Ⅰ.① 中… Ⅱ.① 金… ② 宫… Ⅲ.① 中式菜肴 – 烹
饪 – 高等学校 – 教材 Ⅳ.① TS972.117

中国版本图书馆CIP数据核字（2020）第257399号

责任编辑：方　晓　　责任终审：白　洁　　设计制作：锋尚设计
策划编辑：史祖福　　责任校对：朱燕春　　责任监印：张　可

出版发行：中国轻工业出版社（北京鲁谷东街 5 号，邮编：100040）
印　　刷：河北鑫兆源印刷有限公司
经　　销：各地新华书店
版　　次：2024年8月第2版第5次印刷
开　　本：787×1092　1/16　印张：12.5
字　　数：256千字
书　　号：ISBN 978-7-5184-3321-6　定价：42.00元
邮购电话：010-85119873
发行电话：010-85119832　010-85119912
网　　址：http://www.chlip.com.cn
Email：club@chlip.com.cn
版权所有　侵权必究
如发现图书残缺请与我社邮购联系调换
241309J1C205ZBW

本书编委会

主　　编：金洪霞　宫润华

副 主 编：梁　慧　谢　军　曹成章

编　　委：樊丽娟　谭　璐　田憬若

　　　　　杜冠群　程小敏　王　权

特邀编审：赵建民

《中国烹饪概论》（第二版）是在 2016 年中国轻工业出版社出版的赵建民、梁慧主编的《中国烹饪概论》的基础上，组织国内部分开设"烹饪与营养教育"专业的本科院校的教师，根据新的国家教学大纲，进行内容上的调整、审定后编纂而成。《中国烹饪概论》（第二版）突出如下特点。

首先，突出新时代的社会风采，以实现中华民族伟大复兴的"中国梦"为前提，以弘扬中国传统文化为导向，将中华民族的传统文化精神贯穿整个教材。烹饪文化、烹饪技艺虽然是以实用为主的技艺体系，但体现的却是中华民族长期的生活经验积累与文化积淀，因此属于非物质文化遗产范畴。学习和传承烹饪文化与烹饪技艺，不仅是为了学习一门手艺，更重要的在于传承中华民族的优秀文化，弘扬民族文化精神，培养现代烹饪工作者的爱国情操。

其次，以传承和培养大国工匠精神为职业基础，系统总结中国烹饪文化的内涵与烹饪技艺的精华。在现代化高科技发展的背景下，传统的烹饪技艺在许多人的眼里可能属于"雕虫小技"，但它发展到今天却是经过华夏民族无数代无数人的长期创造、积累形成的，其中包括一些高超的技术环节，是一个完整的技艺体系。要学习传承中国的烹饪技艺，就需要具备刻苦努力、一丝不苟、精益求精、勇于奉献的工匠精神。第二版教材始终把工匠精神贯穿其中，并以此培养未来烹饪工作者高尚的职业情操和良好的职业道德。

再次，传统的烹饪技艺需要适应新时代的发展，才能够发扬光大民族的传统文化。现代厨师应该具备这样的学习态度和发展理念。中央厨房、现代化生产线、物流配送、互联网、物联网、5G 等现代化、新技术的发展，也为中国烹饪的发展带来了前所未有的机会。作为一个新时代的烹饪工作者，把传统的技艺与新时代的发展技术相融合，是保障中国烹饪发展的必需条件。《中国烹饪概论》（第二版）把新时代发展的理念与烹饪职业教育教学紧密相结合，突出全球化信息时代的发展精神。

《中国烹饪概论》（第二版）虽然在重新修订过程中以严谨的科学态度和新时代的社会责任感对教材进行了较大调整和改编，但毕竟由于编写者理解能力与知识结构所限，书中难免存在一些不足，敬请专家、学者及广大读者提出宝贵意见，以便进一步修订完善。

本教材在修订过程中，参考、引用了国内外许多相关教材和著作，在此谨一并向被参考、引用各书的著作者表示衷心的感谢。同时，在本教材的编写过程中得到了各参编学校领导、教师、专家的大力支持，在此表示衷心的感谢。

《中国烹饪概论》（第二版）由山东旅游职业学院金洪霞、云南普洱学院宫润华共同主持修订、编写。湖北经济学院梁慧、樊丽娟，长沙商贸旅游职业技术学院谢军、谭璐，山东城市服务技师学院曹成章，山东旅游职业学院田憬若、杜冠群，扬州大学程小敏和武汉商学院王权等众多资深烹饪专业教师参与了本书的修订、编写工作。

编者谨识

2020 年 12 月

第一版前言
PREFACE

中国饮食文化是中华民族文化宝库中极其重要的组成部分，是最富有民族文化特色的内容之一。其中仅就我国的烹饪技艺而言，已有许多项目被列入了国家级非物质文化遗产名录。近几十年来，随着我国国民经济的日益繁荣发展与国民饮食生活水平的快速提升，中国烹饪技术所创造的美食餐饮，为中国民生质量的提升作出了巨大的贡献。我国高等院校的酒店管理专业与烹饪工艺职业教育也得到了迅速发展。

中国饮食烹饪是科学，是艺术，是文化。中国餐饮业经过近几十年的蓬勃发展，需要一大批具有较高文化素质与专业水平的人才队伍，因此促进了我国餐饮、酒店、烹饪等相关专业领域高等院校本科教育与高等职业教育的发展。现代餐饮业发展所需要的专业人才，已经不仅仅只是某一方面专业技能的培养与学习，尤其是在当前我国餐饮企业以发展品牌企业、大打餐饮文化牌、大力推动餐饮产业化为市场目标的视域下，尤其需要既有专业技能又有广博的文化知识兼具管理才能的复合型人才。正是基于这样的原因，我们为在"十二五"期间中开设有餐饮管理、酒店管理、烹饪工艺等专业的高等院校本科教学与高等职业院校教学，编写了《中国烹饪概论》专用教材，以供各院校相关专业教学使用。该教材由国内众多高等院校的专家学者参编，集思广益，认真提炼编写内容；同时也借鉴了已有的几种《中国烹饪概论》专著的成果。但由于中国烹饪文化的内容丰厚广博，涉及的知识领域颇多，我们只能根据目前我国高等院校本科教学与高等职业院校相关专业的实际情况，有针对性地设计了几个重点板块内容。尽管这些内容并不是中国烹饪文化的全部，但具有一定的代表意义与实用价值。

本书在着重突出我国本科教育与高等职业教育特征的基础上，尽可能地吸收烹饪科学教学体系、食品学科与我国餐饮业发展的最新研究成果和发展动态信息，包括国际酒店业、餐饮业的发展与烹饪科学的最新成果。但由于编写者理解能力与知识结构所限，加之我国烹饪文化内涵丰富深厚，而且国内学者对于中国烹饪学的理解也有差异，因此，在本教材的编写过程中，尽可能采用大多数专家学者、行业人士认同的观点与学术成果。尽管如此，书中的许多内容还有待于进一步提炼与完善。

本书内容分为八个章节，包括中国烹饪概述、中国烹饪发展简史、烹饪作业的三要素、中国烹饪基本工艺、中国烹饪菜肴体系、中国烹饪文化、中国烹饪艺术和中国烹饪发展前瞻。

本书由山东旅游职业学院赵建民、湖北经济学院梁慧主持编写，山东旅游职业学院、武汉职业技术学院、山东东营劳动职业技术学院的众多资深烹饪专业教师参与了本书的编写工作。具体分工：第一章、第六章由山东旅游职业学院赵建民编写；第二章由湖北经济学院梁慧编写；第三章由山东旅游职业学院金洪霞编写；第四章由山东旅游职业学院郭华波、崔刚编写；第五章由山东东营劳动职业技术学院郭志刚编写；第七章由武汉职业技术学院樊丽娟编写；第八章由中国鲁菜文化博物馆孙立新、济南市第三职业中专孙一慰编写。同时，在本教材的编写过程中得到了各参编院校领导、教师、专家们的大力支持，更有中国轻工业出版社领导与编辑人员的积极工作以及给予编写人员的大力支持与鼓励，在此表示衷心的感谢。

由于编写时间仓促，加之编写人员的水平与能力所限，书中错误、缺点在所难免，敬请广大教师、学生、专家、学者及广大读者提出宝贵意见，以便今后进一步修订完善。

赵建民

2013 年 7 月谨识

目 录
CONTENTS

第一章　中国烹饪概述 /001

第一节　中国烹饪的意义..................................001

一、中国烹饪的含义 001

二、烹饪与烹调的关系 003

三、中国烹饪文化的含义 003

第二节　中国烹饪的特征..................................006

一、中国烹饪的特征 006

二、中国烹饪的基本属性 008

第三节　中国烹饪的地位..................................010

一、饮食是人类生存的基本保证 010

二、我国古代圣贤创造了饮食文化.................010

三、当代烹饪体现社会发展水平 011

四、中国烹饪在世界上的地位 011

第四节　中国烹饪学科体系..................................013

一、中国烹饪学的概念 013

二、中国烹饪学研究的对象、内容及方法.................014

第二章　中国烹饪发展简史 /018

第一节　中国烹饪的起源..................................018

一、火的发明与使用 018

二、中国陶具的发明与使用 019

三、调味品的发现与使用 020

第二节　中国古代烹饪发展简况..................................021

一、史前烹饪时期 021

二、夏、商、周三代时期的烹饪 022

三、秦汉魏晋南北朝时期的烹饪 025

四、唐宋时期的烹饪 028

五、元明清时期的烹饪 030

第三节 近当代中国烹饪概况 033

一、新中国成立之前 033

二、新中国成立至今 034

第三章 烹饪作业的三要素 /039

第一节 烹饪作业基础——设备工具 039

一、烹饪设备 040

二、烹饪用具 040

第二节 烹饪作业对象——食品原料 042

一、食品原料的分类 042

二、主、配原料 042

三、佐助料 044

四、调味料 045

第三节 烹饪作业者——厨师 047

一、古代厨师 048

二、当代厨师的职业要求 052

三、近当代著名厨师撷英 054

第四章 中国烹饪基本工艺 /060

第一节 中国烹饪工艺流程 060

一、烹饪工艺流程的概念 060

二、烹饪工艺流程的构成 061

三、烹饪工艺流程示意图及其作用 062

第二节 烹饪基本加工工艺 065

一、刀工工艺 065

二、勺工工艺 065

三、调味工艺 067

第三节 烹调方法 071

一、常见热菜烹调方法 071

二、冷菜烹调方法 075

三、面点烹饪方法 078

第四节 其他工艺 081

一、上浆、挂糊工艺 081

二、初步熟处理工艺 083

三、制汤工艺 084

第五章 中国菜肴风味流派 /088

第一节 中国菜肴风味流派的形成 088

一、菜肴风味流派形成的条件 089

二、菜肴风味流派划分的依据 091

三、菜肴风味流派的界定 092

第二节 中国菜肴构成的风味类型 093

一、中国菜肴的精华部分——宫廷风味 ... 093

二、中国菜肴的富贵部分——官府风味 094

三、中国菜肴的主体部分——地方风味 095

四、中国菜肴的基础部分——民间风味 096

五、中国菜肴的特色部分——民族风味 096

六、中国菜的特殊部分——寺院风味 097

第三节 中国菜肴地域风味流派 097

一、黄河文化流域（鲁、京、豫）........ 098

二、长江文化流域（川、苏、浙、湘、徽、沪）........... 100

三、珠江文化流域 104

第四节 中国少数民族菜肴风味 106

一、回族饮食风味 107

二、藏族饮食风味 107

三、蒙古族饮食风味 108

四、朝鲜族饮食风味 108

五、傣族饮食风味 109

六、维吾尔族饮食风味 109

第六章　中国烹饪文化 /112

第一节　烹饪典籍文化 112
　一、烹饪典籍的分类 112
　二、常见烹饪典籍简介 114
　三、《齐民要术》中有关烹饪资料 119

第二节　烹饪养生文化 121
　一、传统饮食养生观的烹饪应用 121
　二、"五味调和"的烹饪调味原则 123
　三、"大味必淡"的烹饪养生主张 123
　四、"顺应四季"的烹饪养生基础 125

第三节　中国宴席文化 126
　一、宴席的形成与发展 126
　二、宴席的种类与礼仪 130
　三、宴席中的菜肴文化 131

第七章　中国烹饪艺术 /134

第一节　中国烹饪的工艺之美 134
　一、刀工艺术 134
　二、勺工艺术 138

第二节　中国菜肴的美化艺术 139
　一、菜肴造型艺术 139
　二、菜肴点缀与围边 140
　三、花色艺术菜肴 142

第三节　中国菜肴的审美鉴赏 145
　一、烹饪专业的审美鉴赏 145
　二、文学艺术的审美鉴赏 147

第四节　中国菜肴的命名艺术 152
　一、菜肴命名的分类 153
　二、菜肴命名的艺术手法 155
　三、菜肴命名的艺术美感 156

第八章　中国烹饪发展前瞻 /162

第一节　中国烹饪发展的现状......................................162
　一、中国餐饮业发展现状 162
　二、中国烹饪的发展机遇 164
第二节　烹饪技艺的传承与创新..................................166
　一、弘扬中华民族工匠精神 166
　二、烹饪类非物质文化遗产的保护与利用.....................168
　三、烹饪工业文明的现代化发展 169
第三节　中国烹饪产业化..170
　一、餐饮业新发展——烹饪产业化.............................170
　二、"中国烹饪工艺"向"餐饮产业"的转化.................171
　三、中国烹饪餐饮产业化的基础——标准化.................172
　四、建立中国烹饪产业链 174
　五、烹饪工业文明与餐饮文化创意.............................176
第四节　中国烹饪在世界烹饪中的地位与发展前景....179
　一、中国烹饪在世界烹饪中的地位......... 179
　二、中国烹饪走向世界 180
　三、中国烹饪未来发展前瞻 182

参考文献 /188

第一章 中国烹饪概述
CHAPTER 1

学习目标: 学习、了解中国烹饪的意义,掌握中国烹饪的概念与含义;了解中国烹饪文化的含义和所涉及的内容;学习、掌握中国烹饪的特征与基本属性;认识和了解中国烹饪的地位以及有关中国烹饪学科的相关知识,包括中国烹饪研究的对象、内容与方法等。通过学习,增强对包括中国烹饪技艺在内的中国传统优秀文化的认知与热爱。

内容导引: 什么是烹饪? 什么是中国烹饪文化? 什么是烹调? 什么是烹饪学? 烹饪学是研究什么的……刚步入烹饪行业,或刚开始从事烹饪的研究者,对以上的问题都是充满了期待的,希望能够在最短的时间内了解这一连串问题的答案,并逐步弄明白中国烹饪的全部内涵与烹饪学科体系的全部内容。本章就从介绍中国烹饪的概念入手,带领学习者去了解中国烹饪全部的技术内容与文化内涵,从而增强对中国传统技艺与传统优秀文化的认识。

第一节 中国烹饪的意义

有学者认为,人类的文明起源于饮食烹饪,尤其是礼仪文明。这种观点虽然难免失之偏颇,但从熟食促进人类大脑发育、提高生活水平方面而言,也是有一定的道理的。因而,中国烹饪"历史悠久、博大精深、内涵丰富"等表述不绝于耳。其实,运用唯物史观,来研究、学习中国烹饪的发展与意义,正确理解烹饪发明与中华民族生存、发展的关系,才是最重要的。

一、中国烹饪的含义

中国烹饪是经过了从无到有、从简单到复杂、从粗糙到精致的长期的发展过程的,因而它的含义也就特别的深远。近年来人们对"烹饪"一词进行了各种各样的解释,有古代人的解释，有现代人的解释，有狭义的解释，也有广义的理解。概括起来可以从三个方面来理解它的含义。

1. 古代含义

"烹饪"一词最早见于《周易》一书，在该书的"鼎卦"中云："以木巽火，烹饪也。"这既是最早对"烹饪"一词的记载，也是对"烹饪"最为古老的一种解释，意思是说用鼎盛上食物，鼎下放上木柴，点燃后借着风力使其燃烧着火，通过加热使食物成为可以供人享用的熟食品。鼎：远古时代的炊煮器，古书中介绍"鼎"是用来"调和五味之宝器也"，有陶制的，也有青铜制的。青铜制作的鼎发展到我国的周代，已经成为礼器。木：木柴，即燃料；巽（xùn）：指风。简单地说，原始的烹饪就是把生的食物加热成为熟食品的过程，它难有烹饪技术可言。

2. 狭义解释

烹饪，就是做菜做饭。这是最简单、最普通的解释。它是指对食物原料进行合理选择、切制、配料、烹制、调味等，使之成为色、香、味、形、质俱佳，又利于人体消化吸收的美味菜肴及各种饭食。通常又把它称为"烹调"，它包括加热熟制和调味等综合性的技艺加工过程。

3. 广义解释

广义的"烹饪"也叫作引申义，它是随着人类饮食活动的丰富发展，烹饪的内涵和外延也随着增加与扩展，它包括中国菜肴饭食的系统加工烹制与食肴消费的全过程，与现今所弘扬的饮食文化意义基本相通或相似。

有一个问题必须说明，科学界已经达成的共识认为：人类祖先掌握了用火与熟食的过程，其本身即是一种生物学意义上的行为，也是人类文化进步的一种行为，它极大地促进了对类人猿进化成人类过程中的身体结构变化，以及对人类社会关系的发展所产生的关键积极影响。科学界的研究表明，促进人类进化过程中大脑容量迅速增加的关键原因，是人类对于肉食的选择与熟食的结果。

国外人类学研究证明说，人类食用肉类不是重点，关键的是食用熟食这一行为。研究认为从人类身体结构出发，论证人类已经无法很好地消化吸收生食，不论是肉类、蔬菜水果、还是淀粉类食物，只有煮熟之后才能最好地从中获取热量。人类祖先失去消化吸收生食的能力，正是因为他们发现并掌握了烹饪的能力。吃煮熟的食物可以让身体吸收热量的代价大为降低，食品摄入量和消化时间都大为减少，身体有了可以腾出的能量，其结果是大脑容量的不断扩大，可以处理越来越复杂的信息，掌握新的武器和狩猎方式，适应新的社会关系，在进化上成为优势，最后演化成智人，也就是现代的人类。

而且，在人类熟食的过程中，由于对食物杀菌消毒的结果，使人类的食品安全水平得到了很大的提高，减少了疾病的侵扰。不仅如此，研究的结果还认为，烹饪熟食促成了婚姻制度、部落文化的形成。在早期人类关系中，"婚姻"或是一男一女之间被部落认可的特殊关系，首先是一种经济保障，其次才是为了性和生育。在"婚姻"制度下，女性采摘的食物可以获得保护不被部落内其他人盗取，同时女性在营地煮食，只能给"丈夫"吃，让男性每天的食物有了保障，因此他的活动更加自由、范围更大，可以在狩猎上更大胆，这就是今天社会男女关系的雏形。这种关系一旦建立，便成为人们的社会生活方式，并在不断的发展过程中得到了逐渐的完善，直到今天。

二、烹饪与烹调的关系

如果站在训诂学的意义来看原始烹饪，先民就是把生的食物加热成为熟食品的发现过程，它没有任何今天意义上的烹饪技术可言。但"烹调"则不然，它是在用火加热的同时，有了包括器具使用、调味品的使用含义，这就有了烹饪技术在里面。所以，了解中国烹饪的意义，实际上要从了解"烹调"一词开始。尽管，在许多烹饪专业著作中，烹饪与烹调的表述基本相同，但最直接对中国烹饪的意义和作用进行学习，是离不开"烹调"概念的。

1. 烹调的意义

在烹饪技术的操作过程中，专业人员使用最多的还是"烹调"一词。

所谓烹调，就是将合理选择的原料，经过科学地配伍与巧妙地加热调味，制成各种菜肴的综合过程。它是菜肴制作的技术总和，它包括原料的选择、粗细加工、切配工艺与刀工美化、加热过程与调味技艺、装盘、装饰等操作过程。具体地说，"烹"就是指对食物原料进行加热至熟的过程；"调"就是调和滋味的过程。从餐饮行业的角度来看，这里的烹调是专指菜肴的制作，就是餐饮业内人员常说的"红案"工作。

2. 烹调的作用

中国烹饪的作业中，"烹"与"调"在菜肴制作过程中是同时发生作用的，是不可分割的一个整体，但两者在菜肴制作过程中所起的具体功用又是不一样的。

（1）烹的作用 "烹"的目的是把生的食物通过加热制成熟的食品，它的作用包括杀菌消毒，使食物符合卫生要求；分解营养素，便于人体消化吸收；使食物变得滋味美好，芳香可口；使食物的色泽艳丽，形状美观。

（2）调的作用 "调"的目的是使菜肴滋味鲜美和色泽美观，它的主要作用包括除去食物中的各种异味；增加熟食菜肴中的美味；确定菜肴的口味；丰富和美化菜肴的色彩。

三、中国烹饪文化的含义

法国著名的人类学家斯特劳斯认为，人类生食时期就是自然状态的原始生命本能，而用火熟食就是人类文化的开始。他有一个著名的公式：

$$生食/自然＝熟食/文化$$

从这样的意义来看，烹饪已经属于文化范畴无疑。但把中国烹饪视为文化遗产，并不是历史上早已有的理念与行为。虽然我国古代的先贤们，如孔子、孟子已经把饮食定为人们完成人格修为的内容之一，古代国君们也无不把"民以食为天"作为治国的首要任务，但是把饮食烹饪这些人类生存的基本需求作为一种文化、一种科学行为去研究，对于我国古代的人们来说，毕竟不是"君子"之所为。历代也有人从不同的方面对饮食养生、烹饪技艺等进行探讨，但终归是不完整、不系统的，也可以说是不曾作为一个独立的学科体系存在的。

因此，中国烹饪文化是晚清、近代以来的命题。

1. 中国烹饪文化的含义

众所周知，我国的饮食文明与饮食文化一直伴随着华夏民族的经济发展、人口繁衍、文明进步在不断积累，经过几千年，甚至是上万年的艰苦历程，形成了积淀丰厚的文化内涵，成为中华民族珍贵的文化遗产之一。但学习、了解中国烹饪文化，首先要从了解其概念入手。

"文化"一词在中国古代原指以人类的文明积累教化人们的行为过程，与军事征服、武力统治相对应。《周易》中说得明明白白："观乎人文，以化成天下"。什么是"文"呢？这便是古代儒家所倡导的"礼乐制度"。人类的文明进步是随着人类生活中各种礼仪制度、礼仪礼俗规矩的建立而实现的，这就是人文的形成。再用这种人文来规范后来的人们，使人们遵守礼仪制度，懂得做人的道理，这就是人文化成的意思。

国外学者对文化有不同的解释，但最为流行的是"人类社会历史实践过程中所积累的物质财富与精神财富的总和"。虽然有些笼统，但内涵显而易见。

按照这样的解释，中国烹饪及其体系就是一种文化、一种传统，这是毋庸置疑的。那么，中国烹饪文化的概念就可以作如下的总结。

中华民族在其漫长的历史发展过程中，所积累创造的食材生产、食物选择、食物加工、饮食制度、膳食观念、饮食习俗、技术理论的全部物质与精神成果的总和，是中国民族文化的一个重要的组成部分。其实，明白一点的表达就是"中国烹饪文化包含食物的生产加工过程与食品进食消费过程两个方面的内容"。

从物质的层面上看，中国烹饪是从食材生产—选择原料—加工烹制—经营服务—进食消费—饮食观念—价值实现的过程。而从精神层面看，这当中的每一个环节都伴随着意识形态的内容诞生。如食材生产的过程，先民为了得到更多的食物，很早就出现了祭祀活动，以较少的食物奉献以求获得更丰厚的回报，这已经不是单纯的物质层面了。所以，烹饪活动的外延就成为辐射化的发展形态。在原料选择上，包括原料的种类、物性、鉴别、作用等，在加工烹制上包括设备、工具、手段、方法等，而在经营服务方面的设备、设施、环境、气氛、审美都在实践与理论层面完全展开了，尤其是在进食过程赋予了食品丰富多彩的民俗事像与精神寄托等，形成了诸多相对独立的成果，并作为一个整体，使中国烹饪给消费者在物质上和精神上的全部价值得以体现。

上述的内涵和外延，无论是从物质层面，还是精神层面，都是博大的成果积累，可以说这些都是中国烹饪文化的范畴。由此，也就可以理解中国烹饪文化的概念了。

有一点需要说明的是，目前国内理论界有把中国烹饪文化和中国饮食文化的两种提法并论。从其研究内容和终极目的来看，基本范畴是一致的。但也有学者认为，如果严格定义的话，中国饮食文化和中国烹饪文化的侧重面是有所不同的。中国饮食文化应侧重进食活动与饮酌行为的研究，如包括食风、食俗、膳食观念、饮食寓意、饮食哲学、饮品艺术等；而中国烹饪文化则是以食物制作的实际操作技艺和理论体系为主要内容的，可以包括饮食与四时节俗的关系，当然一般不包括酒、茶等饮品文化。孰是孰非，还有待于学者的进一步深入研究与探索。

2．中国烹饪文化的形成

任何文化都有其特定的生长土壤，都与一定的社会政治结构、经济结构相联系，中国烹饪文化作为中国传统文化的一个组成部分，自然与中国数千年来的政治结构、经济结构有着必然的联系，并经历了一个长期的历史过程。

如前所述，中国烹饪文化的形成，是一个历史悠久的积累过程。但透过时空加以总结，大致可以认为主要有五大要素成为主要的脉络。

（1）高度发达的夏商周三代奴隶制文明　夏商周三代的奴隶制文明，是高度发展的古代文明，她对中国烹饪的形成起着重要的作用。以商、周灿烂的青铜器为载体组成的食制，以商代宰相伊尹《本味篇》为代表的烹饪理论（其中的原料论、味论、火候论，至今仍闪现着思想的光辉）和较早的阴阳五行学说的开创，都是烹饪文化的重要表现。可以说，三代的礼制就是构建在饮食制度上的。"夫礼之初，始诸饮食"正是在这个方面的概括。

（2）长期稳定发展的大一统封建社会文明　我国自秦汉以降的2000多年间，虽然说期间有数百年的分裂与割据，但中国基本是维持了大一统的封建文明，即使处在分裂时期、割据时期，整个思想界、理论界对中国文化仍是维持一统、追求一统。传统的中国烹饪文化，也因此仍保持延续和发展，没有出现断裂和断代。儒家的"中"与"和"，也一直在烹饪理论上强烈地表现着，对原料的共同认识，基本一致的烹饪技法，对制品色、香、味、形、器的共同要求，维系着中国烹饪文化的统一与发展，应该说这是缘于中央集权制，缘于汉以后的儒家学说的主导地位。

（3）汉民族为主的各民族的文化大交流　从夏商周三代开始，以炎黄部落、黄河流域为基础形成的汉民族文化，一直在和其他少数民族产生着碰撞、交流，这个以中原大地为舞台的碰撞、交流，在不断地激发着中国文化、中国烹饪文化发展的活力，而且还不断地扩展着这种文化的影响范围。汉民族的兼容性，汉文化的兼容性，"中"与"和"理论的融合性，可以说是发挥到了极致，作用到了极致。中国烹饪的用水、中国烹饪文化的重水理论，水火交融、以柔克刚，十分典型地表现着这种兼容和融合。

（4）广阔的疆域与丰富的物产资源　在世界的疆域大国中，中国是最早形成的，而且长期保持着一统。迥异的地理环境、气候条件，为中国烹饪提供着丰富的物产基础，这是世界其他国家所少有的。烹饪文化基于丰富的物质条件之下，才能够创造出以美食为载体的文化成果与饮食生活的精神享受。

（5）高度发达的封建经济　在现代工业革命之前，中国的农业、手工业生产一直处在发达水平，尤其是青铜器、铁器、瓷器、煤炭的开采利用等，为中国烹饪技术的进步发挥着重要的作用。航运业、商业的繁荣也给中国烹饪的发展提供着很好的保障。高度发达的经济基础，提供了文化创造的物质条件，于是中华民族的聪明才智便体现在烹饪饮食的领域里，创造积累了博大精深的烹饪文化成果。

有了上述的要素和条件，才能使中国烹饪文化至今仍在技术、理论的很多方面，保持着优势和领先地位，一如孙中山先生在《建国方略》中所说的："烹调之术本于文明而生，非深孕乎文明之种族，则烹调技术不妙。中国烹调之妙，亦是表明进化之深也……中国近代文明进化，事事皆落人之后，惟饮食一道之进步，至今尚为文明各国所不及。中国所发明之食物，固大盛于欧美；而中国烹调法之精良，又非欧美所可并驾，如中国的膳食结构理论、工艺水平等，是其他许多民族的烹饪文化所不可同日而语的。"

当然，如果中华民族仅仅以饮食文化为唯一自豪的话，那将是一件可悲的事情。好在孙中山先生明确指出，除了饮食一道之外，事事皆落人之后。所以他振臂一呼，号召全民推翻封建王朝，建立一个富强的、有民族尊严的中国。而今天中国辉煌的发展成果，已经成为有目共睹的事实。我们不仅有悠久的饮食文化，我们更有自立于世界民族之林的经济繁荣、文化昌盛、科技发达等多方面的巨大成就。

∂【知识链接】

近代名人论烹饪文化

蔡元培说：我认为烹饪是属于文化范畴，饮食是一种文明，可以说是"饮食文化"。烹饪既是一门科学，又是一种艺术。

钱学森说：社会主义美食文明和社会主义美食文化是人民的，不完全是豪华宴会，它关系到我们每一个中国人每一天的生活，"民以食为天"嘛。所以社会主义美食文化事业在我国的地位，绝不次于社会主义教育文化事业、社会主义科学技术文化事业或社会主义文学艺术文化事业。

第二节　中国烹饪的特征

一、中国烹饪的特征

1．一般意义上的特征

中国古代烹饪、近代烹饪、当代烹饪以及现代烹饪的发展历史证明，中国烹饪的技术体系与烹饪文化内涵都是随着社会的发展而不断丰富变化的，这种发展变化是构成中国烹饪基本特征的重要内容。主要表现在如下几个方面。

（1）烹饪原料日益丰富多样　随着人们生产方式的不断改进与提高，加之对外交流的结果，烹饪原料的种类越来越丰富，花样日益增加，在原料的使用上和选择上也逐步由简单变为复杂，由粗糙转向精细，由随意变得刻意，新鲜、天然、野生等原料属性越来越被广泛重视。

（2）原料组合讲究科学合理　随着现代科学技术的发展与普及，中国烹饪在食材的搭配与原料的组合方面，越来越向着科学化、合理化方面发展。不仅注重主辅料的配合，包括荤素搭配、粗细搭配等，也注重主要原料与调料的配伍，而且日益多样化、合理化，食品安全、饮食卫生、膳食营养，被放在了更加重要的位置。

（3）烹法与口味与时俱进　中国的烹调方法丰富多样，但有利有弊。随着时代的进步发展，部分传统烹调方法逐渐被现代烹调方法所取代，一些古烹调方法又"返璞归真"，重新走向市场；烹调方法呈现由繁到简的势态。在烹调的口味方面，则呈现出相互交融的特征，区域性口味不断迅速向外扩张蔓延，并与当地食文化浑然一体，菜系之间的技术差别与口味差异越来越小，口味的演变模式与时俱进，呈现出个性化、多样化的特点。

（4）菜肴审美讲究品位、时尚　菜肴的美学元素运用越来越成为菜肴造型、菜肴装盘的要求，有的菜肴追求由简单到烦琐，有的则追求由烦琐到简洁、明快、适宜的风格，盘饰更加注重画龙点睛，简便易行，避虚求实，但讲究视觉的审美效果，以体现菜肴整体的审美品位、时尚和情趣。烹调器具也随着菜肴审美的要求发生了历史性变革，盛器等更加花样翻新，代表餐饮业个性化色彩的盛器越来越显示出更加浓厚的文化品位和审美格调。

（5）烹饪生产技术不断完善　传统的中式烹饪模式在现代生产方式的推动下，发生了巨大的变化，烹调工艺流程更加严格，科技含量越来越高，菜肴生产以餐饮店为单位逐步迈向程序化、统一化、标准化和规范化。产品结构逐步调整，各种菜式应运而生，菜式品种更加丰富多彩。烹调工艺的时间管理更加严格，菜肴出品力求简洁化、方便化、高效化。

（6）烹饪菜品被赋予新的内涵　中国烹饪传统的"正宗"观念被新的内涵逐渐代替，菜肴以"好吃"为基础，发展出来的色、香、味、形、器的品评标准在发生丰富性的变化。个性化的菜肴以"适口者珍"为前提，但菜肴的健康、养生、营养、审美、文化等方面的要求越来越成为发展趋势。

2．独立意义上的特征

（1）追求烹饪美味的境界　中国菜肴追求以味的享受为核心、重视饮食体验的味觉审美是中国烹饪所独有的特征。首先，注重原料的天然味性，讲求食物的隽美之味，是中华民族饮食文化很早就明确并不断丰富发展的一个原则。先秦典籍对这些已有许多记录，成书于战国末期的《吕氏春秋》一书就有《本味篇》，集中论述了"味"的根本、食物原料的自然之味、调味品的相互作用和变化，尤其是在水火对味的影响等方面作了精辟的论辩阐述，充分体现了我国古人对天然本味和调和隽美味性的追求与认识水平。其后历代都有进一步的认识和发展。其次，强调"五味调和"的审美境界，本味之外，还有调味，而调味的原则就是"和"，所谓"五味调和百味香"就是这个道理。春秋时期齐国的贤相对此曾有一段精辟的论述说："和如羹焉，水火醯醢盐梅，以烹鱼肉，燀之以薪，宰夫和之，齐之以味，济其不及，以泄其过。"调味的最高境界就是"和"，这虽然是儒家的"中庸之道"，但也是我国烹饪调味之和的理论根据。唐代段成式《酉阳杂俎》中也说："唯在火候，善均五味。"所以，有很多人认为中国菜肴的精髓就是"美味"。这较之西餐重视营养成分的组合与其他带有宗教意义的饮食目的，是一个显著的烹饪特征。

（2）重视饮食养生的目标　中华民族发展到今天，之所以能够拥有十几亿众多的人口资源和延续数千年的文化传承，应该说与中国烹饪饮食的进步发达不无关系。中国传统烹饪不仅讲究现代意义上的营养丰富，而且较早就建立了"医食同源"的理论体系。烹法考究，饮食养生，食医食疗，是我国烹饪一个独有的传统特征。

我国以养为目标的烹饪实践自古以来就很发达。我国是最早建立食医科研机构的国家，也是饮食保健遗产最为丰富的国家。从周代的"食医""疡医"，到秦始皇、汉武帝追求长生不老药，到道家炼丹、辟谷，以及历代各种《食物本草》的问世，如果剔除其迷信落后的糟粕部分，就可以看到我们民族的一种根本的生活追求，是实实在在对生命的尊重、爱护与对生命质量的追求，与佛教转世、基督追求天堂来生幸福，只求心理安慰的虚无观念很不相同。我们的祖先追求的是今生今世的健康长寿，是一种积极向上的人生观，这是一种进取精神，是很可贵的。

早在两千年前被总结出来的"五谷为养，五果为助，五畜为益，五菜为充"的膳食构成，不仅科学合理，而且具有超时代意义的理论成就。结合烹饪饮食来防病治病，增强体质，养生保健，益寿延年，一直是中华民族繁衍的一个重要法宝。这一法宝如今已被越来越多的人所认识、利用，在世界上广为流传，成为人类共同追求健康长寿的共同的财富，是人类珍贵文化遗产的重要组成部分。

中国烹饪以养为食的特征，主要表现为对烹饪熟食的重视，对菜肴饭食温度的把握运用，讲究应时应节的饮食理念和对食物食疗食治的时间运用。对此，先贤孔子在《论语》中一段综合性的总结说："食不厌精，脍不厌细。食饐而餲，鱼馁而肉败，不食。色恶，不食。失饪，不食。不时，不食。割不正，不食。不得其酱，不食。肉虽多，不使胜食气。惟酒无量，不及乱。沽酒市脯不食。不撤姜食。不多食。祭于公，不宿肉。祭肉，不出三日，出三日，不食之矣。食不语，寝不言。虽疏食菜羹瓜祭，必齐如也"。这些理论性的表达，既是对烹饪的要求，也是中国烹饪以养为目的特征的反映。

综上所述，中国烹饪是以中华民族传统文化为母体，以中医养生理论为指导，以味觉审美和饮食养生为特征的生活实践活动，这就是中国烹饪所独有的本质特征。

二、中国烹饪的基本属性

中国烹饪是科学，是艺术，是文化，已经成为当代人的共识。其实，这三个方面也就构成了中国烹饪的基本属性。

1. 中国烹饪是科学

科学是反映自然、社会、思维一般规律的分科的知识体系。中国烹饪可以进入科学的分科的知识体系是毫无疑问的。首先，从中国烹饪的整个工艺流程来看，从选择调配原料，到治净、切配原料，再到调味、加热烹调，乃至装盘上桌，都是一系列物理变化与化学反应的过程，与基础科学密不可分。其次，从中国烹饪在社会生活中的作用来看，它与人们的衣、住、行同属于生活科学（或称应用学）。第三，再从中国烹饪品尝的结果来看，它与传统中医学、现代营养学、现代医学、优生学等有着密切的关系，所以也有人主张它属于生命科学。

实际上，中国烹饪是一门综合性很强的边缘科学，它几乎涉及基础科学的所有领域，诸如物理学（包括力学、热学、光学、电学、分子物理学、原子物理学、地球物理学等）、化学（包括无机化学、有机化学、生物化学、分析化学、物理化学等）、生物学（包括动物学、植物学、微生物学）、营养学、医药学（包括中医、中药学、西医、西药学等）、农学、林学、水产学等。从现代科学发展的角度看，还牵涉到微电子工程学、生物工程学、新材料工程学、海洋开发工程学、航天工程学等。从广义的中国烹饪来看，还牵涉到历史学、文学、美学、心理学、民俗学、训诂学、考古学、商品学、经济学、军事学、法学等社会科学，当然还牵涉到宗教、哲学等。

2. 中国烹饪是艺术

中国烹饪的产品是菜肴，而中国菜肴讲究色、香、味、形、器等审美元素的应用。虽然艺术是通过塑造形象具体地反映社会生活，表现作者思想感情的一种社会意识形态。而中国烹饪能巧妙地体现这一种社会意识形态。可以毫不夸张地说，中国烹饪是多种艺术的综合体。在享用烹饪成果时，往往与表演艺术相结合，如宴饮活动时的载歌载舞。烹饪成品呈上桌来，精美的造型艺术（美色、美形、图案、雕塑等）给人以观感享受，而且许多菜肴的艺术造型中还含有不同的寓意。有的菜点名称包含着高超的语言艺术，至于五味调和百味香，同三原色、五线谱变换声色一样，都能给人以回味无穷的精神享受。传统菜肴口蘑锅巴汤的"平地一声雷"，松鼠鳜鱼上桌时的"吱吱"细响，不仅有空间艺术，而且有时间艺术的特点，都能在满足生理需求的同时，给人以耳目一新的艺术享受与审美感觉。甚至这种感觉有时能够成为人们终生难忘的记忆与情感历程，其艺术感染力由此可见一斑。

3．中国烹饪是文化

一般来说，文化指人类社会历史实践过程中所创造的物质财富与精神财富的总和。中国烹饪是科学和艺术高度结合的产物，它既是科学性很强的产物，又是艺术性很强的产物，是中华民族物质文明与精神文明的光辉结晶之一，它属于文化范畴。

中国是人类饮食文化遗产极为丰富的国家，历代食经食典数量之多，是世所罕见的。这些饮食经典质量也是比较高的。我国历代文豪大师曾留下数量可观的专写烹饪的诗、辞、歌、赋和文章。至于在各类著作中涉及烹饪的，更是比比皆是。中国品味方式多种多样，各种宴会是这种饮食文明的集中反映。中国极其讲究饮食礼仪，而这些礼仪除了有部分封建糟粕以外，其他方面则是交流感情所必需的，或是饮食卫生所必需的，是一种社会进步的表现。中国是极其讲究饮食情趣的国家，美食与美器结合，美食与良辰美景结合，宴饮与赏心乐事相结合，把饮食与美术、音乐、舞蹈、戏剧、杂技等欣赏相结合，既是一种美好的物质享受，也是一种高尚的精神享受。应该说，这是民族文化的一种表现。

【知识链接】

烹饪艺术与味觉审美

没有烹饪艺术，就没有美食的品味和欣赏，是烹饪艺术激活了人们潜在的味觉审美意识，引导和深化了人们的味觉审美能力。当"北京烤鸭"尚未创造出来，人们当然无从欣赏"北京烤鸭"的美味。当菜肴的烹调中还没有出现"麻辣"或"鱼香"的味型时，人们也就无法感受到由"麻辣"或"鱼香"味引起的味觉快感。正是烹饪的创造活动，规范和指示着人们的味觉审美活动。

但味觉审美与烹饪艺术活动之间的关系，又并非是单向的，味觉审美与烹饪艺术活动是相辅相成、相互选择的关系。有时候，正是味觉审美意识的发展和变异，促使了烹饪艺术的发展和变异，烹饪艺术常常服从于味觉审美的要求。清代文学家袁枚在他的《随园食单》中，就从味觉审美的具体要求出发，提出了十分详尽的各种烹饪"须知"。例如，他在"洗刷须知"一项中说："肉有筋瓣，剔之则酥。鸭有肾臊，削之则净"。在"调剂须知"中说："有物太腻，要用油先炙者；有气太腥，要用醋先喷者"。在"火候须知"中说："肉起迟，则红色变黑。鱼起迟，则活肉变死。屡开锅盖，则多沫而少香；火息再烧，则走油而味失"等。袁枚是一位美食家，所有这些烹饪中的注意事项，都是为了一个目的，即增加菜肴的美味，以符合味觉审美的要求。

味觉审美水平的提高，可以促使烹饪艺术的不断调整和改进，使之向更高的水平发展。这些年来，各地都有一批口味过于浓厚的传统菜肴被逐渐淘汰，或者对原有的烹制方法作了改进，原因固然是多方面的，但其中重要的一条，就是这些菜肴不符合今天人们的味觉审美要求。又如，为了满足人们对菜肴多样化的需求，各地的菜肴品种和口味，出现了某种程度的相互引进和融汇的倾向。为了满足品味和进补、治病相结合的要求，出现了专门的药膳。凡此种种，都说明，烹饪艺术与人们饮食中的审美趋向有着直接的联系。

人类按照审美的要求创造了美食，美食的出现，又相对凝固了人们的味觉审美趣味；于是人们的审美心理动力又要求寻找新的突破，寻找变异，这样，又会推动烹饪艺术水平的进一步提高。

第三节　中国烹饪的地位

在我国先秦著作《尚书·洪范》中，把"食"列为"八政"之首，所以"民以食为天"是中国自古以来的认识。而从用火熟食开始，烹饪就成为食的基础。以此可以看出，中国烹饪在中华民族的发展历史上占有十分重要地位。

人类要生存、求发展，首先离不开饮食。饮食是人类生命的基础，男女是人类繁衍的基础。所以，古训才有了"饮食男女，人之大欲存焉""食色，性也"等精辟言论。烹饪是人类饮食的一种文明手段，熟食是人类文明开化进展情况的一个标尺。人既要饮食，就少不了烹饪。

一、饮食是人类生存的基本保证

饮食是人类生存的基本保证。人要生存，就要饮食，不进饮食，是难以生存的。魏晋时有掘墓得周人冬眠数百年复活的传说，但仅是传说而已。假如此事属实，那个复活的人也还是需要饮食的。中国道教有一种"辟谷"的修行法门，但也是短时间内行为，之后也还是要饮食的。清代蒲松龄在《聊斋志异》一书有"龙飞相公"的故事，故事中描述说有一个人堕入矿井中，昏迷一月，不饮不食，而后被人救起复活的故事。无独有偶，1986年6月6日，衡东县南湾乡青年农民徐知云误堕钨砂矿井，在洞中昏昏沉睡了37个昼夜，活着爬了出来。这表明，在特殊条件下，人是可以暂停一个时期饮食而又可能维持生命的，但必须有这个特殊条件。也有不用口饮食而靠注射营养液维持生命的，据1984年有关报道，美国有一个人肠胃有了问题，不能从口腔进食，因此维持生命不用烹饪饮食，而是依靠注射营养液，这个人不但活了下来，且生活了许多年。以上的案例都属于特殊情况，就一般情况下的多数人而言，这些例外不是普遍现象。自古以来，人类都是依靠饮食来获得人体所需要的维持生命养料的，即营养素。而人类用火熟食以来，只要饮食就与烹饪活动密不可分。就某种意义来说，饮食是人类生存的基本保证，而烹饪产品是饮食的基本保障。

二、我国古代圣贤创造了饮食文化

我国的上古时期，不少圣人往往是因为在烹饪饮食方面有所作为，有所发明，有所创造，造福于社会，为中华民族战胜自然，求得生存繁衍，做出过杰出的贡献，故而受人民拥戴成为部族的首领，进而成为统治天下的王。即使他们肉体已离开了人世，而身后仍然受到人们的尊敬和怀念。比如传说中"钻木取火"以熟食化解动物腥膻的燧人氏；教民网罟，以佃以渔，取牺牲以充庖厨的伏羲氏；尝百草教民开始种植粮食作物，"一日身中七十余毒"

的神农氏；创造发明釜甑，蒸饭作粥，始成"火食之道"的轩辕氏等。他们在历史上据说还有其他贡献，而在烹饪饮食方面的贡献一直为后世所称道。饮食烹饪之道在古代，甚至被先贤视为可与"治国之道"相提并论的学问。帮助商汤成就建国大业的伊尹，本来就是一个庖人（即厨师），史载他以割烹滋味说汤而被举为宰相，且有《本味篇》传世，最终帮助汤成就大业。所以，春秋时期的大思想家老子在《道德经》中出说"治大国若烹小鲜"的至理名言。万千年来，我们的祖先不断开拓食源，改进烹饪方法，创造烹饪工具，研究饮食科学，为战胜疾病增强体质，进行艰苦卓绝的斗争，取得一个又一个胜利。可以说，伟大的中华民族的存在、发展、强盛，一定程度上同中医中药、中国烹饪的发展分不开，同饮食文明烹饪科学的发达分不开。中国烹饪是中华民族文化的一个重要方面。

三、当代烹饪体现社会发展水平

在当代社会中，随着国民经济水平的日益提高，人们的生活质量也在不断提升，而衡量国民生活水平的一个重要标准就是饮食烹饪的质量。因此，烹饪事业在今天实现小康社会的大业中更占有重要的地位。构成社会生产力的首要因素是劳动的人。吃饭是人生存繁衍的一个基本条件。烹饪饮食是社会生产力发展的一个基本保证。

许多外国科学家、政治家在评价改革开放以来中国取得的巨大成就时，首先就会感叹中国靠自己的力量解决了14亿人民的吃饭问题，而其中也自然包括烹饪在内。对于人口众多的中国来说，解决好这个问题具有重大的现实意义和政治意义，这是一件头等大事。近年来，为了促进国民经济的发展，以中国烹饪为基础的餐饮业在拉动内需、改善百姓饮食生活方面做出了巨大贡献。建设中国特色的社会主义，首先要实现全民小康生活，烹饪饮食是不容忽视的关键环节。它关系到每一个部门，每一个人，关系到14亿中国人每天的基本生活需要。做好了这项后勤工作，就可以保证14亿人民步伐整齐地上阵而少后顾之忧。所以，任何轻视鄙薄烹饪工作的言行都是社会偏见，是不利于中国特色社会主义建设大业的。

在可以预见的未来，我国烹饪仍然是十分重要的事业。随着社会主义文明程度的不断提高，社会生产力在不断发展，人民生活水平也不断提高，进而对烹饪饮食的要求也将相应提高。20世纪80年代，我国城乡人民的饮食构成已发生了很大变化，从吃饱穿暖阶段逐步过渡到吃好穿美的时期。以前人们吃菜讲求大肉大油，而现在则追求清新淡雅；以前以吃饱、吃好为目标，追求山珍海味、营养丰富，现在已经以注重合理膳食、科学烹饪、养生保健为新趋势。

随着信息化程度的日益普及，人类进入了大同社会，烹饪饮食也随之进入到了更高阶段。可以说，中国烹饪将与中华民族同在，与人类社会生活发展同在，是中华民族千秋万世的伟大事业。人类文明起点在饮食烹饪劳动，其归宿点也离不开饮食烹饪，未来，人类食物原料与烹饪手段和所制食品将比现代更加先进、更加高级，更加科学。进入21世纪以来，人们所追求的安全饮食、绿色烹饪、环境保护、能源意识已经证明了这一点。

四、中国烹饪在世界上的地位

中国烹饪在世界上占有十分重要的国际地位，在五大洲享有很高的声誉。中国饮食文化在人类文明史上占有光辉灿烂的一页。关于这一点，伟大的革命先行者孙中山早有评价。20世纪之初，他在《建国方略》中就明确地说："夫悦目之画，悦耳之音，皆为美术，而悦口之味，何独不然？是烹调亦美术之一道也。"并进一步阐述："烹调之术本于文明而生，非深孕乎文明之种族，则辨味不精，辨味不精，则烹调之术不妙。中国烹调之妙，亦足以表明进化之深也。昔日中西来通市以前，西人只知烹调一道法国为世界之冠，及一尝中国之味，莫不以中国为冠矣。"甚至列举中国素食烹饪来加以说明中国烹饪的高妙与科学性。他说："金针、木耳、豆腐、豆芽等品，实素食良者，而欧美各国并不知其为食也。至于肉食，六畜之脏腑，中国人以为美味，而英美往时不食也。"但"中国素食者必以豆腐，这是因为豆腐实植物中之肉也。此物有肉料之功，无肉料之毒，故中国全国皆素食，已习惯为常。"孙中山先生最终的结论是："我国近代文明进化，事事皆落人后，唯饮食一道之进步，至今尚为文明各国所不及。中国所发明之食物，固大盛于欧美，而中国烹调法之精良，又非欧美所可并驾。"一言以蔽之，孙中山先生的论述足以确立中国烹饪与饮食烹调在世界范围内的地位。新中国成立以来，特别是我国实施改革开放以来，不仅饮食文化蓬勃发达，而且在各个领域都取得了辉煌的成果，已经摆脱了所谓"事事皆落人后"的局面，正在实现中华民族的伟大复兴。

事实证明，孙中山对中国烹饪的评价是十分客观中肯的。但中国烹饪也并非完全科学，尤其与在现代营养学指导下的饮食理论体系相比较，我们的烹饪还存在许多问题。但近几十年来，中国烹饪法与中国饮食在世界各地的普及与发展，又证明了中国烹饪的优势所在。当然，我们必须继续努力，不断前进，否则人家后来居上，我们反而会落伍。

中国烹饪在国际上占有重要定位，首先表现在世界上有四分之一人类饮食属于中国烹饪范畴，已足以证明其生命力之强大，在世界上有着举足轻重的地位。中国有数千万侨胞分布在世界各地，通过世世代代的文化交流，中国烹饪在世界各国受到普遍欢迎，其影响日益扩大。中国烹饪科学艺术早已经超越国界，跨进五洲四海各国了。因为中国烹饪有着迷人的魅力，许多外国朋友都是从了解中国饮食烹饪开始认识中国的。因此，中国烹饪、中国餐饮业也逐渐成为弘扬中华民族传统文化，传承民族优秀技艺而在全世界范围内广为传播，成为中华民族兴旺发达与民族文化传播的一张名片。

🔗【知识链接】

《吕氏春秋·本味篇》节录

……凡味之本，水最为始。五味三材，九沸九变，火为之纪。时疾时徐，灭腥去臊除膻，必以其胜，无失其理。调合之事，必以甘、酸、苦、辛、咸。先后多少，其齐甚微，皆有自起。鼎中之变，精妙微纤，口弗能言，志不能喻。若射御之微，阴阳之化，四时之数。故久而不弊，熟而不烂，甘而不哝，酸而不酷，咸而不减，辛而不烈，淡而不薄，肥而不腻。肉之美者：猩猩之唇，獾獾（音欢）之炙，隽（音卷）触之翠，述荡之挈（音万），旄（音矛）象之约。流沙之西，丹山之南，有凤之丸，沃民所食。鱼之美者：洞庭之鱄（音扑），东海之鲕（音而），醴水之鱼，名曰朱鳖，六足，有珠百碧。藋（音贯）水之鱼，名曰鳐（音摇），其状若鲤而有翼，常从西海夜飞，游于东海。菜之美者：昆仑之蓣；寿木之华；指姑之东，中容之国，有赤木、玄木之叶焉；余瞀（音冒）之南，南极之崖，有菜，其名曰嘉树，其色若碧；阳华之芸；云梦之芹；具区之菁；浸渊之草，名曰士英。和之美者：阳朴之姜；招摇之桂；越骆之菌；照（音毡）鲔（音委）之醢（音海）；大夏之盐；宰揭之露，其色如玉；长泽之卵。饭之美者：玄山之禾，不周之粟，阳山之祭，南海之柜。水之美者：三危之露；昆仑之井；沮江之丘，名曰摇水；曰山之水；高泉之山，其上有涌泉焉；冀州之原。果之美者：沙棠之实；常山之北，投渊之上，有百果焉；群帝所食；箕山之东，青鸟之所，有甘栌焉；江浦之桔；云梦之柚；汉上石耳……。

第四节　中国烹饪学科体系

　　长期以来，中国烹饪界的学者一直在致力于中国烹饪学科体系的建设工作。但由于中国烹饪在其发展的历史积累中没有形成一套完成的理论体系与研究方法，缺乏科学的学科背景，至今没有得到我国高等教育部门的正式认可。尽管如此，基于我国烹饪饮食在实际的生活应用、技术体系、观念意识等方面的社会地位，它本来就是自然存在的一个应用性的科学门类。

一、中国烹饪学的概念

1. 科学的含义

　　解读中国烹饪学，首先要明确关于科学的定义。长期以来，科学在中国人的理解中是一个很复杂的术语，我国古代没有"科学"的概念，它是用来翻译西方的专用词，早期不叫科学，早期我们中国人把它翻译成"格致学"，后来是日本人把它翻译成"科学"。有一个日本学者认为西方的学问跟中国的学问很不一样，中国古代的学问是文史哲不分，是通才之学，西方的学问是一科一科的，所以他就把西方的学问翻译为"科学"，取分科之学的意思。中国人从日本那里把"科学"概念引入国内。所以，中国人用科学这个词不过一百多年的历史，甚至广泛传播开来不到一百年。但是，一百多年来，科学已成为现代生活中最常用的词语之一，成为一个生活中日常的术语。

　　什么是科学？发现、探索研究事物运动的客观规律就是科学。人类对事物运动的客观规律的探索是无穷无尽的、而科学的探索总是从人们遇到问题，从而想办法解决问题时开始的。因此，简单地说，科学就是关于自然界、社会和思维发展规律的知识体系，是在人们社会实践的基础上产生和发展的，是实践经验的总结。科学分自然科学和社会科学两大类。

　　自然科学是研究自然界的物质结构、形态和运动规律的科学。包括物理学、化学、生物学、天文学、气象学、地质学、农学、医药学、数学和各种技术科学等，是人类生产斗争经验的总结，反过来又推动着生产的发展。

　　社会科学是研究各种社会现象的科学，包括政治学、经济学、法学、教育学、文艺学、史学等。社会科学中的许多学科都属于上层建筑范畴。

2．烹饪学科的含义

既然科学是一种知识体系，而这种知识体系又是来自于人类的生活和社会的实践，那么烹饪自然也就属于科学的一个门类，属于一种学科。

一般来说，学科是指在整个科学体系中学术相对独立、理论相对完整的科学分支，它既是学术分类的名称，又是教学科目设置的基础。它包含三个要素：一是构成科学学术体系的各个分支；二是在一定研究领域生成的专门知识；三是具有从事科学研究工作的专门的人员队伍和设施。基于这样的背景，中国烹饪就是一个完整意义上的学科。

所谓中国烹饪学，是以研究烹饪（做菜做饭）的自然科学原理与技术理论基础的一门技术科学，它所运用的方法主要就是观察、研究、实验。而且这与《韦氏字典》对科学所下的定义是一脉相承的，即从观察、研究、实验中所导出来的一门有系统的知识体系。从这样的意义来看，烹饪属于自然科学范畴。

然而，中国烹饪学的复杂性又并非自然科学范围知识体系那么简单。因为它在技术作业与观察实验过程中，又往往产生许多与技术表现本身无关的意识形态方面的生活体验与知识体系，包括意识观念、烹饪用意、饮食习俗、饮食养生、饮食审美、烹饪禁忌、饮食仪式等，这些内容属于社会科学的研究领域。以此来看，中国烹饪又属于社会科学范畴，抑或是具有自然科学属性与社会科学属性的双重意义。

有人提倡中国烹饪学就是研究烹饪技术领域的问题，不要涉及烹饪产品的消费环节。如果以此而论，那中国烹饪学建立在应用科学的目的性就失去了意义。于是，就有烹饪科学与烹饪文化的双重命题，实际上中国烹饪学有广义概念与狭义概念的区别。广义的中国烹饪学包括自然科学的研究内容与社会科学的研究范围，是一个交叉学科的研究领域。狭义的中国烹饪学主要是对自然科学部分的研究、观察与实验，从而建立一般意义上的知识体系。

二、中国烹饪学研究的对象、内容及方法

实际上，中国烹饪是一门综合性很强的边缘科学，它几乎涉及基础科学的所有领域，这也是中国烹饪学的优势所在，它因此可以借助其他基础学科的研究成果作为自己的理论基础。

首先，在烹饪原料开发、原料加工、原料保鲜、菜点烹制与饮食保健方面，它要分别利用动物学、植物学、微生物学、农学、林学、园艺学、水产学、畜牧学、能源学、机械学、制冷工艺学、冷藏工艺学、热学、力学、电学、风味化学、人体生理学、生理营养卫生学、临床营养卫生学、食养学、食疗学、食品检验学以及海洋开发工程、生物遗传工程、信息论、控制论的研究成果。

其次，在探讨烹饪历史、饮食民俗、菜品审美和饮食消费等课题时，它又要分别利用历史学、考古学、训诂学、文化史学、宗教学、民族学、民俗学、社会学、文学、心理学、工艺美术学、商品学、市场学、经营管理学以及经济地理、法学的基本原理作依据。

最后，烹饪学还要以哲学和美学作指导，研究人对烹饪的审美关系，探寻其规律；按照辩证唯物主义和历史唯物主义的观点，总结烹饪经验，阐明烹饪原理，揭示中华民族饮食的演变规律和发展趋势。

1．中国烹饪学的研究对象

中国烹饪学是研究中国烹饪学科体系的全部内容与知识领域，如果从广义中国烹饪学的角度来探讨其研究对象，具体应该包括如下几个重点内容。

（1）烹饪产品的研究　是探寻烹饪菜品的技术特征和规律，研究烹调原料的利用，炊饮器皿的属性，烹调工艺的民族特征，包括烹饪方法、工艺流程、作业背景、产品标准以及烹饪设备、工具等内容。

（2）烹饪产品特色的研究　是探讨烹饪产品的形成过程与变迁路线，研究菜品的发展历史，饮食市场的变迁，饮食民俗的由来，饮食文化的成因，烹饪的理论体系以及中餐的国际地位。

（3）烹饪产品消费的研究　以烹饪产品的消费目的与功能的探究，研究菜品风味的地域色彩，各种筵宴的格局，菜系的相互影响，食疗方剂的效用以及菜谱食经的编写方法。

总之，中国烹饪学要在纵横交叉的十字网络上，以菜品生产和产品消费为核心，把相关科研课题串通起来，准确回答烹饪工作者在实践中提出的问题，以指导实践，推动实践，并由此进一步完善中国烹饪的学科体系。

2．中国烹饪学研究的内容

根据中国烹饪学的研究对象和研究目的，其具体的研究内容大致包括如下几个方面。

（1）烹饪食材研究　包括烹饪原料学、烹饪原料加工技术、烹饪原料的营养分析与运用、烹饪原料的开发利用以及与此相关的知识门类。

（2）烹饪工艺研究　包括烹饪工艺学、烹饪设备与工具的开发利用、烹饪作业流程与标准、烹饪菜品生产质量标准、烹饪产品的创新开发、烹饪产品的安全生产管理等。

（3）烹饪产品消费研究　包括餐饮营销管理、饮食消费心理学、饮食民俗学、烹饪艺术美学、餐饮品牌策划与推广、美食节策划与应用等。

（4）烹饪和养生的关系研究　烹饪营养学、中医养生学、饮食保健学等。

3．中国烹饪学研究的方法

中国烹饪学研究的方法包括理论体系的研究方法与技术性作业的研究方法。

（1）烹饪理论研究方法　理论研究是人们认识客观世界，并使认识的结果系统化的活动。理论研究是人类的主观见之于客观，并从客观中获得主观知识的活动。因此，人类的一切认识活动，都可以看作是理论研究的一个方面，中国烹饪的理论研究也包括其中。

烹饪理论的研究过程，应该是人们利用大脑这一特殊思维的工具，通过对烹饪活动本身的感觉、知觉、抽象、概括、归纳、演绎等思维形式，全面探索烹饪技术的变化与运动规律，并将认识的结果进行系统化、理论化处理的过程。

中国烹饪理论研究的方法主要是运用"实证性研究"方法，从对烹饪作业变化与运动规律的观察出发，对所研究的问题进行归纳整理，进而形成逻辑化的理论观点和知识体系。因此，中国烹饪理论研究包括对烹饪的感知过程，即人们通过感觉器官，对烹饪的客观现象进行观察、搜集、整理、分析并形成判断的过程。进而达到认知的过程，即人们通过分析能力，在判断的基础上，对所认识的烹饪现象与运动规律，进行进一步的抽象、归纳、概括，从现象到本质，再从本质到现象，从个别到一般，再从一般到个别，从抽象到具体的过程。最后，通过逻辑思维过程，在对烹饪现象认知的基础上，对中国烹饪研究的问题进行从部分到整体完形化过程，最终形成完整的理论观点或知识体系。

（2）烹饪实践研究方法　中国烹饪是一门应用科学，理论的研究是为烹饪实践服务的，而烹饪实践的研究是烹饪产品服务于人们生活和社会活动的最终目的。就烹饪产品的生产而言，烹饪实践研究包括实验室研究法与生产车间（厨房）体验研究法，但在实际的应用中往往是先从实验室到生产车间，再从生产车间到实验室的反复研究，才能够得到真实有效的研究成果。就烹饪产品的消费而言，烹饪实践研究主要包括社会观察法与实地体验法，研究中也往往是两者密切联系，因为如果运用单一的方法不可能得到完全的实践结果，这类似于人类学的实地考察与田野采风相结合的研究方法。

【知识链接】

烹饪菜品创新方法应用

1. 食料创新：随着社会经济的发展，烹饪原料极大的丰富，从国际引进的原料也不鲜见。厨师就要更加注重原料的搭配，以突出新原料的创新菜。

2. 色彩创新：烹调中菜肴的色彩是固有色、光源色、环境色共同作用的结果，在色彩的搭配上，要根据原料的固有色彩用异色创新搭配。

3. 调料创新：菜肴的味型种类很多，现在可利用的调味品种类也越来越多。充分利用不同调味品的创新组合与应用，是一大创新趋势。

4. 技法创新：中国的烹饪技法有几十种，每种都有各自不同的特点，菜肴的色、香、味、形、质、养主要靠烹调技法来实现，创新烹调技法的运用也是菜肴创新的手法之一。

5. 中西餐结合创新：中西餐各具特色，南国之味，北国之风，异国奇特，将南北风味结合起来，将中西餐结合起来，既具有本乡之主味，又别有异国之风味，令人陶醉。

6. 挖掘古菜绝技：日月轮回，菜肴有时也要轮回，更别有一番风味，例如成都公馆菜、谭氏官府菜、满汉全席、三国菜、蜀王菜、民俗民风菜等至今仍被人们所欣赏。因此，厨师也要多阅读和研究古籍，深入挖掘古式菜品，将其创新和发扬光大。

7. 器皿创新：菜肴离不开器皿，器皿则衬托菜肴，器皿的各种要求与菜肴的类别相适应。菜肴千姿百态，而器皿也应随着菜肴不断变化创新，包括器皿款式本身的创新与器皿的使用创新。

8. 其他创新：如从历史文化、民族食风、营养健康、环保理念等方面借鉴创新，不断推陈出新。

· **本章小结** ·

中国烹饪是一个内涵非常丰富的命题，从烹饪专业的角度学习、掌握中国烹饪、烹调、烹饪文化的含义，是系统了解中国烹饪的基础。站在历史和当代的双重背景下，学习、把握中国烹饪的特征与基本属性，也是非常重要的。有的学者认为"人类文明始于饮食"，西方学者也认为熟食（烹饪）是人类文明的开始，那么中国烹饪在中国饮食文明与中华民族文明的进程中具有什么样的地位，是本章内容的关键点之一。然而，"中国烹饪学"是否具有学科体系的全部特征，如何认识中国烹饪的科学体系，以及掌握中国烹饪学研究的对象、内容及方法则是必不可少的内容。本章对以上的诸多理论问题进行了系统的论述。

· 延伸阅读 ·

1. 熊四智著. 中国烹饪学概论. 北京：中国商业出版社，1988.
2. 陶文台著. 中国烹饪概论. 北京：中国商业出版社，1988.
3. 贾蕙萱著. 中日饮食文化比较研究. 北京：北京大学出版社，1999.

· 讨论与应用 ·

一、讨论题

1. 如何理解、把握中国烹饪的内涵与外延？
2. 中国烹饪的历史地位与现实定位有什么不同？
3. 烹饪与烹调的区别表现在哪几个方面？
4. 中国烹饪学的研究范围包括哪些方面？
5. 为什么说中国饮食文化是中国优秀文化的代表？

二、应用题

1. 中国烹饪对于当前国民的生活质量有什么意义？
2. 中国烹饪的科学体系是否具有科学性？
3. 在参观典型餐饮企业的基础上认识餐饮业的核心产品依赖于中国烹饪技术的命题。
4. 组织学生对城市社区家庭的烹饪状况进行调查，并以组为单位写出调查报告，相互交流。
5. 有条件的地区组织学生考察当地的饮食文化博物馆或饮食文化民俗馆。

第二章

中国烹饪发展简史

学习目标: 学习、了解中国烹饪发展的基本概况。系统学习、了解中国烹饪起源应具备的基本条件,并由此掌握中国烹饪起源的大致年代;学习并掌握中国烹饪发展过程的几个主要阶段及其各个阶段的主要标志与发展特征,提高对包括烹饪历史文化在内的中国传统文化的认识,增强民族自信心。

内容导引: 人的饮食行为是与人类的诞生与生命延续而共生的现象,是一种自然活动。但美味的熟食却引导远古人类发现并掌握了火的发明与使用,由此开始了具有划时代意义的文化创造活动,揭开了人类饮食文明的进程。但中国烹饪究竟是从什么时候开始的?又是如何形成的?曾经经历了怎样的发展过程?这是每一个烹饪工作者、研究者所想了解的事情。本部分内容将带着学习者走进历史的隧道,去了解中国烹饪的源流,并解读其中的奥妙。

第一节　中国烹饪的起源

　　人类的熟食是从人类的用火开始的,而完整的文化意义上的烹饪却不仅仅是由生到熟的简单过程,其中人类的用火仅仅是中国烹饪开始的根本要素和第一步,其中还包括耐火器具与原始的调味品使用。

一、火的发明与使用

　　中国是世界上文明发达最早的国家之一。数百万年以前,我们的祖先已劳作在这片土地上了。但早期的人类是不会使用火的,过着生吞活剥、茹毛饮血的蒙昧生活,这段时期是没有"烹饪"可言的。

　　人类究竟何时开始懂得用火,至今众说纷纭,据考古表明,人类约在300万年前就懂得用火,火的力量给人类留下极为深刻的印象,而火的利用给人类的生活带来很大的变化,例如火能用来照明，烤熟食物，烤暖身体，驱走猛兽，保护安全等。人类对于用火与熟食的认识，是经历了由火烧熟食的发现到有意保存火种，再到发明火与自由掌握用火漫长的历史过程，也经历了从神话传说到科学用火的实事，直到后来科学研究的燃烧理论。

人类用火的经历归纳起来，大致经历了以下几个过程。

第一，使用天然火。火山爆发、雷电轰击、陨石落地、长期干旱、煤和树木的自燃等，都可以形成天然火。大火过后的灰烬中遗留了烧死的动物体，人们捡取回来食用，发现有动物肉特别的香味，比生食好吃。这种过程反复多次，使人们看到了火的威力和作用，逐步学会了用火，并开始有意识地把火种引到山洞，在洞内经常放入木柴，把火种保存下来，形成不易熄灭的火堆供人们使用。

第二，钻木取火。通过钻木摩擦生火，再引燃易燃物，取得火种，点燃火堆。关于钻木取火在中外的人类发展史上都有许多神话传说与民俗活动的遗传活动。由此人类开始了靠自己的能力发明火种与用火。

第三，用火石、火镰、火绒取火。这是我国古代"钻燧取火"的传说。据说是古人在打猎时用石块投掷猎物，因石块相碰冒出火星，并有时引发树木燃烧，久而久之，学会用石头互相撞击，打出火星，再引燃植物的绒毛取火。后来，这方法几经改良，形成了火石、火镰、火绒的系统取火工具。

我国有科学依据的用火年代，可以追溯到距今180万年前。1973年冬，学者在发掘我国云南元谋人化石遗址时，不仅找到了旧石器，而且特别引人注目的是，在地质层中发现了大量炭屑，炭屑最大的层厚达15毫米。伴随着这些炭屑，还有动物化石、烧骨和石器的存在。因此，我国考古学家得到一个新的结论："我们认为从元谋人化石层里找到了可能是目前已知人类用火的最早证据"。除此之外，据考古学家新的信息，在距今约180万年前的山西芮城、80万年前的陕西蓝田，也发现了古人类用火痕迹。这说明我国不仅是世界迄今为止发现最早的人类用火的国度，而且材料也较之其他国家丰富。这是我国考古学对世界学术界的重要贡献。

人类由于懂得利用火，因而逐步学会了烧制陶瓷、熟食烹饪、冶炼金属等。

古文献中记载的"燧人氏"钻木取火，炮生为熟，使人类进入了熟食时代，这是中国用火熟食的起源，不过，此时只能算是最原始的烹饪。原始的烹饪方法较为简单，如烧、炮、炙、烤等，还有古籍中记载的"石上燔肉"的石烹法。原始的烹饪是把生的食物做"熟"，是一个烧火加热过程，有什么样的经验技术，也只有当年古人知道，且无文献记载，我们不能认为是完整意义的烹饪。

二、中国陶具的发明与使用

挖坑灌水烧石把食物煮熟和"石上燔谷""石上燔肉"，被称为中国烹饪的石烹时代，这当中虽然有自然器具的发现与利用，但不是真正意义的工具发明与创造，直到陶器的出现。

陶器的发明是人类文明的重要进程，是人类第一次利用天然材料，按照自己的意志创造出来的一种崭新的东西。从河北省阳原县泥河湾地区发现的旧石器时代晚期的陶片来看，在中国，陶器的产生距今已有11000多年的悠久历史。

陶器是用泥巴（黏土）成型晾干后，用火烧出来的，是泥与火的结晶。我们的祖先对黏土的认识是由来已久的，在原始社会生活中，祖先们处处离不开黏土，他们发现被水浸湿后的黏土有黏性和可塑性，晒干后变得坚硬起来。而泥巴被火烧之后，变得更加结实、坚硬，而且可以防水，于是陶器就随之产生了。陶器的发明，揭开了人类利用自然、改造自然、与自然作斗争的新的一页，具有重大的历史意义，是人类生产发展史上的一个里程碑，也为中国烹饪的诞生奠定了物质基础。

从目前所知的考古材料来看，陶器中的精品有旧石器时代晚期距今 1 万多年的灰陶，有8000多年前的磁山文化的红陶，有7000多年前的仰韶文化的彩陶，有6000多年前的大汶口的"蛋壳黑陶"，有4000多年前的商代白陶，有3000多年前的西周硬陶……

中国上古时代的制陶工艺，是充分利用硅石材料的创造活动。1962年，在江西万年县大源仙人洞，发现一个距今已有1万多年的新石器时代早期的洞穴。从中发掘出残陶器碎片90余片，全是夹砂红陶，质地粗糙，掺杂着大小不等的石英粒，质松易碎。陶片厚薄不等，胎色以红褐色为主，也有呈红、灰、黑三色。器内壁凹凸不平，没有耳、足等附件。这些情况显示出当时制陶的原始性。陕西华县老官台出土的陶器，也反映了同样的情况。考古发掘充分证明，我国在新石器时代一开始，许多地区就开始了陶器的制作。

中国的仰韶文化距今约五六千年，这时的陶器是以红陶为主，灰陶、黑陶次之。红陶分细泥红陶和夹砂红陶两种。主要原料是黏土，有的也掺杂少量砂粒。在仰韶陶器中，细泥彩陶具有独特造型，表面呈红色，表里磨光，还有美丽的图案，是当时最闻名的。细泥陶反映了当时制陶工艺的水平，具有一定代表性，所以考古上常将仰韶文化称为彩陶文化。西安市半坡村发掘的彩陶盘也属于仰韶文化的产品。

中国最早使用的较为正规的烹饪炊具是陶器，陶器的生产和使用，使人类饮食生活的面貌发生了新的变化，由此出现了煮、蒸、焖、炖、熬等烹饪方法。如前所述，陶制炊食具的生产和使用，在我国已有8000～10000年的历史了，这在我国黄河流域的西安半坡文化遗址和长江流域的良渚文化遗址中都有古代陶器文物出土。

三、调味品的发现与使用

完整意义烹饪的第三个因素，是调味品的发现与使用。据研究表明，我国先民最早使用的调味品应该是盐。

据历史资料记载可知，最早的盐是采集的自然盐，中国最早发现并利用的自然盐主要是池盐。其产地在晋、陕、甘等广大西北地区，最著名的是山西运城的盐池，历史上被称为解池或河东盐池。在《史记》中有记载说，黄帝曾战炎帝于阪泉，败蚩尤于涿鹿，后又"邑于涿鹿之阿"。据专家考证："阪泉在山西解县盐池上源，相近有蚩尤城、蚩尤村及浊泽，一名涿鹿"。所谓"浊泽"就是盐池，所以中国历史上的"炎黄之战"，实际上是为了争夺食盐而引起的一场战争。但这种池盐仍然是一种自然资源，仅仅是人类的发现而已，不具有文化意义上的创造发明。

其实，有了陶制器具，包括食盐在内的一些古老的调味品的生产才能得以进行。大约到了我国原始社会后期的黄帝时代，生活在黄河下游的"凤沙氏"部落发明了"煮海为盐"。而"煮海为盐"的先决条件就是用火和耐火器具的使用。而中国"盐"字的本意就是在器皿中煮卤。《说文解字》中记述：天生者称卤，煮成者叫盐。如果传说中的黄帝臣"夙沙氏"煮海成盐可信的话，那么，我国先民大约在神农氏（炎帝）与黄帝之间的时期就开始了取海水煎乳煮盐了。所以，也有学者认为，中国最早的盐是用海水煮出来的。20世纪50年代福建出土的文物中有煎盐器具，证明了仰韶时期（公元前5000年—公元前3000年）古人已学会煎煮海盐。所以，后世把发明人"夙沙氏"称为海水制盐用火煎煮之鼻祖，尊崇其为"盐宗"。我国宋朝以前，在河东解州安邑县东南十里，就修建了专为祭祀"盐宗"的盐宗庙。清同治年间，盐运使乔松年在泰州修建"盐宗庙"，庙中供奉在主位的即是煮海为盐的夙沙氏，商周之际运输卤盐的胶鬲、春秋时在齐国实行"盐政官营"的管仲，置于陪祭的地位。

中国也是盐井的发明地。早在战国时期巴蜀地区（今四川省），秦昭王时蜀郡守李冰，在治水的同时，勘察地下盐卤分布状况，始凿盐井。《华阳国志·蜀志》记载：李冰"又识齐水脉，穿广都盐井，诸陂池，蜀于是盛有养生之饶焉。"这是有关中国古代开凿盐井的最早记载。《蜀王本纪》也说："宣帝地节（公元前69年—公元前66年）中始穿盐井数十所。"汉代时候，我国就开始利用盐池取盐。《华阳国志·蜀志》记载："定筰县……有盐池，积薪，以齐水灌而焚之，成盐。"王廙《洛都赋》有"东有盐池，玉洁冰鲜，不劳煮，成之自然"的描述。刘桢《鲁都赋》也有"又有盐池漭沆，煎炙阳春，焦暴喷沫，疏盐自殷，挹之不损，取之不勤"的相同描述。

随着火的运用、陶器的发明及调味品的出现和使用，我们的祖先最终告别了蒙昧的生活时代，开始进入了文明的烹饪时代。因为，人类有了烹饪熟食，围绕火塘的食物加工与食物分配开始了，并由此诞生了最原始的饮食文明。于是，也就出现了我国古籍资料中所说的"饮食之道始备"的结果，完整意义的烹饪从此形成。而且，通过烹饪熟食，人类渐渐知道使用饮食器具，进而懂得了生活上的一些饮食礼节，开始了人类文明生活的脚步。

第二节　中国古代烹饪发展简况

中国烹饪自诞生起，经过了一个漫长的发展过程，形成了今天博大精深的烹饪饮食文化体系，积累了数以万计的美馔佳肴，成为举世无双的烹饪王国。中国烹饪发展过程大体可分为如下几个阶段。

一、史前烹饪时期

这一时期，人们从"生食时代"进入到"火燔熟食阶段"，人类开始用火熟食，而且能够自己创造火种和自由运用火，由自然人变成了社会人，逐渐摆脱了"茹毛饮血""生吞活剥"的生活，开始走向了开化文明的时代，也开始了我国原始的烹饪。烹饪史上的烧、炮、燔、炙、烤等烹饪方法都是在这一时期产生的。烧，就是直接在火上把食物烧熟；炮，是用湿泥浆包裹住食物再放在火上烧的方法；燔，就是在石板上把食物烙熟的方法，即古人所说的"石上燔肉"的方法；炙，则是直接把食物用火焰燎烤至熟的方法。

在这一阶段之前，人类的生活方式主要是"生食"。生食时代的主要特征如下。

（1）食物没有储备，有啥吃啥，没有充分选择的余地。

（2）每日的进餐没有定时、定量，饥饱不匀。

（3）野食生食，没有烹饪，不会使用炊具、食具。

（4）既不会选择食物，也不会加工食物。

（5）不懂得食物卫生和医药，腹疾多病，死亡率很高，寿命较短。

（6）不懂得储藏食物和驯养动物，没有贸易活动。

（7）不懂得饮食礼节，也没有宴席的就餐活动。

直至人类用火熟食开始，这一切才得到了本质意义上的改变。恩格斯认为："摩擦生火第一次使人支配了一种自然力，从而最终把人同动物界分开。"

二、夏、商、周三代时期的烹饪

这一时期上承原始社会末期，下限至秦始皇统一中原，大约两千年的时间。我国烹饪在这一时期发生了巨大变化，主要表现为由陶制烹饪器具向青铜烹饪器具的过渡阶段，是烹饪的早期阶段，也是富有中国烹饪特征的奠基期。在这一时期里，由于社会生产力的发展，人们的食物来源趋于广泛，那时的原料已经有了多种肉类、水产、谷物、蔬菜、瓜果，以及种类繁多的调味品等。此时除了发达的农业生产外，还有畜牧业、园圃种植业等的发展，而且那时的手工业也有很大的发展。至夏末商初，出现了青铜制造业，其中包括大量的炊具、食具与饮酒器具等，甚至还出现了我国最早的冷藏设备"冰鉴"。

夏、商、周三代，是我国奴隶制社会的确立、发展和强盛时期，给农业和手工业带来了大发展的机遇，特别是烹煮器、食器、酒器、乐器、礼器的大量制造，为中国烹饪带来了勃勃生机，历时约1800年，奠定了中国饮食烹饪的基本格局。从出土的青铜器和陶器分析，夏朝时酿酒已有了规模，食物加工和饮食活动也比较讲究，有了专职烹饪工作的厨师。

1．烹饪原料种类显著增加

这一时期，烹调原料显著增加，由于受到阴阳无形学说的影响，人们习惯于以"五"命名。如泛指稷、黍、麦、菽、麻籽等的"五谷"，代表葵、藿、薤头、葱、韭的"五菜"，统称牛、羊、猪、犬、鸡的"五畜"，包括枣、李、栗、杏、桃在内的"五果"，以及泛指包括米醋、米酒、饴糖、姜、盐之类的"五味"。"五谷"有时又写成"六谷"，后来甚至又以"百谷"称之，说明了当时食物资源已比较丰富，而且在逐渐增加。这些都是人工栽培的原料，已经成为饮食生活的主体，这些所谓"五"的原料应该是其中的佼佼者，而"五"当然也是泛指同一类的食物，由此也证明了此时人们在选料方面已经积累了一些经验。

2．青铜炊食具广泛使用

自商代以来，随着金属冶炼技术的发明，轻薄精巧的青铜食具登上了烹饪舞台。我国现已出土的商周青铜器物有4000余件，其中多为炊餐具，而且多被当作礼器。青铜炊具食器具有耐磨损、抗氧化、传热快等优点。所以青铜器的问世，提高了烹饪工效和菜品质量，并由此诞生了诸如炒、炸、爆等以快速加热见长的烹饪方法。精美典雅的青铜器还能够显示高贵的礼仪风貌，用于筵席器皿，更能够展现出奴隶主贵族饮食文化的特殊气质。这一时期常见的炊具、餐饮器具主要有如下。

（1）鼎　既是炊具又是食器，形体规格，多种多样，著名的后母戊大方鼎就是其中的代表。后母戊鼎器型高大厚重，形制雄伟，气势宏大，纹饰华丽，工艺高超，又称司母戊大方鼎，高133厘米、口长110厘米、口宽78厘米、重875千克，鼎腹长方形，上竖两只直耳（发现时仅剩一耳，另一耳是后来据所存耳复制补上），下有四根圆柱状鼎足，是目前世界上发现的最大的青铜器。该鼎是商王武丁的儿子为祭祀母亲而铸造的。

（2）簋　古代盛食物的器具，自商代开始出现，延续到战国时期。《周礼·地官》记录说："凡祭祀，共簋"，古籍中多写作簋。青铜簋器物造型形式多样，变化复杂，有圆体、方体，也有上圆下方者。早期的青铜簋跟陶簋一样无耳，后来才出现双耳、三耳或四耳簋。据《礼记·玉藻》记载和考古发现得知，簋常以偶数出现，如四簋与五鼎相配，六簋与七鼎相配等。

（3）爵　礼器，古代饮酒的器皿，三足，以不同的形状显示使用者的身份。后来"爵"以至成为君主国家贵族的封号。中国古代把贵族的封号分为五等，即"公爵""侯爵""伯爵""子爵""男爵"。后世用语中的"爵位""官爵""爵禄"等也是由此演化而来的。

（4）甗　最早利用蒸汽原理进行加热的烹饪器具，其中汽柱甗形器实为后世的汽锅，现今代表昆明烹饪特色的汽锅蒸鸡就是古代"甗"的烹饪遗承。"甗"作为炊具，早在7000多年前代表长江文化流域的良渚古代遗存中已经出现，为我国南方米食的蒸煮奠定了基础，足以说明殷商时期陶制炊具的进步与当时人们对食品加工的追求。

（5）甗　具有代表性的是妇好三联甗，高44.5厘米，器身长103.7厘米，宽27厘米，重138.2千克。全器由长方形器身和三件甗组成。器身有底和六条方足，上有三个高出的喇叭状圈口，口周饰三角纹和勾连雷纹。案面绕圈口有三条盘龙纹，四角饰牛头纹，四壁上饰夔纹和圆涡纹，下饰三角纹。三个圈口内置三件大甗，甗敞口收腹，底微内凹，有扇面孔三个，口下饰两组大饕餮纹，每组均由对称的夔龙组成，甗内壁和两耳际外壁均有铭文"妇好"两字。因长方形器身和三件甗的花纹风格一致，甗底和器身圈口大小相当，此器应是一套。且其腹足有烟炱痕，当为实用之器。此器可以同时蒸煮几种食物，是前所未见的商代大型炊具，迄今国内仅发现这一件，故而更是弥足珍贵的青铜之宝，被列为国宝级的文物。

（6）俎　古代祭祀时放祭品的器物。俎是和豆联用的器具，都是古代祭祀用的器具，所以，也被称为"俎豆"。《礼记·燕义》说："俎豆，牲体，荐羞，皆有等差，所以明贵贱也。"古时宴飨，每人前面有俎案，上面摆满菜肴，食有食相，也就符合礼仪了。俎，后来也由此成为烹饪切肉或切菜时垫在下面的砧板。

（7）匕　类似现今的勺子，为古代的一种取食器具。长柄浅斗，形状像汤勺，挹取食物的匙子，考古发现匕常与鼎、鬲同出。青铜匕最早见于商代晚期，传世很少见，体呈桃叶形，有长柄。

3. 烹饪技术飞速进步

夏商周时期，我国的烹调技术已经取得了飞速的进步，开始讲究原料的选择与调味。据《吕氏春秋》"本味篇"记载："调和之事，必以甘酸苦辛咸，先后多少，其齐甚微，皆有规律。鼎中之变，精妙微纤，口不能言，志不能喻。"伊尹所论述的烹饪调味技艺，反映了三代时期的烹饪发展情况。伊尹说："夫三群之虫，水居者腥，肉玃者臊，草食者膻，臭恶犹美，皆有所以。"认为所吃的肉类有三种，水居动物的肉有腥味，食肉动物的肉有臊味，吃草动物的肉有膻味，它们虽然都有恶劣的气味，却能烹调出美味来。这是关于食物原料的选择经验。伊尹解释调味技艺说：凡味之本，水最为始。五味三材，九沸九变，火为之纪。时疾时徐，灭腥去臊除膻，必以其胜，无失其理。他还特别讲到了当时七种著名的调味品："和之美者，阳朴之姜，招摇之桂，越骆之菌，鳣鲔之醢，大夏之盐，宰揭之露，其色如玉，长泽之卵。""卵"可能是鱼卵制成的调味品。"其色如玉"的露也是一种调味品。《本味篇》还列举了许多当时各地美味的鱼、肉、蔬菜和水果，其中夹杂有神话传说与夸张之词。如说"昆仑之蓣，寿木之华"等，也有当时著名的土产，如"洞庭之鲋，云梦之芹，具区之菁，江浦之橘，云梦之柚"等。

其他烹饪技术的应用还包括浆制技术，当时人们已经用淘米水对原料进行浆制；分档取料技术，人们将动物性原料分为十大块，再细分21档；刀工技术，人们已经懂得肉丝、片、丁、块的加工方法等。

4. 菜肴制作技艺繁杂

夏商时期的菜肴如何，今天已经不得而知，但从"周八珍"的菜肴制作中可以略窥一斑。在周代，周天子以及王族食用的美味，有八种被记录在史料中，被后世称为"周八珍"，是当时菜肴烹饪水平的代表，也是我国北方菜肴风味发展的代表，是我国最早较为详尽的菜谱。周代八珍的具体内容包括淳熬、淳母、炮豚、炮牂、捣珍、渍、熬、肝膋。《礼记·内则》一书对此有较为详尽的解释。

（1）淳熬　"淳熬，煎醢，加于陆稻上，沃之以膏。"当中"醢"即为"肉酱"。今天可以解释为"将肉酱放入锅内煎，待肉酱熬浓后，将其淋在煮熟的米饭上面，再淋上一些动物油。"类似我们现在的"肉酱盖浇饭"。

（2）淳母　"淳母，煎醢，加于黍食上，沃之以膏。"与"淳熬"类似，只不过前者用米饭，后者用黍子米做成。黍子米是北方古代流行的一种黏性小黄米。

（3）炮豚　"炮，取豚若将，刉之刳之，实枣于其腹中，编萑以苴之，涂之以谨涂；炮之，涂皆干，擘之；濯手以摩之，却其皽，为稻粉，糔溲之以为酏；以付豚，煎诸膏，膏必灭之。钜镬汤，以小鼎芗脯于其中，使其汤毋灭鼎，三日三夜毋绝火，而后调之以醯醢。"豚是乳猪，上面大意是说将乳猪或小肥羊宰杀后，去除内脏，将枣子填满它们的肚中，用芦苇草绳捆扎，涂上黏泥在火中烧烤。待黏泥烤干后，掰去干泥，洗净手，将小猪或肥羊表皮上的一层薄膜揭去；再用稻米粉调成糊状，敷在小猪或肥羊身上；然后，用油将猪、羊煎炸；大鼎装满热水，小鼎内放香草，再将小鼎放入大鼎之中，大鼎内的热水不能满过小鼎；如此三天三夜不断火；之后调入醋、肉酱而食。

（4）炮牂　制作工艺与"炮豚"完全相同。牂是小肥羊。

（5）捣珍　"捣珍，取牛、羊、麋、鹿、麇（獐）之肉，必脄，每物与牛若一，捶，反侧之，去其饵，熟，出之，去其皽，柔其肉。"当中"脄"古时解释为里脊肉。全句的意思是取牛、羊、麋鹿、鹿、獐的肉，一定是里脊肉，每份肉与牛肉的分量相同，反复捶打至疏松，去除肉筋，煮熟，取出，去除肉上薄膜，将肉揉软；再加入醋和酱油调味而食。

（6）渍　"渍，取牛肉必新杀者，薄切之，必绝其理，湛诸美酒，期朝而食之，以醢若醯、醷（梅酱）。"意思是说取新鲜的牛肉，切成薄片，必须横向顶丝而切，在好酒中浸泡一天，用肉酱或醋、梅酱蘸食。

（7）熬　"熬，捶之去其皽，编萑，布牛肉焉，屑桂与姜以洒诸上而盐之，干而食之；

施羊亦如之。施麋、施鹿、施麇，皆如牛、羊；欲濡肉，则释而煎之以醢；欲干肉，则捶而食之。"用今天的话可以解释为把肉捶松，除去筋膜，摊放在芦草编的席子上，把姜米和桂皮碎撒在上面，用盐腌后晒干了就可以吃了。用麋鹿、用鹿、用麇，都如同牛肉、羊肉一样的做法；如想吃带汁的肉，就用水把它润开，加肉酱去煎；如果想吃干肉，就捶软后再吃。

（8）肝膋　"取狗肝一，幪之以其膋，濡炙之举其燋其膋，不蓼。"其中的"膋"即网油，"蓼"即水蓼，当时用以佐食的一种香料。大意是取一块狗肝，用狗网油包好，再将包好的狗肝浸湿，架在火上烧烤，待烧至外表焦黄时即可，吃时无须加入水蓼等香料。

除了上面介绍的"八珍"之外，另有一种烹饪方法亦在《礼记·内则》中记载，它就是"糁"。由于汉代的郑玄在《礼记·内则》的注释中把"炮豚""炮牂"合在一起，所以，有人就把"炮豚""炮牂"合二为一，然后再加入这个"糁"，被同称为"周代八珍"。《礼记·内则》注释说："糁，取牛羊豕之肉三如一，小切之，与稻米。稻米二肉一，合以为饵，煎之。"即是说"取牛、羊、猪肉三等份，细剁成蓉，两份稻米粉一份肉，混合成馅，入油煎炸。"此法有点类似今天的"煎肉饼"，与现今流行于鲁中地区的"糁"的制作方法完全不是一回事。

5．筵席活动初具规模

三代时期，尤其是在商周两代，饮食筵宴初具规模，饮食市场已经形成，礼乐侑食，王室膳食制度完善，饮食服务明确。这些在《周礼》《仪礼》《礼记》《诗经》等书中多有记载与反映。因为在商周时代，随着生产力水平的日益发达，生活资料开始充实，有了更多的选择余地，奴隶主生活开始趋于奢侈，人类生活开始由饱暖向礼仪文化方面升华，在饮宴中不但有珍馐罗列，味列九鼎，歌舞齐乐的豪华场面，而且陈列编钟，演奏井然有序的乐曲，这就是古代"钟鸣鼎食"的饮宴文化。

6．烹饪理论已具雏形

春秋战国时期，是我国思想文化的大发展时代，而此时也是我国烹饪理论初步形成的萌芽时期。这一时期，虽然没有烹饪专门著作，但烹饪的基础理论在《吕氏春秋》《周礼》《礼记》《仪礼》《论语》《黄帝内经》等书中已经清晰可见。其中较有代表的是孔子关于烹饪饮食的理论。孔子主张饮食上要"食无求饱"，但烹饪上要"食不厌精，脍不厌细"，并由此提出了"十三个不食"的论述。详见前文。亦如前述，《吕氏春秋·本味篇》是秦相吕不韦召集门客编写而成的一部著作，共160篇，是杂家的代表性著作。其论述中谈到了烹饪原料、烹饪调味、烹饪用火，以及菜肴成品质量等内容，其理论源于伊尹的烹饪实践，是我国第一篇烹饪专论。

总之，在这一时期确实是调和鼎鼐，礼乐侑食，烹饪有道，名人辈出。中国奴隶社会的烹饪，无论是烹饪原料、烹饪工具，还是烹饪工艺、烹饪人员等诸方面都有了巨大进步，从实践到理论都给予了比较全面的总结。中国烹饪在以后的发展中无论是物质系统的构成，还是传统观念的形成，都能在这一时期找到它们的根源。

三、秦汉魏晋南北朝时期的烹饪

秦、两汉时期共有400余年，是我国大一统的封建社会的发展阶段。中国饮食史上两汉时期是一个重要的发展阶段。这一时期，由于铁制器具的广泛推广使用，生产力水平得到了很大的提高，以农业生产为主的经济发展迅速，食源不断丰富。加之以旋转石磨为代表工具的粮食加工、烹调方法、饮食器具、饮食礼仪、饮食习俗及素食现象等，都影响着后世烹饪发展的进程与格局。魏晋、南北朝时期，虽然各地战争频繁，但由于中外文化交流的扩大，食物来源也不断增加，决定了烹饪技艺的多样化发展。同时，在频繁的对外交流中，域外烹饪经验与原料进入我国的中原地区，胡饼、胡酒、胡羹、胡麻等食物、食品的传入，饮食业由此兴旺发达，菜肴饭食品种繁多，烹调方法百花齐放，使我国的烹饪发展达到了一个很高的水平。这一时期，以北魏贾思勰撰著《齐民要术》为代表的烹饪理论书籍大量出现，表明我国的烹饪发展已经由"技术"进入了"学术"的发展阶段。所有这些，均为我国烹饪的进一步繁荣发展奠定了厚实的基础。

1. 烹饪食材不断扩充

在先秦五谷、五畜、五菜、五果、五味的基础上，汉魏六朝的食料进一步扩充。张骞出使西域后，相继从阿拉伯等地引进了胡麻、胡豆、胡瓜、胡荽、胡椒、胡葱、胡蒜、安石榴、葡萄等新的蔬菜、水果品种，以及良种的牛羊畜牧等，大大扩充了原有的食材范围，尤其是蔬菜、水果品种的大量增加，为菜肴烹饪与素食兴起开创了新局面。汉代桓宽在《盐铁论》中说，西汉时的冬季，市场上仍有葵菜、韭黄、簟菜、紫苏、木子耳、辛菜等供应，而且货源充足。《齐民要术》记载了黄河流域的31种蔬菜，以及小盆温室育苗，韭菜捉子发芽和韭菜挑根复土等生产技术。扬雄的《蜀都赋》中还介绍了天府之国出产的菱根、茱萸、竹笋、莲藕、瓜、瓠、椒、茄，以及果品中的枇杷、樱梅、甜柿与榛仁。有"植物肉"之誉的豆腐，相传也出自汉代，是淮南王刘安与众多方士在炼丹时发明的。不久，包括豆腐干、腐竹、千张、豆腐乳等豆制品也相继问世。

这时的调味品生产规模也得到了持续扩大，《史记》记述了汉代大商人当年酿制酒、醋、豆腐各1000多缸的盛况。《齐民要术》还汇集了白饧糖、黑饴糖稀、琥珀饧、煮脯、作饴等糖制品的生产方法。特别重要的是，从西域引进芝麻后，人们学会了用它榨油。从此，植物油（包括稍后出现的豆油、菜油等），便登上中国烹饪的大舞台，促使用油传热烹法的诞生。当时植物油的产量很大，不仅供食用，还作为军需之物。有文章介绍说，在赤壁之战中，芝麻油曾发挥出神威。

在动物原料方面，这时猪的饲养量已占世界首位，取代牛、羊、狗的位置而成为肉食品中的主角。其他肉食品利用率也在提高，如牛奶，就可提炼出酪、生酥、熟酥和醍醐（从酥酪中提制的奶油）。汉武帝在长安挖昆明池养鱼，周长达20公里，水产品上市量很多。再如岭南的蛇虫、江浙的虾蟹、西南的山鸡、东北的熊鹿，都被搬上了餐桌。《齐民要术》记载的肉酱品，就分别用牛、羊、獐、兔、鱼、虾、蚌、蟹等10多种原料制成。

2. 炊饮器皿更新发展

秦汉以降，我国的冶铁技术得到了飞速发展，铁质的烹饪炊具、器具日益普及开来，尤其以铁釜、铁甑为代表的烹饪器具的出现，促进了这一时期烹饪水平的提高。

突出表现是，锅釜由厚重趋向轻薄。战国以来，铁的开采和冶炼技术逐步推广，铁制工具应用到社会生活的各个方面。西汉实行盐铁专卖，说明盐与铁同国计民生关系密切。铁比铜价贱，耐烧，传热快，更便于制作菜肴。因此，铁制锅釜此时推广开来，如可供煎炒的小釜，多种用途的"五熟釜"，大口宽腹的铜釜，以及"造饭少顷即熟"的"诸葛亮锅"，都属锅具中新秀，深受好评。与此同时，还广泛使用锋利轻巧的铁制刀具，改进了刀工刀法，使菜肴制作的形态日趋多样美观。

汉魏时期的炉灶已经发展为台灶，烟囱已由垂直向上改为"深曲通火"，并逐步使用煤炭窑，有利于掌握火候。河南省唐县石灰窑画像石墓中的陶灶、河南洛阳烘沟出土的"铁炭炉"，以及内蒙古新店子汉墓壁画中的6个厨灶，都有较大改进，有"一灶五突，分烟者众，烹饪十倍"的记录。有汉一代，我国已经发现了并应用煤作为燃料，由于煤的火力远远高于木柴的火力，为烹饪提供了新的能源。《汉书·地理志》说："豫章郡出石，可燃为薪。"豫章郡在今江西省南昌附近，这里所说的可燃为薪的石头，就是煤。

这一时期的厨师，已经从各个方面成为社会中极为重要的职业，出现了厨师穿紧身的"襜衣"和"犊鼻"式的围裙。这些既是厨师行业的显著标志，也显示对厨师的劳动保护观念增强了。

3．素菜、面食普遍兴起

汉朝，佛教由印度传入我国，不久道教出现。我国的素食与佛教、道教有着直接的关系。根据二教教义提倡戒酒、肉的荤食（包括带有强烈刺激味道的蔬菜，如韭、薤、蒜、芸薹、胡荽），梁武帝萧衍笃信佛教，身体力行，提倡吃素，并专门写下了《断酒肉文》，素菜便从此大行其道。同时，由于汉代时对小麦种植的大力推动，形成了北方面食的加工技术，以"饼"称呼的各种面食品种应运而生，当时流行的有汤饼、蒸饼、炉饼、油饼、胡饼、金饼、髓饼、索饼等。至少在魏晋南北朝时期，发酵技术的出现，使发酵面食品种的加工广泛应用。

4．烹饪理论研究水平提升

两汉期间，我国的烹饪水平不仅得到了实质性的提高，而且在理论总结、学术研究方面得到了长足的进步，遗憾的是能够传承保存到今天的烹饪、饮食专门书籍还没有发现，尽管史籍中有此类书目的记录。不过，在一些其他的典籍和文献作品中有着大量的关于汉代饮食烹饪的散碎的记录与描述。如汉桓宽在《盐铁论·散不足》中介绍了当时长安等大都市饮食烹饪情况。书中说，汉代的都市里："熟食遍列，肴旅成市。"菜肴种类花样倍出，市场上能够见到的有"杨豚韭卵，狗膰马朘，煎鱼切肝，羊淹鸡寒，桐马酪酒，塞捕胃脯，腝羔豆赐，穀膹雁羹，臭鲍甘瓠，熟粱貊炙"等各色菜肴。菜肴的品种有荤有素，有热有冷，极其丰富。这是对当时流行菜肴的记录总结。又据《淮南子·齐俗训》记载："今屠牛而烹其肉，或以为酸，或以为甘，煎、熬、燎、炙，齐味万方，其本牛之一体。"也就是说，当时已能将一头牛分档取料，经过多种烹调方法，做出许多道或酸或甜，味道极其佳美的菜肴了。这是对烹饪方法的零散记录。东汉崔寔的《四民月令》也有关于食材、饮食习俗的记录。三国时期的沈莹在撰写的《临海异物志》中，记述有包括今台湾地区沿海的地形、气候、土壤、植被、农业、渔业、民俗风情等。有许多海产品，包括海蜇、海参等名贵食材记录其中。尤其是在汉赋中，许多文人以夸张的手法在自己创作的赋体作品中，记录描述了大量的美馔佳肴，如扬雄的《蜀都赋》、枚乘的《七发》等。

魏晋南北朝以降，出现具有划时代意义的农书《齐民要术》，其中有近20章的内容是对当时烹饪技艺的记录与总结。《齐民要术》大约成书于北魏末年，作者贾思勰在书中系统地总结了6世纪及其以前黄河中下游地区农牧业生产经验、菜肴食品的加工与食材的贮藏、野生植物的利用等，对中国古代农学的发展产生过重大影响。书中记录的烹饪方法多达30余种，流行菜肴、饭食、面点及各类小吃达到了200余种，是今天我们了解与研究魏晋南北朝时期及其以前烹饪饮食状况不可多得的珍贵资料。这一时期，饮食专著传世较多，如后魏卢氏的《食经》、南朝宋时虞悰的《食珍录》等。这些都反映出了我国古代饮食文化的高度成就。

总之，秦汉魏晋南北朝时期，由于铁制烹饪工具的普及使用，促进了烹饪技艺的大力提升。铁制刀具、铁锅为中国烹饪传统工艺的定型立下了汗马功劳。铁锅使炒成为中国烹饪中最具特色的烹调方法之一；刀具为中国烹饪的刀工工艺臻于精绝提供了条件。同时，随着烹饪原料的不断增加，生产方式的进步，食材来源日益扩大，极大地丰富了菜肴食品的品类。由于铁制烹饪工具为烹饪工艺带来了实质性的飞跃，致使烹饪实践有了较大的发展，促进了烹饪理论的长足发展，食谱及烹饪专著大量出现，文人作品纷纷记录烹饪盛况与美味佳肴。随着中医科学的发展与人们对健康的追求，食疗保健理论体系初步建立起来。可以明确地认为，经过了秦汉魏晋南北朝400多年的发展，中国烹饪有了务实性、科学化的全面的提升发展。

四、唐宋时期的烹饪

唐、宋时期是我国封建社会经济发展的又一个高峰，为烹饪的进一步发展提高创造了良好的物质条件。

唐朝以后，出现了新的燃料与炉灶。石炭、煤炭等矿物燃料开始用于烹饪炉灶，这一时期精美的瓷器在餐桌上广泛使用，而且包含了许多精巧的器皿。花色菜点也大量涌现，如唐朝韦巨源《烧尾宴食单》中记载的"遍地黄金甲""水晶龙凤糕""生进二十四气馄饨"等，甚至出现了刀工精美的花色冷菜拼盘，如五代尼姑梵正拼制的花色冷盘"辋川图小样"，其水平已臻完美境地。经济的空前繁荣，文化的兴旺发达，中外的频繁交流，市场的异常发达，都为饮食生活的丰富和饮食文化的发展创造了优越的条件，是中国烹饪发展史上的兴旺时期，几乎达到了封建社会烹饪发展的顶峰。

这一时期的宋朝，当时北宋的汴梁、南宋的临安，其繁花似锦的经济发展状况，是广为世人所知的。南北饮食风味及川味等地方风味的形成，面食品种的丰富多彩，乃至菜肴数量多达百余种的豪华宴席，以及大量食书、食谱的出现，都表明中国烹饪文化的发展进入了一个高度繁荣的历史阶段。

1. 宴饮活动高度发达

隋唐以来，政治相对稳定，经济繁荣，各国商人云集洛阳、长安。隋时京都洛阳酒楼饭店林立，菜肴丰富，外国商人尽其享受，吃饱喝足，不收饭钱（《资治通鉴》）。唐时长安饭店、酒楼、茶肆遍布，饮食品种达数百种之多，且具规模。唐德宗临时召见吴凑，任他为京北尹，吴接到诏命后，立马决定当天请客，等客人到达吴家时，规模宏大的酒席已摆好，有人问酒席怎么办得这样快，吴府的人说："两市有礼席，举釜而取之，故三五百人之馔可立办也。"时至今日要办三五百人的宴席，也要准备几天，当时可立即办好，可以想象饮食市场的规模是如何的宏大。在隋唐五代时期，烹饪技艺和肴馔的花色品种都有所提高，并出现了饮食夜市。这一时期宴会种类齐备，唐代公费宴会有制度、定例可循，只要公务需要，什么祝捷、庆功、贺喜、外交等，殿试后筵宴新科进士为"琼林宴"，乡试后宴请新举人为"鹿鸣宴"，官员升迁向皇帝献食为"烧尾宴"，新进士相聚为"樱桃宴"。私人宴会形式更多，诸如团圆、喜庆、节日、赏乐等，皆要举办宴席以示庆贺。官司员、文人、各行各业可因社交需要举办各种宴会，如正月十五为"临光宴"，夏天避暑为"避暑宴"，春季出游举宴为"曲江宴"，荔枝尝鲜为"红云宴"等。实际上当时大量的宴会并不取名，按例照常因需举办而已，有的宴会轻歌曼舞，有的行酒令，有的射覆以助酒兴，从这方面讲，中国烹饪至唐代已进入了高度发达的阶段，刺激了饮食市场的消费，也刺激了烹饪业的大发展。

2．烹饪有关著作大量涌现

这一时期，人们不仅注重饮食的数量，更注重饮食的质量，除色、香、味、形、器外，还非常注重饮食的营养保健。各种饮食保健理论大量出现，烹饪专著及食经，名目繁多，如隋代医学家马琬的《食经》、谢讽的《淮南王食经》、崔禹锡的《崔氏食经》，唐代有《严龟食法》十卷、杨晔的《膳夫经手录》四卷、丞相段文昌的《邹平公食宪章》、尚书令韦巨源的《烧尾宴食单》等。中国第一部刀工专著《斫脍法》也是此时诞生的，以及五代百卷本的《食典》等。食疗专著有孙思邈的《千金要方·食治》、孟诜的《食疗本草》、陈士良的《食性本草》、张鼎的《食经》等，虽有些原著大多亡佚，但从现存的《医心方》《证类本草》《良医心鉴》等其他著作中仍可寻到它们的踪影。

宋朝大学士苏东坡请朋友吃"饭"的故事，流传甚广。大意是苏东坡请朋友吃"饭"，朋友们以为是什么高级的宴席，便应约而至，结果只吃到白米饭、白萝卜、白盐各一碟，朋友们不知何故，苏东坡笑曰："这三样东西加起来不就是'饭'吗？"这个典故不是苏东坡所创，这个典故出在唐朝《膳夫经手录》中："萝卜，贫寒之家与直饭偕行，号为'三白'"。

除上述资料外，在笔记中也有不少关于烹饪的内容，如唐段成式的《西阳杂俎》、刘恂的《岭南录异》、冯贽的《云仙杂记》等都记录了饮食掌故及与烹饪有关的资料。类书中也有一部分烹饪资料，如虞世南的《北堂书钞·酒食部》、欧阳询、裴矩、陈叔达等人的《初学记》等类书中也记录了部分烹饪资料。唐诗中也有大量的烹饪资料，如李白的"兰陵美酒郁金香，……"杜甫有"紫驼之峰出翠釜，……"刘禹锡的《寒具》(馓子)，杜牧的《过华清池》，白居易的《寄胡饼与杨万州》，贾岛的"凿石养蜂休美蜜，……"杜牧的《清明》等。《隋书·艺文志》收录烹饪专著28种，《新唐书·艺文志》收录烹饪专著10种，这一时期烹饪史料相当丰富，为烹饪实践提供了理论依据。

宋朝到元朝的400多年里，重要的烹饪专著就有几十部，大都是鸿篇巨制，对于研究、了解那个时期的烹饪情况，具有很高的学术价值。《宋史》中载有《王氏食法》五卷、《萧家法馔》三卷、《馔林》四卷，《通志略》中载有《传膳图》一卷、《江飧馔要》一卷、《馔林》五卷、《古今食谱》三卷、《王易简食法》十卷、《诸家法馔》一卷、《珍庖备录》一卷等。烹饪专著中，著名的有《中馈录》《山家清供》《本心斋疏食谱》《膳夫录》《玉食批》《云林堂饮食制度集》《饮膳正要》等。大型的日用通俗类书中与烹饪关系密切的有《事林广记》《居家必用事类全集》等。在食疗方面的著作有《寿亲养老新书》《食物本草》《饮食须知》《日用本草》《食治通说》《饮膳正要》等。

3．烹技高超，食疗养生兴起

南宋以来，大批北方厨师，随着宋朝宫廷南迁，达官、文人、富士也随之南下，为中国烹饪南北的大融合、大繁荣起到了促进作用。这一时期不但烹饪专著大量涌现，笔记中有关烹饪的资料也相当丰富，如《东京梦华录》作者在该书的自述中写道："会寰之异味，悉在庖厨。"书内烹饪资料尤为丰富，几乎每一卷均有涉及，是研究两宋饮食、烹饪不可多得的资料。《都城纪胜》《梦粱录》《武林旧事》《清异录》《老学庵笔记》《鸡肋篇》《鹤林玉露》《桂海虞衡志》《岭外代答》等笔记中，均记有丰富的烹饪史料。特别是《清异录》中记有"建康七妙"："金陵，土大夫渊数，家家鼎铛，有七妙：齑可照面，馄饨汤可注砚，饼可映字，饭可打擦擦台，湿面可穿结带，醋可作劝盏，寒具嚼着惊动十里人。"当时烹饪技术之高，由此可略见一斑。花色冷拼的记述，让现代的厨师也难以想象。典籍记云："吴越有一种玲珑牡丹鲊。以鱼叶斗牡丹状，既熟，盛盎中，微红如初开牡丹。"又记辋川小样："比丘尼梵正，庖制精巧。用鲜肤脍脯，醢酱瓜蔬，黄赤杂色斗成景物。若坐及二十人，则人装一景，合成辋川图小样。"这是世界上最早的用食物制作而成的微缩景观。另外还记述了豆腐："时戢为青阳丞，洁己勤民，肉味不给，日市豆腐数个。邑人呼豆腐为小宰羊。"食疗著作在这一时期也有很大的发展。《寿亲养老新书》"食治养老序"中说："人若能知其食性，调而用之，则倍胜于药也。缘老人之性，皆厌于药而喜于食，以食治疾胜于用药。凡老人有患，宜先以食治，食治未愈然后命药，此养老人之大法也。"《饮食须知》的作者贾铭活了106岁，明太祖问："平日养颐之法。"他答曰："要在慎饮食。"遂后献出了他撰写的《饮食须知》一书。该书重点介绍了360多种食物相反相忌，"俾尊生者日用饮食中便于检点耳。"《饮膳正要》内容丰富多彩，博大精深。无论是食疗理论，还是食疗验方都值得我们认真研究。理论和实践相结合，广收食疗经验。"法于阴阳，和于术数，食饮有节，起居有常，不妄劳作故能长寿。""先饥而食，食勿令饱，先渴而饮，饮勿令过。食数而少，食欲数而少，不欲顿而多。盖饱中饥，饥中饱，饱则伤肺，饥则伤气。若食饱，不得便卧即生百病。"该书还收录了较多的少数民族菜点，可谓烹饪大全。

五、元明清时期的烹饪

元明清时期是我国各族人民的大融合期，这一时期的中国烹饪在广泛地融合了各个民族的文化与饮食风俗的基础上，得到了全面的发展与提高，无论是烹饪工艺还是烹饪理论研究方面，都进入了较为完善的成熟期。尤其是从明朝中叶到清朝中叶的200多年里，使中国的烹饪文化进入了昌盛时代。中西合璧的饮食市场开始萌芽，西式烹饪技艺传入，茶馆也在明清时期广泛兴起。清朝的京城，饮食市场异常发达，著名的四大菜系及风格各异的地方风味此时已经形成。以"满汉全席"为代表的豪华宴席的形成和出现，展现了这一时期烹饪的最高水平。特别是如《饮膳正要》《遵生八笺》《随园食单》等为代表的一大批成熟的饮食烹饪专著的面世，都表明这一时期是我国烹饪发展的鼎盛期。

总之，明清时期是中国烹饪的成熟时期，是中国烹饪完全确立期，也是传统风味流派体系完全确立期，更是传统烹饪理论体系的完全确立期，从元朝灭亡到中国进入半封建半殖民地时期的近四百年间，中国传统烹饪、风味流派和传统烹饪理论已臻成熟。

1. 形成了完整的烹饪体系

完整烹饪体系的形成主要表现在如下几个方面。

（1）烹饪原料丰富增加　烹饪原料在前四个时期广开源路的基础上，进一步完善并开拓创新。明代开始，我国引进了一些新的农作物，像马铃薯、番茄、玉米、番薯等都是在明朝引进的，新农作物的引进对人民的生活产生了巨大影响，也给中国烹饪带来了新原料。

（2）烹饪工具配套完备　我国的烹饪工具系统基本由手工工具构成，包括炉灶、灶上用品、案、案上用品及其他配套工具等，至晚清已经完备。

（3）烹饪工艺系统确立　以烹饪方法为代表的烹饪工艺体系在这一时期得以确立。明代的焖炉烤鸭、皮蛋、火腿等制作方法的成熟，从一个侧面展示了烹饪技艺进一步的提高。据记载，仅明弘治年间由于烹调方法推陈出新的菜式，被记录在食书中的就有一千多种。据陶文台先生考证，明代万历年间，烹调方法已有一百多种，这些烹调方法比较全面，且有创新。明人的《易牙遗意》，就对前期的烹调方法进行了大量总结并有创新，使菜肴杯盘罗列，争奇斗艳。至清末中国烹饪体系完全确立，烹调工具、工序齐备，各环节操作规范化。这一手工工艺系统形成后至今基本没有大的变化。在明代，大多数酒楼是官办的，酒楼的开关要得到皇帝的认可，这也说明皇帝对此事的重视。

2．传统烹饪理论日臻成熟

至清末，烹饪专著及农书、类书、通书、笔记、医书、文学作品中的烹饪资料相当丰富，有明代韩奕的《易牙遗意》、宋栩的《宋氏养生部》、宋公望的《宋氏尊生部》、高濂的《饮馔服食笺》、张岱的《老饕集》、清代曹寅的《居常饮馔录》、朱彝尊的《食宪鸿秘》、顾仲的《养小录》、李化楠的《醒园录》、袁枚的《随园食单》、无名氏的《调鼎集》等鸿篇巨制。从食谱到理论，终于走向成熟，特别是袁枚非常重视理论的指导作用，他说："学问之道，先知而行，饮食亦然。"在《随园食单》中分须知单、戒单、海鲜单等十四个方面，对烹饪的理论和实践进行了全面总结。他不但会写会记录，也是烹饪的知味者，对吃喝非常讲究。他最先提出了美食不如美器的观点，使中国烹饪的五大属性即色、香、味、形、器至此完备。除了以上烹饪专著对烹饪的理论和烹饪实践的全面总结外，这一时期的农书中、食疗著作中、笔记中、类书中、中医书中对烹饪理论方面的总结也都有比较突出的贡献，如《天工开物》对烹饪原料、调料及添加剂等方面都有研究。《闲情偶记》中说："饮食之道，脍不如肉，肉不如蔬。"在火候上，作者认为："烹煮之法，全在火候得宜。"这样的一项理论成果在同时代的其他书籍中也数见不鲜。尤其难能可贵的是，美食家袁枚还专门为他的家厨王小余操笔立传。

3．众多风味流派特征鲜明

至清末，我国的地方风味流派，民族风味流派，医疗保健风味流派，从民间菜到宫廷菜，从市肆菜到官府菜，从民族菜到寺院菜等风味流派完全形成。以鲁、川、淮扬、粤"四大帮口"为主的地方风味菜系至清代完全形成。鲁菜以历史悠久，注重内涵，选料讲究，刀工精细，调和得当，工于火候，烹调技法全面，精于制汤，擅烹海鲜，宴席丰盛完美，五味调和百味香而著称。川菜以取材广泛，注重调味，菜式丰富多样，适应性强，擅烹山珍江鲜，擅用三椒，重麻辣鱼香，一菜一格，百菜百味而著称。淮扬菜以选料鲜活细嫩为佳，注重刀工和火候，追求本味，清鲜平和，色彩艳丽，浓淡相宜，赏心悦目，造型美观，生动逼真，别致新颖，卷、包、酿、刻等工艺独到而著称。粤菜以选择广博，菜肴讲究清爽鲜嫩，调料风味独特，烹调方法和调味方式自成一格，南国风情独特而著称。其他如徽、浙、闽、湘、沪、京等地方菜式特征也日趋鲜明，各具风采。

4．宴饮、酒席趋于巅峰

我国自唐朝筵席规格扩大后，经过宋元时期的逐步提高完善，至明清年间的筵席几乎可以说达到了登峰造极。在明朝，经济得到了很好的恢复和发展，农业和手工业都超过了前代水平。明朝中期由于商品经济的发展，在江南等地出现了资本主义萌芽，对饮食业的发展起到了促进作用，出现了山珍海味、杯盘罗列、钟鸣鼎食、争奇斗艳的景象。从小说《西湖二集》中可见一斑，书中说饮食业兴隆繁盛，食物品种丰饶上乘，经营有特色，服务殷勤，到酒楼的顾客熙熙攘攘，风雨无减，昼夜不衰。各档次的酒楼、饭菜馆各分雅座十余处，风味菜肴争奇斗艳，酒器都是银质的，以竞华奢。

清代中叶各地筵席繁杂，菜品多样，有以头菜定格的宴会，也有民间的便席，名目繁多。仅满汉全席因地区不同，场合不同，其程式、菜品、种类也都有所不同。满汉全席是清代烹调技术及筵席的代表作。入席菜品最多时达200余种。这时的达官显宦，豪绅巨贾，饮食争逐，沿习成风，往往为一席之资，耗费百千。所用原料，取精用宏，争奇斗胜，满汉全席，盛行一时。席中珍品无奇不有，佳肴美馔，罗列满盘。据周光武先生考证，一桌豪华的满汉全席其菜肴多达288种，四川的满汉全席一般为64种，扬州的满汉全席一般为108种，山东的满汉全席一般为78种。

总之，这一时期的中国烹饪传统风味流派体系、传统烹饪体系、传统烹饪理论体系完全确立，形成了菜肴烹饪争奇斗艳，烹饪专著大量涌现，饮食市场发达繁荣，宴饮名目繁杂多样，名师大厨层出不穷的喜人局面。

🔗【知识链接】

《扬州画舫录》满汉全席菜单

清朝乾隆年间的江苏人李斗著有《扬州画舫录》一书，其中记有一份满汉全席食单，这是目前所发现的关于满汉全席最早的记载。这部书是李斗身居扬州期间，根据自己"目之所见，耳之所闻"写成的。书中记载的"满汉全席"菜单如下：

第一份：头号五簋碗十件——燕窝鸡丝汤，海参烩猪筋，鲜蛏萝卜丝羹，海带猪肚丝羹，鲍鱼烩珍珠菜，淡菜虾子汤，鱼翅螃蟹羹，蘑菇煨鸡，辘轳锤鱼肚煨火腿，鲨鱼皮鸡汁羹血粉汤。一品级汤饭碗。

第二份：二号五簋碗十件——鲫鱼舌烩熊掌，糟猩唇猪脑，假豹胎，蒸驼峰，梨片伴蒸果子狸，蒸鹿尾，野鸡片汤，风猪片子，风羊片子，兔脯奶房签。一品级汤饭碗。

第三份：细白羹碗十件——猪肚，假江瑶，鸭舌羹，鸡笋粥，猪脑羹，芙蓉蛋鹅掌羹，糟蒸鲥鱼，假斑鱼肝，西施乳文恩豆腐羹，甲鱼肉肉片子汤茧儿羹。一品级汤饭碗。

第四份：毛血盘二十件——获炙，哈尔巴，小猪子，油炸精羊肉（2件），挂炉走油鸡鹅鸭（3件），鸽曈猪杂什、羊杂什（2件），燎毛猪羊肉（2件），白煮猪羊肉（2件），白蒸小猪子、小羊子、鸡、鸭、鹅（5件），白面饽饽卷子，什锦火烧，梅花包子。

第五份：洋碟二十件、热吃劝酒二十味、小菜碟二十件、枯果十彻桌、鲜果十彻桌，所谓满全席也。

第三节　近当代中国烹饪概况

近当代中国烹饪是指从鸦片战争到现在。这期间虽然不足200年的时间，中国烹饪与中国人民一样，虽经磨难，但却得到前所未有的发展机会，在频繁的对外交流与经济的发展中取得了辉煌的成就。

一、新中国成立之前

1. 中国烹饪开始走出国门

从鸦片战争开始至中华人民共和国成立近一个世纪的历史发展中（1840—1949年），中国社会处在内外交迫，政治腐败的阶段，西方列强加强了对中国的侵略，同时西方文化也乘虚而入，中国的烹饪技术随之亦传向世界各国。"昔日中西未通市以前，西人只知烹调一道法国为世界之冠，及一尝中国之味，莫不以中国为冠矣。"孙中山先生的话揭示了当时中国烹饪的情况。清末，李鸿章出使西方，由于用不惯西餐，经常到中国餐馆用餐，西方的外交人员也随李鸿章到中餐馆中用餐，席间西方的外交人员，对中餐甚是好奇，遂问其菜名，因李鸿章对中国烹饪没有研究，皆以杂碎称之，一时间"李鸿章杂碎"便风靡西方各国。与此同时，国人开创了以西学研究中国烹饪之先例，出版烹饪专著近百种，先后出版了《清稗类钞》《食品化学》《食品成分表》《饮食与健康》《实用饮食学》《微生物学》等。随着中国人大量进入欧美等国家，1897年—1918年，美、英各大城市纷纷设立中国餐馆。

1945年至1949年，民族食品工业一蹶不振，国内的烹饪行业受到了很大的冲击，民族工业一片狼藉。值得一提的是孙中山先生在《建国方略》中，将中西餐的比较上升到中西文明的高度进行，引导国人对自己烹饪及烹饪文化引起重视。他说："烹调之术，本于文明而生。非深孕乎文明之种族，则辩味不精；辩味不精，则烹调之术不妙。中国烹调之妙，亦足表明进化之深也。"他又说："我中国近代文明进化，事事皆落人之后，惟饮食一道之进步，至今尚为文明各国所不及，中国所发明之食物，因大盛于欧美；而中国烹调法之精良，又非欧美所可并驾。"孙中山先生将中国烹饪与民族文明紧密地联系在一起，并肯定地说明了中国烹饪优于世界上任何一个国家，将中国烹饪推向了一个历史新高度。继而又将中国烹饪规范于科学、艺术的范畴。他说："中国人之食，不特不为粗恶野蛮，且极合于科学卫生，中国人饮食之习尚，则比之今日欧美最高明之医学卫生家所发明之最新学理更强。"孙中山先生指出："夫悦目之画，悦耳之音，皆为美术，而悦口之味，何独不然？是烹调者，亦美术之一道也。"由以上可见，孙中山先生的饮食烹调理论，是中国饮食理论史上的里程碑，将中国烹饪推向新的发展时期。

2. 现代食品加工业发达促进烹饪发展

西方的食品、食品科学和新式的食品加工技术也在这一时期大量传入中国，而国内的企业家也大量发展食品加工业。咸丰三年上海英商在上海生产冰淇淋、汽水等。咸丰八年林鼎鼐在福州创制福州肉松。同治九年，美国传教士将西洋苹果、梨、葡萄、大樱桃等品种传入烟台。同治十三年北京鸭种传入美国纽约州，同治十二年国人仇某创制太仓肉松。光绪年间王献清创设蛋品厂，上海创设机器制冰。英人伊文思在上海创设面包房，德国啤酒在上海生产。1895年上海增裕面粉厂创设，营口创设榨油厂。爱国华侨张弼士在烟台创设张裕酿酒公司，中国开始工业化生产葡萄酒。1896年盛宣怀在上海创办榨油厂。1899年孙多森在上海创办面粉厂。1901年俄、德合资在哈尔滨创办麦酒公司，1904年英德合资在青岛创办英德麦酒厂（啤酒厂）。1908年国人在哈尔滨创办制糖厂。同年日本生产的味素输入我国，光绪末年粉丝业在烟台各县兴起，龙口牌粉丝出口。1909年安庆胡玉美罐头食品公司改进四川豆瓣酱，创制蚕豆辣酱。1911年四川开始人工栽培银耳。1912年四川汉章创制涪陵榨菜。1913年乐汝成在济南创办泰康食品公司。1915年北京双合盛啤酒厂创办。1918年冼冠生在上海创办食品公司。1919年李石曾、张静江在法国开设豆腐公司兼售豆芽。1920年王益斋在烟台创办烟台啤酒公司。1921年吴蕴初研制味精成功。1923年张逸云与吴蕴初合作创办天厨味精厂，使中国成为世界上第二个生产味精的国家。1922年德国人在上海生产鲜酵母、干酵母、干麦芽、麦精等。大量食品工业的引进与发展，为中国烹饪原材料的丰富、为调味品的增加提供了基础条件，对于传统中国烹饪的改变与发展起到了巨大的推动作用。

3. 饮食食谱等烹饪图书大量出版

与此同时，大量烹饪专业图书的出版，为继承与促进中国烹饪的发展也产生了巨大的作用。1917年，卢寿的《烹饪一斑》、李公耳的《家庭食谱》分别出版。此后，有梁桂琴的《治家全书》出版，卷十为烹调篇，杨章父等人的《素食养生论》出版，李公耳的《西餐烹饪秘诀》、时希圣的《家庭食谱续编》分别出版。1925年以后，则有时希圣的《家庭食谱三编》《素食谱》《家庭食谱四编》相继出版，有丁福保的《食物新本草》、无名氏的《吴中食谱》分别出版，有大连饭庄的《北平食谱》、祝味生的《中西食谱大全》、陶小桃的《陶母烹饪法》、张恩廷的《饮食与健康》、龚兰等人的《实用饮食学》等分别出版问世。1940年以后，则有张通之的《白门食谱》、任帮哲等人的《新食谱》、单英民的《吃饭问题》、方文渊的《三十八年食历》《汤与饮料》等分别出版。

总之，这一时期的中国烹饪，随着民族饮食工业的兴起，并大举进军世界各国，在国际上得到了极高的声誉，烹饪王国的雏形已经显现，中国的饮食之道，举世赞叹，为中国烹饪进一步发展奠定了坚实的基础。

二、新中国成立至今

新中国成立以后，随着社会的变革，以及新制度的诞生和社会生产力的日益发展，新的食物原料不断补充和出现。同时，厨师的地位得到了明显的提高，烹饪技艺也得到了国内国外的广泛交流，加之烹饪理论的研究、烹饪教育尤其是高等烹饪教育的诞生，揭开了新中国烹饪发展的新篇章。改革开放政策实施以来，中国烹饪更是得到了迅猛发展，使中国这一"烹饪王国"的美名飞扬五湖四海，令世人惊叹不已。烹饪技艺的丰富提高，饮食市场的兴旺发达，不仅活跃了当代的市场经济，而且更为广大人民群众生活水平的改善和提高作出了巨大贡献。

1. 传统烹饪焕然一新

1949年新中国建立的第一天，毛泽东、周恩来、刘少奇、董必武等党和国家的领导人，在北京饭店的大宴会厅，举行了盛大的国庆晚宴，被后人称之为"中国第一宴"，以庆祝国庆大典的胜利进行。中华人民共和国建立以后，随着社会主义建设的发展，中国烹饪也步入了新的发展时期。从20世纪60年代起，中国烹饪改变了几千年以师带徒的个人传艺方式，出现了专门的学校教育，将中国烹饪教育纳入了正规学校教育，烹饪教育进入了正规学校职业教育的轨道。随着烹饪教育的发展，中国烹饪由专门技术传授向科学、艺术、文化教育的方向发展。特别是改革开放以来，中国烹饪进入了大总结、大交流、大竞争、大融合、大发展的全面提升时期，党和国家非常重视中国烹饪的发展。1949年10月，食品工业部正式成立，后并入轻工业部，总理统领和规划全国食品工业生产和发展等事务，使制糖、酿酒、饼干、冷饮、乳制品、调味品等食品工业有了较大的发展，新产品、新品种不断增加。1956年，私营食品工商业全行业实行公私合营，全国各地纷纷举办各种饮食展览会，菜点烹饪技艺展览会等，对恢复和发展传统的饮食文化和食品特色起了很好的宣传教育和推动发展的作用。同年5月，食品工业出版社成立，后并入轻工业出版社。1957年1月，《食品工业》月刊创刊。1966年至1976年，我国饮食文化和食品工商业的经营和发展再度受到挫折。1977年6月，《中国食品科技》创刊，1978年6月，人民日报发表《主食品需要大大改革》等文，引起对解决新长征道路上吃饭问题的普遍重视，并把吃饭问题提到议事日程上来，国家开始招收烹饪专业小中专学生。1979年，中央提出搞好国民经济"调整、改革、整顿、提高"的八字方针。同年，全国大部分地区取消猪肉定量供应的政策。接着中央采取一系列措施搞活农村经济、开放集市贸易、扩大企业经营自主权，恢复名牌、传统菜点和食品加工，方便食品和食疗食品开始大规模工业化生产。

2. 烹饪科研、教育飞速发展

1980年3月，《中国烹饪》创刊，同年5月，在北京召开了全国方便食品科技会议。烹饪行业在全国开始了大练兵，大比武的大好局面。1982年4月，《食品周报》在北京创刊，各省市、自治区纷纷设立食品工业协会、烹饪协会。至此中国烹饪走上了正确的发展轨道。国家各有关部委，如原供销、商业、劳动、人事部门都设立了技术工人考评委员会，负责对厨师等工种的考评工作。商业出版社根据国务院1981年12月10日发出的《关于恢复古籍整理出版规划小组的通知》的指示精神，对我国历代典籍中，有关烹饪方面的著作进行了较系统的发掘整理，对原书进行注释和今译，如对《周易》《尚书》《诗经》等数十种经典古籍进行选注，对《吕氏春秋·本味篇》《千金食治》《随园食单》等近百种烹饪古籍进行了整理译注。这一工作对青年厨师进行传统文化的专业学习和传统的烹饪教育极为有益，使传统的饮食文化大放异彩。除了国家级的烹饪刊物外，各省、市的烹饪刊物，如雨后春笋竞相出版。有关菜谱、烹饪书籍、论文及烹饪教材等上千部书籍展现在读者面前，烹饪专业的职业教育，从职业中学、技工学校、中专到专科、本科的院校应运而生。现在，哈尔滨商业学院、扬州大学旅游烹饪学院有了烹饪专业的研究生，一些经济发达的省份还建立了自己的烹饪研究所，将中国烹饪提高到科学研究的新阶段。

3. 传统烹饪与现代营养科学密切结合

中国加入世界贸易组织（WTO）后，为中国烹饪带来了无限的发展空间和机遇。由于社会的进步，科学的发展，技术的改进，人民生活节奏的加快，新技术、新工具、新原料、新调味品的不断增加，促使中国烹饪向着便捷、实用、重口味、重花色、重营养、讲卫生的方向发展。中央电视台及各烹饪团体经常举办烹饪大赛，促进烹饪的大发展。各风味流派在传统烹饪的基础上，合理烹调、科学调配、科学加工、注重口味，最大限度地保护营养素，使菜肴、面点等食品既有良好的色、香、味、形，良好的质地，又符合营养卫生要求，利于人体消化和吸收。烹调工作者采用合理洗涤、科学切配、沸水焯料、上浆挂糊、勾芡保护、适当加醋、酵母发酵、急火快炒等保护营养素的措施，使菜肴、面点在色、香、味、形、器俱佳的前提下，突出菜肴的本味及质地和营养卫生，使中国烹饪色、香、味、形、器、质、养的七大属性，至此完成。而且，随着现代营养学在中国烹饪及膳食结构中的应用，初步实现了人们日常膳食的多样化、科学化，达到了合理调配膳食、平衡膳食的目标。

　　我国制定居民膳食指南的目的是向人们建议合理膳食组成，使之符合食物构成"营养、卫生、科学、合理"的原则。1989年制定了中国居民的第一个膳食指南，其间随着社会经济的发展和人们生活食物结构的变化有必要再加以修订。调查统计发现，我国居民因食物单调或不足所引起的营养缺乏病，如儿童发育迟缓、缺铁性贫血、碘缺乏症、佝偻病等虽有所减少，但仍需进一步控制；而与膳食结构不合理有关的慢性退行性疾病，如因摄食脂肪过多所致的心血管与脑血管疾病，因摄食物质中致癌物（致癌的前体物及食盐、脂肪过多）所致的肿瘤，因摄食热量过多所致的肥胖等营养过剩病与日俱增；我国居民维生素A、B族维生素和钙摄入量普遍不足；部分居民膳食中的谷类、薯类、蔬菜比例明显下降，而油脂和动物性食物摄入过高；能量过剩，体重超重等问题日益显现；食品卫生问题也有待改善。同时，随着时代的发展和国民经济水平的提高，我国居民膳食消费和营养状况发生了很多变化，为了更加契合我国居民健康需要和生活实际，受国家卫生计生委委托，2014年中国营养学会组织了《中国居民膳食指南》修订专家委员会，依据调查数据、科学分析、健康报告等，对我国第三版《中国居民膳食指南（2007）》进行了修订，并于2016年5月份颁布。

　　最新颁布的《中国居民膳食指南（2016）》是以科学证据为基础，从维护健康的角度，为我国居民提供食物营养和身体活动的指导，所述内容都是从理论研究到生活实践的科学共识，是指导、教育我国居民平衡膳食、改善营养状况及增强健康素质的重要文件。《中国居民膳食指南（2016）》核心推荐内容如下。

　　推荐一：食物多样，谷类为主

　　平衡膳食模式是最大程度上保障人体营养需要和健康的基础，食物多样是平衡膳食模式的基本原则。每天的膳食应包括谷薯类、蔬菜水果类、畜禽鱼蛋奶类、大豆坚果类等食物。建议平均每天摄入12种以上食物，每周25种以上。谷类为主是平衡膳食模式的重要特征，每天摄入谷薯类食物250～400克，其中全谷物和杂豆类50～150克，薯类50～100克；膳食中碳水化合物提供的能量应占总能量的50%以上。

　　推荐二：吃动平衡，健康体重

　　体重是评价人体营养和健康状况的重要指标，吃和动是保持健康体重的关键。各个年龄段人群都应该坚持天天运动、维持能量平衡、保持健康体重。体重过低和过高均易增加疾病的发生风险。推荐每周应至少进行5天中等强度身体活动，累计150分钟以上；坚持日常身体活动，平均每天主动身体活动6000步；尽量减少久坐时间，每小时起来动一动，动则有益。

　　推荐三：多吃蔬果、奶类、大豆

　　蔬菜、水果、奶类和大豆及制品是平衡膳食的重要组成部分，坚果是膳食的有益补充。蔬菜和水果是维生素、矿物质、膳食纤维和植物化学物的重要来源，奶类和大豆类富含钙、优质蛋白质和B族维生素，对降低慢性病的发病风险具有重要作用。提倡餐餐有蔬菜，推荐每天摄入300～500克，深色蔬菜应占1/2。天天吃水果，推荐每天摄入200～350克的新鲜水果，果汁不能代替鲜果。吃各种奶制品，摄入量相当于每天液态奶300克。经常吃豆制品，每天相当于大豆25克以上，适量吃坚果。

推荐四：适量吃鱼、禽、蛋、瘦肉

鱼、禽、蛋和瘦肉可提供人体所需要的优质蛋白质、维生素A、B族维生素等，有些也含有较高的脂肪和胆固醇。动物性食物优选鱼和禽类，鱼和禽类脂肪含量相对较低，鱼类含有较多的不饱和脂肪酸；蛋类各种营养成分齐全；吃畜肉应选择瘦肉，瘦肉脂肪含量较低。过多食用烟熏和腌制肉类可增加肿瘤的发生风险，应当少吃。推荐每周吃鱼280～525克，畜禽肉280～525克，蛋类280～350克，平均每天摄入鱼、禽、蛋和瘦肉总量120～200克。

推荐五：少盐少油，控糖限酒

我国多数居民目前食盐、烹调油和脂肪摄入过多，这是高血压、肥胖和心脑血管疾病等慢性病发病率居高不下的重要因素，因此应当培养清淡饮食习惯，成人每天食盐不超过6克，每天烹调油25～30克。过多摄入添加糖可增加龋齿和超重发生的风险，推荐每天摄入糖不超过50克，最好控制在25克以下。水在生命活动中发挥重要作用，应当足量饮水。建议成年人每天7～8杯（1500～1700毫升），提倡饮用白开水和茶水，不喝或少喝含糖饮料。儿童少年、孕妇、乳母不应饮酒，成人如饮酒，一天饮酒的酒精量男性不超过25克，女性不超过15克。

推荐六：杜绝浪费，兴新食尚

勤俭节约，珍惜食物，杜绝浪费是中华民族的美德。按需选购食物、按需备餐，提倡分餐不浪费。选择新鲜卫生的食物和适宜的烹调方式，保障饮食卫生。学会阅读食品标签，合理选择食品。创造和支持文明饮食新风的社会环境和条件，应该从每个人做起，回家吃饭，享受食物和亲情，传承优良饮食文化，树健康饮食新风。

🔗【知识链接】

中国居民膳食宝塔

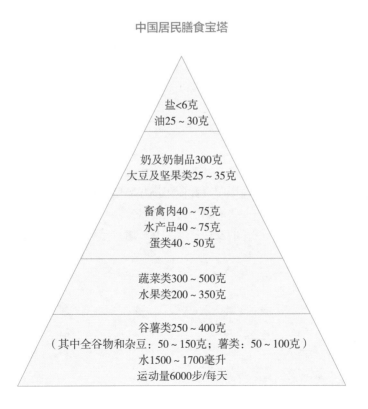

盐<6克
油25～30克

奶及奶制品300克
大豆及坚果类25～35克

畜禽肉40～75克
水产品40～75克
蛋类40～50克

蔬菜类300～500克
水果类200～350克

谷薯类250～400克
（其中全谷物和杂豆：50～150克；薯类：50～100克）
水1500～1700毫升
运动量6000步/每天

　　本章的主要内容是围绕中国烹饪的起源与发展状况进行全面的介绍。烹饪始于人类对于火的发明与使用，进而有了陶具的发明与使用和调味品的发现与使用，由此翻开了中国烹饪的第一页。及其后，历经夏商周三代时期的烹饪、秦汉魏晋南北朝时期的烹饪、唐宋时期的烹饪、元明清时期的烹饪，形成了蕴涵丰厚的烹饪文化，而进入近当代的中国烹饪发展，特别是近几十年的发展，出现了突飞猛进的势头，并在世界烹饪之林享有盛誉。

· 延伸阅读 ·

1. 陶文台著. 中国烹饪史略. 南京：江苏科学技术出版社，1983.
2. 曾纵野著. 中国饮馔史. 北京：中国商业出版社，1988.
3. 徐海荣主编. 中国饮食史（六卷本）. 北京：华夏出版社，1999.
4. 陈光新编著. 中国烹饪史话. 武汉：湖北科学技术出版社，1990.
5. 赵荣光，谢定源著. 饮食文化概论. 北京：中国轻工业出版社，2009.

· 讨论与应用 ·

一、讨论题

1. 中国古代烹饪的形成有哪几个方面的基本要素？
2. 中国古代烹饪的发展大致经历了哪几个时期？
3. 调味品的使用与调味技术的发展对中国烹饪的意义与作用是什么？
4. 近代当代中国烹饪的发展特点表现在哪几个方面？
5. 如何理解中国烹饪文化是中国传统文化的组成部分之一？

二、应用题

1. 现在西方已经进入到了无火焰烹饪的时代，中国烹饪该如何发展？
2. 到一些酒店厨房进行"当前中国烹饪使用调味品的情况与特点"的调查。
3. 如果有条件，到陶吧制作一些简单的餐饮器具。
4. 了解现在高等院校烹饪教育的发展情况，并按组撰写调查报告。

第三章 CHAPTER 3 烹饪作业的三要素

学习目标： 学习、了解中国烹饪作业所需要的必备条件和三大要素。由此进一步学习、认识中国烹饪的工艺活动是一个以人（厨师）为本、以食材为对象、以设备为基础的综合性技艺过程；理解中国烹饪技艺是华夏民族长期辛勤劳动与智慧的结晶，是中华民族创造的文化遗产和文化成果。

内容导引： 如何成为烹饪工作的内行，或者你想成为一位名副其实的厨师，那就从了解、熟悉、使用各种烹饪设备和工具开始吧。进而学习、掌握各种各样的烹饪食材，了解其属性与加工特点，以及熟悉作为一名合格厨师所应具备的条件。中国烹饪的全部成果，是华夏民族历经千辛万苦积累起来的非物质文化遗产，是大国工匠精神的体现。

中国烹饪经过数千年的积累，已经形成完整的技艺体系和深厚的文化积淀。但中国烹饪的实施过程，需要具备最基本的要素，也就是基本条件，我们把它称之为烹饪作业"三要素"，包括设备工具、食材原料和厨师。其中，设备工具是烹饪作业的基础要素，而食材原料是厨师的作业对象，厨师则是实施烹饪过程的人力要素。对于一个烹饪工作者来说，必须从学习、了解烹饪作业的三要素开始。

第一节 烹饪作业基础——设备工具

具备符合烹饪要求的设备和工具是烹饪菜肴的先决条件，是从事烹饪作业最为重要的因素之一。同样是烹饪作业，同样是加工饭菜，在宾馆饭店、集体食堂及家庭厨房是有区别的，这种区别在很大程度上是取决于烹饪的设备和工具的差异性。所以全面了解烹饪的各种设备和工具，熟悉它们的性能、特点、维护与维修保养等常识，便能更好地发挥它们的作用，为烹饪作业创造良好的条件，也为当一名合格厨师打下良好的基础。

一、烹饪设备

烹饪菜肴最基本的设备是炉灶。炉和灶因结构不同，其作用也是不一样的。炉一般有烤炉、烘炉、熏炉、电子炉、微波炉等，是用于烤、熏、焗等菜肴的制作的；灶则是用来炒、爆、烧等菜肴制作的设备。现将烹饪常用的炉和灶简介如下。

1. 炉

厨房里常用的炉分为烤炉、烘炉、熏炉及远红外电烤炉等。

（1）烤炉　用来烤制菜肴原料的烤炉，大部分是用砖砌成的固定炉体，用木柴作为燃料，将原料挂于炉腔内烘烤至熟。烤炉可用来烤鸡、烤鸭、烤肉等。

（2）烘炉　烘炉也叫平炉。这种炉的炉口宽敞，炉底通风口小。由于这种炉子没有烟道，所以燃料燃烧不快，火力分散而且均匀，一般适用于烘、烙菜肴为主或制作点心。

（3）熏炉　熏炉大多是封闭式，用茶叶和锯末、白糖等作为熏料。熏制时将菜肴放在铁箅子上，盖上盖，然后用烟熏制。熏炉可用来熏鸡、熏鸭、熏鱼等。

（4）远红外电烤炉　用电作热源，靠辐射出来的红外热，将原料由里到外加热成熟。远红外烤炉除可用于烤制主食外，还可用来烤鸡、鸭、鱼、肉等。

（5）电磁炉　电磁炉又名电磁灶，它无须明火或传导式加热而让热直接在锅底产生，因此热效率得到了极大的提高，是一种高效节能的新型烹饪用具，完全区别于传统所有的有火或无火传导加热厨具。在加热过程中没有明火，因此安全、卫生。适用于蒸、煮、炖、涮、炒的烹饪方法的操作。

（6）微波炉　顾名思义，就是用微波来完成菜肴烹饪的。微波炉是一种用微波加热食品的现代化烹调灶具。因为微波也是一种电磁波，这种电磁波的能量比通常的无线电波大得多，能穿透食物达12厘米深。用普通炉灶煮食物时，热量总是从食物外部逐渐进入食物内部的，要让食物的内部达到100℃以上煮熟食物就需要较长的时间。而用微波炉烹饪时，微波直接穿透入食物的内部，它可以使食物的内部和外表面同时受热，热量在食物的表面和内部任何一个地方同时产生，煮熟一盒米饭，只要几分钟，所以烹饪速度比其他炉灶快4~10倍，热效率高达80%以上。

2. 灶

厨房常用的灶按照功能可分为炒菜灶和蒸锅灶等，按照热能来源可分为燃煤灶、燃油灶、燃气灶等。

（1）炒菜灶　其结构形式一般是一面靠墙灶，灶台上分别设有上下水道、油箱、材料箱、汤锅等。炒菜灶主要用于炸、熘、爆、炒、烹。汤锅用于煮汤。根据不同的燃料，灶还可以为鼓风灶、煤气灶、柴油灶等。在城市里，煤气灶使用较广泛，也比较干净。

（2）蒸锅灶　蒸锅灶的结构形式比较多，有吹风灶、抽风灶、柴灶、煤灶，以及单灶、多眼灶等。其共同特点是，灶体大，有烟囱，灶门宽阔，炉膛矮而宽。蒸锅灶的特点是传热快，不粘锅，除可用来蒸煮主食外，主要用来蒸制菜肴。

二、烹饪用具

厨房中常用的工具有锅、勺、手铲等。现分别介绍如下。

1．锅

锅是烹调的主要工具，分蒸、煮锅和炸、炒锅两大类。蒸、煮锅大多用生铁铸成，这类铁锅以青色乌亮无裂缝、无砂眼为佳。炸锅和炒锅分单柄式、双耳式、平底式等。由于炸、炒要求传热快、坚实耐用、重量轻巧，所以，炸锅和炒锅大都用熟铁打制而成，以锅面平滑厚实为佳。

2．手勺

手勺像一圆勺形长柄盛器，柄端装有木手把，它的用途广泛，在烹调过程中，用以投料、翻搅锅中的菜肴和将烹制好的菜品装入容器。手勺的长度，根据烹饪方法不同而有所区别，手勺的柄长一般有30多厘米。手勺的材质多为铁质，但也有不锈钢制成的。

3．漏勺

漏勺是用来滤油或从油锅及汤锅中捞出原料的工具。漏勺的直径为18～24厘米，勺面多孔。漏勺大多都用铁、铝或不锈钢制成，带有长柄或装有木把。

4．小笊篱

小笊篱用途与漏勺大体相同，是用铁丝、铜丝或竹丝等编成。但小笊篱主要用来捞油渣及碎粒。

5．网筛

网筛主要用来过滤汤和液体调味品中的杂质，分粗、细两种，粗的是用细铁丝编成，用以过滤粗糙的渣子及油中的杂质，细网筛多用细铜网，筛眼细小，供过滤细汁用。

6．手铲

手铲是菜肴烹调过程中用来铲翻原料的工具，铲头因铲菜肴品种不同而分为狭长形或方圆形。手铲柄端部装有木柄，柄长约30厘米，材质分熟铁和不锈钢两种。

7．铁叉

铁叉用来在沸汤中捞取较大的原料，或是涨发肉皮时用以勾拉卷缩的肉皮。叉头前端有分开的两齿，分平形和钩形两种，叉柄30多厘米长，材质分熟铁和不锈钢两种。

8．铁筷子

铁筷子是两根约30厘米长的细铁棍，上端用细铁链相连，与普通筷子相似，但比普通筷子略长，主要用来划散加热中的原料。

9．蒸屉

蒸屉是蒸制菜肴的工具，其规格较多。蒸屉有用竹、木制成的，也有用铝制成的。用竹、木制成的多为圆形，也称为蒸笼；用铝制成的多为长方形。

🔗【知识链接】

现代厨房电器设备

现代厨师的机械化程度越来越高，各种电动工具、电器设备应有尽有，如厨房电子炉灶、电动厨用刀具、微波炉、电磁炉、快餐电动设备、烘焙设备、制冷设备、冷藏柜、保鲜柜、保鲜铝箔、传菜梯、面条机、饺子机、和面机、洗碗机、制冰机、热水器、排风设备、环保设备等。

第二节　烹饪作业对象——食品原料

一、食品原料的分类

我国疆域辽阔，物产丰富，天上飞的，地上跑的，水里游的，土里长的许多动植物，甚至有些矿物质都可以作为烹饪作业的食品原料。同时，食品工业的发展也为我们提供了日益丰富的原料。食品原料的来源广泛，品种繁多，品质各异，成分复杂，因此有必要对原料进行分类，使我们更加系统地了解原料的性质和特点。由于划分的角度和标准不同，目前烹饪原料的分类方法很多，但大体有以下几种。

1. **按烹饪作用分**

所谓烹饪作用就是指某种原料在配成某个菜肴中所起的具体作用，是构成菜肴的主要部分，或是辅助成分。由此可把原料分为主要原料、配料（也叫辅料）、调味料、佐助料。

2. **按原料加工分**

根据对原料进行加工时的特征，一般把原料分为鲜活原料、干货原料、复制品原料三大类。

3. **按原料商品类别分**

按原料在商品中的类别特点，可分为粮食类、蔬菜类、肉及肉制品、水产品、干货及干货制品、果品、调味品等。

4. **按原料性质分**

按原料的性质可把烹饪原料分为动物性原料、植物性原料、矿物性原料和人工合成原料等四大类。

二、主、配原料

主、配原料就是菜肴烹饪中的主要原料和常用配料，这是菜肴烹饪最为主要的食品用料。用于中国烹饪的主要原料和配料种类繁多，不计其数，包括动物性、植物性、加工性等几大类。

1. **家畜**

家畜的种类很多，肉用家畜中，以猪、牛、羊的比重最大，是我国的主要肉用家畜，包括家畜的肉及其丰富的副产品，如内脏、头蹄等。在我国，猪是最重要的肉用家畜，烹饪中应用最多。

（1）猪　我国猪的种类很多，主要分为华北型，华南型，引进型。

（2）牛　我国牛的种类较多，主要有黄牛、牦牛、水牛、奶牛等，此外还有从国外引进的肉用型牛。

（3）羊　羊分为绵羊和山羊。因羊的皮、毛有极大的经济价值，其品种类型主要有皮、毛、肉兼用，或皮、乳、肉兼用等。

2. **家禽**

家禽的主要品种包括鸡、鸭、鹅、鸽、鹌鹑、火鸡等。以鸡、鸭、鹅及其副产品为主要禽类原料，尤其是鸡，在我国的烹饪中应用最多。

（1）鸡　鸡的品种很多，如果按其生长期可分为小笋鸡、大笋鸡；如果按其性别可分为公鸡与母鸡。但烹饪中，一般是按其用途来分的，可分为肉用鸡、蛋用鸡、肉蛋兼用鸡及药用鸡等。

（2）鸭　鸭的生产量无论在我国还是全世界远不如鸡。鸭的肉质比鸡肉粗，蛋白质的含量也不如鸡肉，但和畜肉相比，鸭肉的纤维则要细腻得多。鸭在我国南方的饲养量比较多，多以秋收后田间放养为主，以利用遗撒在田间的粮粒作饲料。鸭与鸡一样，也可分为肉用型、蛋用型及肉蛋兼用型。

（3）鹅　鹅的饲养量比鸭的数量还少，其肉质较鸡肉要粗糙得多，因而鹅肉在国外不受欢迎，但鹅肝却是国际市场上供不应求的珍品。肥肝呈姜黄色，质地细嫩，营养丰富，味道鲜美。近年来，对鹅肝的要求量日益增多。因而，许多国家又通过培育肥肝鹅来生产肥肝。我国鹅的品种主要有广东狮头鹅、太湖鹅及中国鹅等。

3．蛋、乳品

蛋是卵生动物的雌性繁殖细胞；乳是哺乳动物为其后代准备的营养食品。蛋、乳不仅是理想的烹饪原料，而且是烹调的佐助佳品。特别是蛋，在烹饪中的使用十分广泛，它既可作为主料，又多用作辅料，是烹饪中不可缺少的重要原料之一。

（1）禽蛋　禽蛋的种类很多，有禽蛋，也有爬行类动物的蛋。但用于烹饪中较多是禽蛋。禽蛋中还有家禽和野禽之分，以家禽蛋使用最多，烹饪原料中以鸡蛋应用最广，其次是鸭蛋、鹅蛋。近年来鹌鹑蛋、鸽蛋也随着饲养量的增加而广泛地运用于烹饪中。

（2）乳品　牛乳在烹饪中除了可直接用于制作菜肴、面点外，还可以把它加工成各种乳制品，以用于范围更广的食品制作。主要的品种有稀奶油、黄油、酸牛乳、奶酪等。稀奶油是从牛奶中采用离心分离法分离出来的脂肪和其他成分的混合物；黄油是在稀奶油的基础上进一步分离出来的比较纯净的脂肪；奶酪则是奶中酪蛋白的凝固制品；酸牛奶是由牛奶加入乳酸菌发酵的制成品。

4．鱼类

鱼类是烹饪中使用最多的动物性食品原料之一。常用鱼类的主要品种较多，但大体可分为海产鱼和淡水鱼两大类，另外还有数量较少的洄游鱼。

（1）海产鱼　我国有着广阔的海洋渔场，从南到北横跨多种气候带，适合多种鱼类生长。因此，海产鱼种相当丰富，常用的品种多达五六十种。常见的有大黄鱼、小黄鱼、黄姑鱼、白姑鱼、叫姑鱼、鲵鱼、鲈鱼、带鱼、加吉鱼、比目鱼、鲳鱼、鲅鱼、鲐鱼、鲞鱼、银鱼、石斑鱼、梭鱼、鲻鱼、马面鲀、海鳗、鳕鱼等。

（2）淡水鱼　我国还有广阔的淡水资源，众多的江河湖泊和无数的池塘和水库，也是鱼类生长的优良场所，适应各种淡水鱼类的繁殖生长。我国所产的淡水鱼多达600余种，在生活中常用的就有二三十种，是烹饪中不可缺少的优质原料之一。烹饪中常见的淡水鱼有鲤鱼、鲫鱼、鲢鱼、青鱼、草鱼、鲶鱼、鳜鱼、鳝鱼、鳙鱼、黑鱼、刀鱼、河鳗、鲅鱼等。

（3）洄游鱼　有些鱼类为了追求各种不同的生活条件，在某一时期成群地寻找它适合的生活地点，作长距离一定方向的移动，叫洄游。有洄游性鱼类和半洄游性鱼类两种，我们所说的主要指洄游性鱼类，就是通常生活在海中，在每年的季节性成熟时，成群地溯江河洄游到淡水水域产卵的鱼类，或者相反，由淡水中洄游到海洋产卵的鱼类。常见的有凤尾鱼、河鳗、鲥鱼、大麻哈鱼等。

5．甲壳类及其他

水产品除了鱼类之外，还有许多其他品类，如虾、蟹、蛤、贝类等都是重要的烹饪原料。它们不仅味道鲜美，而且营养丰富，是制作名贵菜肴不可多得的原料。

（1）虾、蟹类　虾、蟹类的外层是一层坚硬的外壳，这层外壳就是虾和蟹的骨骼，这也是虾、蟹与其他水产动物在组织结构上的明显区别。外骨骼的内里，是柔软纤维的肌肉和内脏。虾的内脏极少，肌肉多；蟹则腹腔内容物较多，肌肉少。虾、蟹的肌肉为横纹肌，肌肉洁白，吸水能力强。

（2）软体类　软体类的品种较多，烹饪中常见的主要品种主要有鲍鱼、海螺、田螺、蛤蜊、蛏、河蚌、乌贼、鱿鱼等。

6．海珍干制品

海珍制品是指制品十分珍贵数量稀少的一类海产制品。烹饪中的主要品种有海参、干鲍鱼、干贝、淡菜、蛏干、鱿鱼干等。

三、佐助料

佐助料一般是指在菜肴食品中既不充当主料，也不具有辅料的作用，但也不具有调味的作用，仅是为了起传热、润滑、膨松、填充及不同程度地改变食品感官性状等作用，如食用油脂、淀粉、食品添加剂等。

1．食用油脂

食用油脂在烹饪中的应用是比较广泛的，它是制作菜点中不可缺少的辅助类原料。它能增加菜点的色、香、味，同时它对加速原料的成熟和保持原料的脆嫩起着重要作用。

油脂是烹饪应用的重要原料之一。烹饪所用的油脂按其来源可分为植物油脂和动物脂肪；按其原料种类可分为豆油、花生油、芝麻油、菜籽油、葵花籽油、猪油、鸡油等；按其加工精度可分为毛油、精炼油、色拉油等。

2．淀粉

淀粉是烹调中重要的辅助类原料。主要用于挂糊、上浆和勾芡，它虽然不起调味作用，但它能使菜肴鲜嫩细腻，改善菜肴的光亮度和口味。所以淀粉在烹调中应用极为广泛。用于烹饪中的淀粉根据其加工原料的不同，常见的有玉米淀粉、绿豆淀粉、土豆淀粉、小麦淀粉、木薯淀粉、豌豆淀粉、甘薯淀粉、菱角淀粉等。

3．食品添加剂

食品添加剂是为了改善菜点品质和色、香、味，以及防腐和加工工艺的需要，而加入菜点中的化学合成或者天然物质制成的辅助类原料。食品添加剂的种类很多，按其来源分为天然与化学合成两大类，按烹调应用则分为防腐剂、膨松剂、着色剂等。

食品添加剂的使用和生产都有严格的卫生法规管理，为了保障人体健康和食品质量，我国制定了一系列的管理措施，在烹饪中使用，首先是保证安全，其次是工艺功效，要求最大使用量不准超过规定标准，尽量控制或减少用量，让使用添加剂的菜点均达到营养、色、香、味俱佳的目的和要求。

烹饪中常见的食品添加剂包括着色剂、膨松剂和其他添加剂三大类，主要品种有硝酸盐类的硝酸钾、硫酸钙等；生物膨松剂类的酵母、老面头等；化学膨松剂类的碳酸氢钠、碳酸氢铵、明矾等。

四、调味料

调味料是烹饪中使用的大宗食品原料，种类繁多，应用广泛，是中餐烹饪不可缺少的组成部分。调味料一般是按照呈味特点进行分类的，包括咸味、甜味、酸味、鲜味、辣味等。

1. 咸味调味品

咸味调味品其主要来源是食盐，食盐的主要成分是氯化钠，咸味简单地说就是盐的味道。其他咸味调料，均是含有食盐的加工制品，仍是通过氯化钠产生咸味。咸味是调味品的主味，大部分菜肴是先有些咸味，然后再配合其他味道。咸味调味品以食盐为主，还包括酱油、豆豉、酱类等。

（1）食盐　在烹调中起调味、提鲜、去腥、解腻的作用。我国盐源非常丰富，按食盐来源可分为海盐、湖盐、井盐和矿盐四种。其中海盐产量最高。

（2）酱油　是仅次于盐的调味品原料。以大豆、小麦、食盐和水等为原料，经发酵酿制而成的。

（3）豆豉　是以黄豆或黑豆为原料经过发酵酿制而成的。甜香鲜美，作为菜肴的调味品，不仅能增加风味，也可促进食欲。主要用于炒、烧、蒸、焖等菜肴的调味。

（4）酱品　酱品也是一种很好的调味品原料，用途较广。如"酱爆鸡丁""京酱肉丝"等菜肴都离不开酱品。它对改善菜肴的色泽和口味，增加菜肴的酱香气味起着重要作用。烹饪中常用的有甜面酱、干黄酱、稀黄酱、虾酱、豆瓣酱等。

2. 甜味调味品

甜味在烹调中的作用仅次于咸味，可以单独用于菜点中，也可以与多种味道调和成复合味。甜味在调味中的作用主要是缓和辣味的刺激感，增加咸味的鲜醇，抑制菜肴原料的苦味。其主要调味品有食糖和蜂蜜等。

（1）食糖　由甘蔗或甜菜为原料加工而成的甜味调味品类原料，主要成分是蔗糖。种类很多，按加工形状和加工程度可分为白砂糖、绵糖、冰糖、饴糖等。

（2）蜂蜜　又称"蜜糖""蜂糖"，是蜜蜂从植物上采集的花蜜经酿造而成的。

3. 酸味调味品

酸味是由有机酸和无机盐类分解为氢离子所产生的。食用酸味的主要成分是有机酸类的醋酸、乳酸、柠檬酸、酒石酸等。常用的呈酸味的调味品有食醋、番茄酱、柠檬酸等。

（1）食醋　是烹调中常用的一种呈酸味的调味品原料。酸味主要来源于醋酸，即"乙酸"。它不仅有酸味，有芳香味，而且还能去腥解腻，增进食欲，帮助消化，同时还可以使食物原料中的钙质分解，有利于人体的消化吸收，对细菌也有一定的杀灭和消毒作用。食醋按酿造方法不同，可分为酿造醋和人工合成醋。

（2）番茄酱　是指将新鲜成熟的番茄洗净、去皮、去籽、磨细，经加工制成的一种酱状调味品原料，色泽红艳。

（3）柠檬汁　是从鲜柠檬中榨取的汁液。

4．鲜味调味品

鲜味调味品可以使菜肴具有鲜美的滋味，它主要成分是核苷酸、氨基酸、各种酰胺、有机盐基、弱酸等混合物。鲜味在烹调中不能独立存在，需在咸味的基础上，才能使用，鲜味是一种重要的复合型味道，是许多菜肴、面点的主要调味品之一。传统的鲜味调味品主要有味精、蚝油、鱼露、虾油、腐乳等，近年来随着科学技术的发展，出现了许多新的鲜味调味品，如鸡精、牛肉粉等。其中，味精是菜肴烹饪使用最多的鲜味调味品。

（1）味精　又称味粉、味素、味之素。有无色结晶状和白色粉末状。常用的鲜味调味品是由小麦、玉米、淀粉等，经水解法或发酵法而合成的，其主要成分是谷氨酸钠，呈中性，易溶于水，在烹调中应用比较广泛。按其谷氨酸钠的含量分为99%、95%、90%、80%、60%等规格。味精使用得当，才能达到应有的效果。一般提倡在菜肴即将成熟或出勺之前加入味精，而在冷菜中，由于温度低，不易溶解，鲜味较差，可用少量温水溶化后浇在冷菜上。味精鲜味的体现与菜肴的酸碱性有一定的关系，当菜肴溶液的pH在6～7时，味精的呈鲜效果最好。使用味精一定要适量，用量多会产生一种似涩非涩、似咸非咸的怪味。

（2）牛肉粉　牛肉粉等是新兴的一类调味品。纯牛肉粉是用新鲜牛肉、牛脂，采用高温高压等工艺结合水相萃取汤中抽出技术，萃取滋味、喷雾干燥而成的天然调味料。最大特点是能够融入水且复水后似原汁原味的牛肉汤。因为牛肉粉是运用纯天然工艺提取，不经酶解及热反应，所以能够很好地保留牛肉原有的鲜味和营养成分。另有鸡粉、鸡精等。优质的鸡粉也是采用牛肉粉的工艺，效果和牛肉粉相同。但大量的鸡精则是运用谷氨酸钠等呈鲜味物质填充而成的。

5．辣味调味品

辣味，是通过对人的味觉器官强烈的刺激所感受到的独特的辛辣和芳香。其辛辣味主要由辣椒碱、椒脂碱、姜黄酮、姜辛素及蒜素等产生的。在烹调中不能独立存在，需与其他味合作，才能使用，用辣味调味品烹制的菜肴别具风味。我国的川菜、湘菜使用广泛，并以此而闻名，为人们所喜爱。

辣味调味品种类很多，主要有干辣椒、辣椒粉、辣椒油、泡辣椒、胡椒、芥末粉。其中的辣椒制品主要有辣椒油、辣椒粉、泡辣椒等。

6．香味调味品

香味调味品具有增加菜肴的芳香，去掉或减少腥膻味和其他异味的作用。香味在烹饪中也不能独立存在，需要在咸味或甜味的基础上，才能表现出来。香味调味品品种多，用途广，在使用时，一定要根据菜肴的特点、烹调的要求和原料特性来掌握其用途。烹饪中常见的有黄酒、香糟、花椒、桂皮、小茴香、八角、丁香、草果、豆蔻、五香粉、月桂叶等。

（1）黄酒　又称料酒、绍酒等。是用糯米或小米作原料酿制而成的，呈淡黄色。主要成分是脂类、醛类、杂醇油等，富含氨基酸。酒精浓度低于15%，为低度酒。色泽淡黄或棕黄，清澈透明，香味浓郁，味道醇厚。

（2）香糟　分为白糟和红糟两种。白糟是用糯米和小麦发酵而成，含有一定量的酒精，具有特殊香味，放置时间长的色黄，甚至微红，香味浓郁，放置时间短的颜色发白，香味不浓。主产于浙江的杭州、绍兴等地。红糟是用糯米为原料，在酿造时加入5%的红曲米酿造而制成的，香味强烈。

（3）花椒 又称秦椒、山椒、南椒、巴椒、大椒等。椒皮外表呈红褐色，如绿豆大小、有龟裂纹、顶端开裂、基部相连、内含黑色种子一粒、圆形或中圆形，有光泽。

7．苦味调味品

苦味也是基本味道之一，广泛存在于食物中的一种人们不喜欢的味道。苦味虽然不受人们的喜欢，但烹调中有一些菜肴适当地加一些苦味调味品，可使菜肴产生一种特殊的香鲜滋味，尤其是在酱菜或卤汤中。常用的苦味调味品有陈皮、砂仁、茶叶等。

🔗【知识链接】

新型调味品简介

近年来，随着餐饮行业与国际市场交流的日益频繁以及烹饪技术的不断进步，一些过去从未有过的调味料和菜肴烹饪方法相继在我国一些酒店被采用，极大地拉动了酒店的业务量，繁荣了酒店菜品的花样。据一些酒店的大厨反映，这种新型调味料以及随之而来的新的烹饪方法，不仅为老百姓的酒店消费增添了新的乐趣，也使厨房操作变得更加便捷和卫生，如现在流行的香菇调味汁和竹荪精。

香菇调味汁是一种新型高档调味品，除保持香菇独特的香味外，还含有适当比例的酒精、糖及氨基酸，鲜醇适口，营养丰富，沁香宜人，使用方便。香菇调味汁的用料有香菇菌丝、干香菇粉末、新鲜曲汁、酵母液、食糖、乳酸等。在酶液培养的基础上，进行发酵酿制。发酵过程中为了防止杂菌繁殖，要适量进行补糖、补酸。随着发酵期延长，发酵液表面便会出现一层面筋状泡沫，当浓度为7~8度，汁液散发出香菇和水果香味时，发酵即完成。发酵结束后，分离出上面清液，滤去不溶性物质，所得澄清液体，煮沸后即成为芳香美味的香菇调味汁。

竹荪精以原生态竹荪为原料，采用萃取技术结合创新工艺精制而成。竹荪是寄生在枯竹根部的一种隐花菌类，营养丰富，香味浓郁，滋味鲜美。竹荪精是一款菌类调味品，含有硒元素和多种氨基酸，适合烹制各种菜肴。

第三节　烹饪作业者——厨师

烹饪作业的第三个要素，也是最为关键的要素——厨师。厨师是完成烹饪作业的根本力量，因为无论什么样的设备工具，还是多么优质高贵的食品原料，最终都需要厨师进行操作、加工来完成。因此，厨师是以烹饪为职业，以烹制菜点为主要工作内容的人。

厨师这一职业出现很早，大约在我国奴隶社会，就已经有了专职厨师。随着社会物质文明程度的不断提高，厨师职业也在不断发展，专职厨师队伍不断扩大。根据有关资料统计，到21世纪初，我国的厨师队伍已发展到千万人之众。中国素以烹饪王国著称于世，厨师力量和人数首屈一指。旧时代人们称厨师为"火夫""厨子""厨役"等，是以烹饪为职业，以烹制菜点为主要工作内容的人。现代社会中，多数厨师就职于公开服务的饭馆、饭店、宾馆、酒楼等场所。厨师一般需要先在烹饪学校学习并通过考试，以保证具备足够的业务水准和食品安全知识。

一、古代厨师

我国是一个历史悠久的农业古国，各种食材加工成为美味的菜肴食品，是需要具有一定的烹调技术的，厨师的专业因此诞生。据史料记载，我国远古时期的厨师地位相对较高，甚至人们把复杂的菜肴加工技术与治理国家相提并论，老子所谓"治大国如烹小鲜"就是典型的代表，由此也出现了以厨师职业走向政治舞台的案例，如商汤的伊尹、齐桓公时期的易牙等。

但在漫长的中国封建社会中，厨师的职业得不到社会的尊重，大部分从业者都是在不得已的情况下而为之的，于是就出现了中国古代厨师从业的三种途径。

第一，是强迫厨役式。我国古代厨作人员中相当大的一部分是以服劳役的形式到宫廷厨房或各官府厨房干活的。他们所付出的劳动没有报酬，没有发言权和人身自由，统治者按其技术的高低或来源不同分配到厨房的不同岗位，只能以绝对服从的态度去完成高一级专业人员指派的劳作任务。先秦以前的历代宫廷厨房的厨作人员全部是奴隶，分派到不同的生产岗位上承担繁重的劳动任务，如周王朝就把从事厨役的奴隶分为胥、徒、奄、女仆、奚等等级。这种形式在我国古代社会中一直延续了很久，它是一种扭曲人性的管理形式。

第二，是师徒相承式。烹饪之事是一种技术性和专业性都很强的工作。因而，没有一定的技术水平是不能进入厨房工作的。我国古代烹饪技术的传承大多是以师带徒的形式实现的。这种以师带徒的技术传承方式，久而久之便形成了不同的派别和帮口。古代的师徒关系的稳定性是靠严格的师门规矩实现的，如"一日为师，终生为父""不可师投两门"等。其实，这种师徒关系又是领导和被领导的关系，师父管理徒弟，徒弟只能唯命是从。这种形式在古代的宫廷厨房中应用很广，往往一个厨房中的主要技术环节均由同一门派的厨师执管，而负责管理生产的就是他们的师父。这种情况在明、清年间是很普遍的。

第三，是父子相承式。这是一种比师徒关系更为亲密的传承关系。从血缘关系上看是父子，但从生产关系上看又是领导和被领导的关系。父管子，这在古代社会是一种行之有效的管理形式，如清朝年间，孔府的厨师一般都是来自父子相承，累代相因的"厨师世家"。其中有的是祖上数代一直在府中执厨。这些厨师自小就追随父兄学习厨房技艺，长大也就因其血缘关系而侧身厨房之中了。这样，他们的技艺因父子相承得以全部继承，并且对其主人的口味嗜好、饮食特点及各项规矩都了如指掌，这对于厨房的管理而言是极有效的一种制度。金寄水先生著《王府生活实录》亦有"在醇王府，厨房的掌灶，掌案大小师傅和学徒的小伙计，都是父死子承，不另作安排，世世代代伺候着主子，不发生饭碗问题"的记载。资料证明，古代的厨房生产，采用这种管理形式的也很多。

在以上三种厨师产业的形式中，强迫厨役式在进入近世已经绝迹，而其他两种形式直到现在仍有不同程度的延续，在我国的厨房管理中产生了深刻的影响。自三代以来到清代结束，我国历史曾有多少厨师不得而知，其数量肯定是一个天文数字。现根据一些零散的历史资料，选取我国古代几位著名厨师，进行简单介绍。

1. 伊尹

伊尹生于伊洛流域古有莘国的空桑涧（今洛阳市嵩县莘乐沟），奴隶出身。后因被商汤封官为尹（相当于宰相），故以伊尹之名传世。传说，他的父亲是个既能屠宰又善烹调的家用奴隶厨师，他的母亲是居于伊水之上采桑养蚕的奴隶。他母亲生他之前梦感神人告知："臼出水而东走，毋顾"。第二天，她果然发现臼内水如泉涌。这个善良的采桑女赶紧通知四邻向东逃奔20里，回头看时，那里的村落成为一片汪洋。因为她违背了神人的告诫，所以身子化为空桑。巧遇有莘氏采桑女发现空桑中有一婴儿，便带回献给有莘王，有莘王便命家里的奴隶厨师抚养他。这一神话传说曲折地反映了伊尹是依水而生的，故命名为伊，而他的母亲就是那个采桑的女奴。

伊尹自幼聪明颖慧，勤学上进，虽耕于有莘国之野，但却乐尧舜之道。既掌握了烹调技术，又深懂治国之道。他见有莘氏国君有贤德，想劝说他起兵灭夏。为接近有莘国君，他自愿沦为奴隶，充任有莘国君贴身厨师。国君发现其才干，提拔为管理膳食之官。经长期观察，伊尹终于发现，有莘氏与夏同姓，均为夏禹之后，血缘联系难以割断，况且有莘国国小力弱，不足以担当灭夏重任。只有汤才是理想的人选，决定投奔汤。其时汤娶有莘氏之女为妃，伊尹自愿作陪嫁媵臣，随同到商。他背负鼎俎为汤烹炊，以烹调、五味为引子，分析天下大势与为政之道，劝汤承担灭夏大任。汤由此方知伊尹有经天纬地之才，便免其奴隶身份，命为右相，成为最高执政大臣。伊尹不仅是辅佐汤夺取天下的开国元勋，还是后来辅佐三任商王的功臣。因此，伊尹在甲骨卜辞中被列为"旧老臣"之首，受到隆重祭祀，不仅与汤同祭，还单独享祀。

2．易牙

易牙的名字非常复杂，他还有两个名字叫狄牙和雍巫。易牙是齐桓公的御用厨师。

作为一个厨师，易牙对于味道有惊人的鉴别力。传说当时某公问孔子：把不同的水加到一起，味道如何？孔子回答说：即使将淄水、渑水两条河中的水混合起来，易牙也能够分辨出来。这段话被记录在《吕氏春秋》中："孔子曰：'淄渑之合者，易牙尝而知之。'"可见当时易牙味觉特别敏感，厨技之高超，连孔子都倍加推崇。《临淄县志·人物志》也记载："易牙善调五味，渑淄之水尝而知之。"孟子曰："口之于味，有同嗜者也；易牙先得我口之所以嗜者也……至于味，天下期于易牙，是天下之口相似也。"孟子也高度评价易牙调和口味的能力。由此可见，易牙确是当时最为有名的善于调和口味的名厨。

据载，易牙是第一个运用调和之事操作烹饪的庖厨，好调味，很善于做菜。因为他是厨师出身，烹饪技艺很高，他又是第一个开私人饭馆的人，所以他被厨师们称作祖师。王充《论衡·谴告》说："狄牙之调味也，酸则沃（浇）之以水，淡则加之以咸，水火相变易，故膳无咸淡之失也。"即易牙通过水、盐、火的调和使用，做出酸咸合宜，美味适口的饭菜来。

易牙后来成为齐桓公的宠臣，也是得益于他烹调的本事。古代的齐国菜是我国最早的地方风味菜，后来成为中国的四大菜系之一的鲁菜，以其味鲜咸脆嫩、风味独特、制作精细享誉海内外。易牙对鲁菜的形成无疑是有功的。据说，当年的齐桓公身体不舒服的时候，只有易牙做的美味佳肴他才可以进食。

3．太和公

太和公为春秋末年吴国名厨，精通以水产为原料的菜肴，尤以炙鱼而闻名天下。

太和公长期生活在太湖之滨，擅烹以水产为原料的菜肴。他烹制的炙鱼，名噪天下，曾得到大王僚的赞赏。吴国的公子光为了谋夺王位，设计刺杀僚，就派专诸到太湖向太和公学烹炙鱼手艺，学成后，吴公子设宴宴请僚，并令专诸在献炙鱼时刺杀吴王僚。结果吴王僚被刺死，行刺的专诸也被吴王卫士杀死，成了王公贵族争权夺利的牺牲品。太和公的超凡手艺，竟被用于宫廷之乱，是连他自己也始料不及的。

4．膳祖

膳祖是唐朝一代女名厨，唐朝丞相段文昌的家厨。膳祖烹调技艺原本精湛，又得段文昌的调教，如虎添翼，身手更加不凡。她对原料修治，滋味调配，火候文武，无不得心应手，具有独特本领。她烹制的名食，后来大多记载在段文昌之子段成式编的《酉阳杂俎》中。段文昌对饮食很讲究，曾自编《食经》50章。因他曾被封过邹平郡公，当世人称此书为《邹平郡公食宪章》。段文昌府中厨房题额叫"炼珍堂"，出差在外，住在馆驿，段文昌便把供食的厨房叫"行珍馆"。主持"炼珍堂"和"行珍馆"日常工作的就是膳祖。

5．梵正

尼姑名厨梵正，五代时的著名尼姑厨师，以创制《辋川小样》风景拼盘而驰名天下。辋川小样是用脍、肉脯、肉酱、瓜果、蔬菜等原料雕刻、拼制而成。拼摆时，她以王维所画辋川别墅20个风景图为蓝本，制成别墅风景，使菜上有风景，盘中溢诗情。宋代陶谷在《清异录·馔羞门》中倍加夸赞："比丘尼梵正，庖制精巧，用鲊、鲈脍、脯、盐酱、瓜蔬，黄赤色，斗成景物，若坐及二十人，则人装一景，合成辋川图小样。"梵正也因此成为被记录在册的我国第一位女艺术凉菜拼盘厨师。

6．刘娘子

刘娘子是南宋高宗宫中女厨，主管皇帝御食。刘娘子手艺高超，虽宫中规定作为"五品"官的"尚食"，应由男厨师担任，但她以烧得一手皇帝喜爱的好菜，而被破格任用。人们尊称她为"尚食刘娘子"。刘娘子是我国第一位著名的宫廷女厨师。据《春渚纪闻》载：宋高宗宫中，有位女厨师刘娘子，高宗继位之前，她就在赵构的藩府做菜了，宋高宗想吃什么菜，她就在案板上切配好，烹制成熟后献食，高宗总是十分满意。按照宫廷规定，主管皇帝御食的负责官员叫"尚食"，只能由男人担任，而且是个五品官，刘娘子身为女流，不能担当此官，然而皇宫里的人多称她是"尚食刘娘子"。

7．宋五嫂

逃难成就的烹饪高手宋五嫂，是南宋年间从河南开封逃难至杭州的一位女厨师，因丈夫姓宋排行老五，人们就称她为宋五嫂。在杭州钱塘门有一爿小食店，当时从北方逃难来杭州的中原人很多，有官有民，大家思乡难归，很想尝点乡味以解乡思。宋五嫂家卖的鱼羹，正是传统汴京风味，颇能招徕异乡之客。有一日高宗赵构也闻名品尝，特派太监来，叫宋五嫂做了鱼羹送进宫，皇帝食后大加赞赏。此事后来被传到民间，宋嫂鱼羹身价百倍，于是名声大振。方恒泰《西湖》诗云："小泊湖边五柳居，当筵网得鲜鱼也，味酸最爱银刀脍，河鲤洛鲂总不如。"他赞的五柳居醋鱼，有人说即是当年的宋嫂鱼羹。由此，宋五嫂成为我国有宋以来著名的民间女厨师。

8．董小宛

董小宛，名白，字宛君，一字青莲，艺名小宛，别号青莲女史。明末清初，"秦淮八艳"（亦称"金陵八艳"）之一，时有"东南第一美女"之誉。1639年结识复社名士冒辟疆。明亡后小宛随冒家逃难，此后与冒辟疆同甘共苦直至去世。另有认为董小宛与顺治皇帝的宠妃董鄂妃实为一人，并导致了顺治出家，不过，此系误传。顺治皇帝生于1638年，董小宛长他14岁，董小宛去世时顺治皇帝仅13岁，况且董小宛从未去过北方。明末清初秦淮名妓，善制菜蔬糕点，尤善桃膏、瓜膏、腌菜等闻名于江南。现在的扬州名点灌香董糖、卷酥董糖，为她所创制。小宛腌制的咸菜能使黄者如蜡，绿者如翠。各色野菜一经她手都有一种异香绝味。她做的火肉有松柏之味，风鱼有麂鹿之味，醉蛤如桃花，松虾如龙须，油鲳如鲟鱼，烘兔酥鸡如饼饵，一匕一脔，妙不可言。

小宛经常研究食谱，看到哪里有奇异的风味就去访求它的制作方法。现在人们常吃的虎皮肉，即走油肉，据说就是她的发明。因此，它还有一个鲜为人知的名字叫"董肉"，和"东坡肉"相映成趣。小宛还善于制作糖点，她在秦淮时曾用芝麻、炒面、饴糖、松子、桃仁和麻油作为原料制成酥糖，切成长五分、宽三分、厚一分的块，这种酥糖外黄内酥，甜而不腻，人们称为"董糖"，现在的扬州名点灌香董糖（也叫寸金董糖）、卷酥董糖（也叫芝麻酥糖）和如皋水明楼牌董糖都是名扬海内外的土特产。

9. 王小余

王小余是清代文学家兼美食家袁枚的家厨。他治厨认真，对原料采购、选用、切配、掌勺等，自己事必躬亲，尤其在火候掌握、调味品的使用上更是一丝不苟。他还善于揣摩食客心理，做到浓、淡、正、奇各投所好。上菜先后见机而行，并以辛辣兴奋吃客食欲，以酸味帮助食客减食。他认为原料不在于名贵，而在于烹技和调味，即使一盘芹菜，一碟泡菜，只要能做到食客之所好，也属珍品。袁枚著《随园食单》，有许多方面得力于王小余的见解。王小余死后，袁枚以《厨者王小余传》一文寄托哀思，成为我国历史上第一篇属于厨师的传记。

🔗【知识链接】

袁枚《厨者王小余传》节选

小余，王姓，肉吏之贱者也。工烹饪，闻其臭香，十步以外无不颐逐逐然。

初来请食单，余惧其侈，然有颖昌侯之思焉，喑曰："予故窭人子，每餐缗钱不能以寸也。"笑而应曰："诺。"顷之，供净馔一头，甘而不能已于咽以饱。客闻之，争有主孟之请。

小余治具，必亲市场。曰："物各有天。其天良，我乃治。"既得，泔之，奥之，脱之，作之。客嘈嘈然属餍而舞，欲吞其器者屡矣。然其簋不过六七，过亦不治。

又，其倚灶时，雀立不转目，釜中瞠也，呼张吸之，寂如无闻。眴火者曰"猛"，则炀者如赤日；曰"撤"，则传薪者以递减；曰"且然蕴"，则置之如弃；曰："羹定"，则侍者急以器受。或稍忤及弛期，必仇怒叫噪，若稍纵即逝者。所用堇荁之滑，及盐豉、酒酱之滋，奋臂下，未尝见其染指试也。毕，乃沃手坐，涤磨其钳铦刀削笲帚之属，凡三十余种，庋而置之满箱。他人掇汁而捼莎学之，勿肖也。

或请授教，曰："难言也。作厨如作医。吾以一心诊百物之宜，而谨审其水火之齐，则万口之甘如一口。"问其目，曰："浓者先之，清者后之，正者主之，奇者杂之。视其舌倦，辛以震之；待其胃盈，酸以厄之。"

……

未十年卒。余每食必为之泣，且思其言，有可治民者焉，有可治文者焉。为之传，以咏其人。

二、当代厨师的职业要求

厨师，是以烹调菜肴为主要工作内容的群体，是给人们制作提供可食食品的活动。因而，厨师职业素质的高低就直接关系到广大饮食消费者的切身利益。例如菜肴加工的水平是否合乎品质的要求，所到之处加工的食品是否干净卫生等。随着我国社会物质文明程度的不断提高，人们的生活水平也在日益得到改善，对饮食消费的要求也越来越高，这就给我们的厨师提出了更高的要求。也就是说对厨师从业人员的素质要求也越来越高。一般来说，作为现代社会一名合格的厨师，至少应该具备以下几个方面的基本素质。

1．身体素质

目前，我国厨师所从事的烹调活动是一种以付出自己的体力为主的工作性质。厨师的劳动是以手工操作为主的技术性的工作，这种劳动在具体进行时，主要是以体力劳动为其表现形式，有时甚至是较重或很重的体力劳动，如有些原料的初加工过程和临灶翻锅炒菜等。因此，作为一名合格的厨师，必须要有较好的身体素质。

（1）厨师应具备强壮的体魄　从身体素质上讲，厨师必须具备强壮的体魄，才能够承担繁重多样、长时间工作状态的工作任务，包括具有耐受高温环境下的体魄。

（2）厨师应具有良好的心理素质　现代厨师还应具有良好的心理素质。厨师工作与普通的工作是完全不同的，往往是上班在人前，下班在人后，他人吃饭，厨师烹调，做在人前，吃在人后，甚至业务忙起来，连一顿完整的饭都吃不上，加上高温、油烟的工作环境，会使厨师在心理上产生一种不平衡的感觉。具备一个良好的心理素质，才可以使厨师在工作中保持始终如一的稳定状态。

（3）厨师还应具有动作敏捷、精力充沛的体格特点　能自始至终保持旺盛的精力，特别是业务量较大时，更要精力集中，反应敏捷。

因此，厨师必须要坚持合理的体育锻炼，养成并能够保持良好的生活习惯。

2．职业厨师的道德素质

厨师的道德素质，也称"厨德"，或叫品德，它是厨师在政治思想、道德品质方面应具备的水准和修养。作为一名新社会、新时代的厨师，除应具备爱国、爱党、爱人民的起码思想品德之外，根据烹饪职业的特殊性，还应在以下几个方面树立良好的品格。

（1）要有良好的思想品德　树立良好的思想品德，加强自己的思想建设，不断改造自己的世界观，增强辨别是非和抵御不良风气的能力。尤其是那些跟着老一代厨师从师学艺的厨师，应该学习老师傅的优良品德和技术特长，避免传承落后的思想和习俗。另一方面，要培养爱国家、爱中国共产党、爱社会主义的思想基础，要有为实现社会主义现代化作贡献的精神，有全心全意为人民服务的崇高品质。从个人角度来看，对人、对事、对企业要忠诚老实，要有良好的敬业精神和团队意识，培养自己勇于创新的精神。

（2）全心全意为顾客服务的精神　无论是综合性的星级宾馆，还是餐饮酒楼，所提供的产品都是"服务"，厨师所烹制的菜肴等食品，也是为了满足消费者的需求。厨师要做好自己的工作，首先心中要有消费者，处处为消费者着想，也就是平时我们所说的全心全意为顾客服务的精神。要知道，如果经营者失去了消费者，所有的经营也就没有意义，如果因为菜肴的质量而失去了消费者，厨师也就没有了生存基础，企业也就没有了赢利机会。所以，厨师首先应该把消费者当成自己的衣食父母，一心一意为客人着想。只有这样，才能促进厨师烹调水平的不断提高，烹制出来的菜肴才能够合乎消费者的需求。因为只要心里有了为顾客服务的思想，当技术水平不高时，就会去努力学习提高，就会不断地去创新菜肴，以满足顾客的需要，这是厨师所应具备的最基本的道德素质。

（3）具备良好的敬业精神　要想干好任何一件事情，都必须具有良好的敬业精神，这是古今中外的一条普遍真理，厨师从业人员也不例外。厨师所应具备的敬业精神，包括忠诚烹饪事业、热爱集体和企业等几个方面。

（4）具有精益求精的大国工匠精神　中国烹饪技艺是华夏民族传承数千年的文化遗产，掌握运用好烹饪技艺，并非一日之功可成，而是需要树立严谨的学习态度，培养一丝不苟、精益求精的专业观念，发扬奉献精神，使中国烹饪技艺得到完整的、系统的传承，并能够发扬光大。但工匠精神对现代厨师来说是一种工作态度和敬业精神，即便是在现代化设备水平相当高的情况下，能够生产出优质的产品，必须具备精益求精的工匠精神。

3. 文化业务素质

文化业务素质包括文化知识和专业技术知识两个方面，是从事厨师职业必须具备的基本要素。之所以把文化与专业技术并提，是因为只有专业技术没有文化基础的厨师在今天是不可想象的。

（1）能够及时学习新的文化业务知识　现代社会各项科学技术的飞速发展，厨师必须能及时学习新的知识，以丰富自己的专业知识和提高自己的文化水平。而且现在学习烹饪技术的方法已经摆脱了传统的手教口授的时代，这就要求厨师必须具备一定的文化基础和必备的烹饪专业知识。如掌握扎实的烹饪基础理论知识、具备一定的营养学知识，有条件的话还要学习如饮食心理学、消费心理学、生物学、食品化学、物理学、信息学，以及烹饪史学、民俗学、美学、卫生防疫学等，以提高自身的文化素质，为烹饪工作服务。

（2）具有菜谱整理、菜单编制等文字能力　现代厨师，必须具备最起码的文字整理能力，能够将所烹制的菜点用文字记录所使用的各种原料及其用量、表述其完整的工艺过程，并能够对工艺过程进行分析，总结出操作要领及成品特点等。掌握菜谱的整理能力，不仅可以使厨师在工作中得到逐渐的积累，而且可以把自己所创新的产品记录下来，得以传播，使更多的人掌握它的制作工艺，造福于人类。同时，文字能力还是现代餐饮企业生产管理的需要。由于产品生产的规格化要求，菜肴的加工需要逐步实施标准化的生产，这就要求厨师能够按照产品规格、书中规定的投料标准、工艺过程等进行操作，使菜点的加工质量保持稳定，从而克服传统烹调中厨师随意性的缺点，使中国烹饪能够走标准化、规格化的道路。

（3）具备娴熟的烹饪操作技艺　只有烹饪技艺熟练的厨师，才能准确判断和把握操作中的微妙变化，从而烹制出客人喜欢的美味佳肴来。一个厨师应该熟练地掌握食品原料的选择与初加工技术，具备坚实熟练的切配功夫，掌握复杂多变的烹调技术，具有综合运用各项基本功的能力，精通与烹调技术相关的多项知识等。

4. 树立牢固的法制观念

遵纪守法，树立牢固的法制观念，是新一代厨师必须具备的道德素质之一。我国的厨师行业，长期以来处于自由散漫的状态，没有社会制约，没有宏观管理，因而形成了行帮习惯，以行规为行为规范。这样一来，就形成了厨师法制观念薄弱的特点。比如说，过去的厨师对食品卫生的意识就很淡薄，认为不干不净，吃了不得病，对食品卫生的标准很模糊等。随着社会的进步，人们对自己的健康越来越关注，对食品卫生的要求越来越高，为此，国家制定了《食品安全法》。这样一来，如果厨师制作的菜肴造成了客人食物中毒等现象发生，就不仅仅属于经营问题，而是法律问题，是要追究法律责任的。由此看来，现代厨师不树立法制观念，不学习有关法律知识，显然是不行的。从厨师的自身利益而言，也要学习法律知识，如《劳动保护法》《税法》等都是必须掌握的法律内容，以便照章纳税或以法维护自己的合法利益。

三、近当代著名厨师撷英

新中国成立以来，著名厨师层出不穷，如果要选出几个作为代表，载于史册却是很难的。因为当代名厨的标准是什么，说法不一，众说纷纭，见仁见智，也没有必要统一。由于各人看待问题的角度和立场不一样，结果也就不一样。也有人说，也没有必要排这个，因为早晚都是历史，只要为这个行业作出过贡献，人们就会记住他，一定要挤进这个列表，也没什么意义。我国历朝历代，无数的美食和烹饪技艺是通过或者名厨，或者小厨，或者家庭妇女的巧手得以创造、发展、进步的，日益丰富积累并形成了流派众多、风格各异的格局。历史上的厨师，集大成者有之，大浪淘沙者有之，著书立传者有之，但也有一些只留下了菜品而没有留下姓名。尽管如此，中国烹饪经过历代厨师的改良丰富，不仅形成了完整的菜肴技艺体系，而且还形成了博大精深的文化遗产。

1．四大菜系名厨代表人物

（1）鲁菜名厨王益三　鲁菜一代宗师，山东省特一级烹调师。曾用名王盛财。山东省招远人，生于1917年9月23日。15岁到山东省青岛市学厨，先后随庄树琛、徐世敬、潘少良等名厨学习鲁菜和江浙菜的制作，练就一身过硬的基本功和娴熟的烹调技艺。出师后相继在长春中央饭店、上海正阳楼、青岛庆丰楼、中华旅社、春盛园等餐馆主厨。1958年调入青岛市商业局担任厨师培训专业教师。1960年青岛市第一商业学校成立后担任专职烹饪教师。1972年转入山东省饮食服务学校任职。

王益三在1983年全国烹饪名师技术表演鉴定会、1988年第二届全国烹饪技术比赛均担任评委。曾出任中国烹饪协会首届副会长、山东省烹饪学会理事、青岛市烹饪协会名誉会长、青岛市高级厨师协会顾问、山东省厨师考评委员会主任、《中国名菜谱》编委会委员、山东省饮食服务学校高级讲师。

王益三精于南北各种风味菜肴的制作，尤以制作山东菜见长。他的翻勺技术潇洒自如，调味准确，用火恰当，刀工娴熟、细腻、利落。他创制的炸鸡椒、炸鸡排、麒麟送子、梅雪争春、凤凰鱼翅、龙凤丝托、茄汁百花鸡排、绣球全鱼、珍珠海等多款菜品，在全国烹饪行业中得到推广和应用。他在30多年的烹饪教育工作中，将自己丰富的烹饪经验和高超技艺毫无保留地传给了下一代，培养出大批烹饪技术人才。他先后主编了《菜谱》《家宴指南》《山东名菜》《家庭鲁菜》《烹饪工艺学》等书，以及山东省饮食服务学校烹饪教学用教材。为鲁菜的发展作出了巨大贡献。

（2）川菜名厨刘建成　四川省特一级烹调师。四川省成都市人，生于1914年12月30日。14岁到成都怡新饭店随陈青山学厨。出师后在成都味腴食堂、浣花溪、重庆西大公司、成都广寒宫、竟成园事厨。1950年到成都耀华餐厅主厨。1961年调入成都市饮食公司从事厨师烹饪技术培训工作。1979年参加川菜烹饪小组赴香港表演烹饪技艺。1980—1983年赴美国纽约任荣乐园川菜馆厨师长。1983年全国烹饪名师技术表演鉴定会和1988年第二届全国烹饪技术比赛均担任评委。曾出任中国烹饪协会首届副会长、烹饪大专院校技术职务评审委员会委员、四川省烹饪协会副理事长。

刘建成精通川菜制作技术，对川菜中燕窝、鱼翅等高档原料的传统制作技术十分娴熟。他烹制的烤酥方、蛋饺海参、口蘑鱼卷、堂片填鸭、叫化鸡、一品豆腐、芙蓉虾仁等菜很有特色。时近晚年，他又深入研究中国传统食疗营养菜点，创新了淮山软炸兔、地黄焖鸡、乌龙凤翅、紫桂香酥鸡等菜肴。如地黄焖鸡系根据《饮膳正要》的生地黄鸡改制而成。原方只将生地黄、饴糖、乌鸡三种原料蒸制而成，没有油盐酱醋的调味手法。刘建成则把蒸改为焖，并在原来的基础上，增加了母鸡肉、大枣、生姜、大葱等调料，使菜肴的口味和质感都远远胜过古方中的菜肴，而且还提升了菜肴的食疗功能。他曾与胡廉泉等人合作编写了《大众川菜》等专业书籍。为川菜的发扬光大不遗余力，贡献巨大。

（3）苏菜名厨胡长龄　苏菜著名厨师胡长龄是近当代厨师的佼佼者，1958年加入中国共产党。他是全国劳动模范，原中国烹饪协会副会长、中国烹饪大师、金陵厨王、原中共南京市委候补委员。胡长龄1925年进南京嘉宾楼菜馆当学徒。后为南京金陵春餐馆、双叶菜馆、骏记万全酒家厨师。新中国成立后，历任南京六华春菜馆厨师、门市部主任，南京市饮食公司特一级厨师。继承和发展我国苏式烹调技术，先后研制出24种京苏名菜，其中太极湘莲、香炸云雾、荷花白嫩鸡等已成为脍炙人口的中国名菜。

新中国成立后，胡长龄先生满怀激情地投身到社会主义的建设事业中，他先后在南京军事学院、老状元楼菜馆、团市委、六华春菜馆、江苏酒家工作。他勤于思考，善于总结、提出了京苏菜应遵循色彩调和、原汁原味、清鲜醇和、咸淡适宜的原则。他主持研发了炖焖类、蹄子类、叉烤类近三百个菜肴品种，发展了京苏菜流派，为江苏菜系，为我国的烹饪事业作出了巨大的贡献，胡长龄先生是中国烹饪界公认的一代宗师。

胡长龄在研发菜肴的同时，还参与或主编了《南京菜谱》《南京教学菜谱》《刀工种种》《金陵美肴经》《正宗苏菜160种》等专业书籍。

（4）粤菜名厨黄振华　黄振华祖籍广东省从化县（现广州市从化区），出身于厨师世家，他的父亲黄深是特一级厨师，曾在粤菜行业中耕作了40多年，对黄振华的厨师生涯有着不可估量的影响和帮助。少年时家境清贫的黄振华，16岁踏入饮食行业。入行时做的是端菜、洗碗、烧炉子等"杂活"，但他兢兢业业、勤勤恳恳、虚心求教，很快便从杂工晋升为厨师。为了提高烹饪水平，他刻苦自学，在千方百计跟师、访师的同时，坚持阅读有关烹饪书籍，持之以恒地进行探索、实验和创新，30多个春去秋来，他的烹饪理论与实践都颇有建树，40多篇粤菜烹调作品发表在各种杂志、报纸上，引起了国内、国际饮食行业的瞩目，受到同行的推崇，成为国家高级技师、广东十大名厨之首。

黄振华的厨艺具有扎实的基本功。在粤菜烹饪中，他可谓样样皆能，任何物料，一经他手，均成佳肴。在第二届全国烹饪大赛上，他的"三色龙虾"由于配料得当、腌制得法、刀功强、造型好、火候佳、口味美、不溻水而压倒群芳，获得金牌。

厨艺贵在创新。黄振华烹饪技艺之可贵，在于他把传统与现代科学烹调技术完美地结合起来，不断推陈出新。几十年来，他改革创新的粤菜菜式就有数百种，如"三色龙虾""一品天香""嘉禾雁扣"等。从菜式名称到品质，都异常精美，宛如一件件艺术精品，可品尝，可欣赏。他研究分析人们口味的变化特点，运用北菜南食、古菜今食的烹调技术，创新了集中国四大菜系于一体的"圆桌中国菜"，为广州添荣誉的"花城美宴"。新加坡烹饪学院院长冼良先生就先后预定五席，专程前来品尝。世界厨联前主席汉斯·富士勤先生到中国考察时，对黄振华的菜式赞不绝口，认为其菜式体现了中国饮食的精髓。黄振华不愧为中国的厨艺大师。

黄振华深知要弘扬中华饮食文化，重要的是提高整体厨艺水平之道理。多年来，他在致力于厨艺研究、著书立说的同时，无私传技，培养人才。他高超的烹调技术得到了国家和人民以及国际烹饪界给予的高度评价及荣誉。他1988年获特一级厨师职称，1995年获全国劳动模范称号等。他曾三次率国家队参加世界烹饪大赛，并获金、银、铜奖。还多次担任国际性的重要烹饪大赛的评委。他的足迹遍及德国、美国、挪威、卢森堡、比利时、日本、马来西亚等国家和地区，所到之处无论是讲学还是访问，无不受到热烈欢迎与赞许，使越来越多的人领略了这位世界级大师的风采。

2.当代烹饪文化学者代表人物

（1）官员烹饪学者林则普　山东省烟台市福山西留公村人。1986年调任国家商业部饮食服务局局长，一直领导全国饮食服务行业工作，为全国烹饪界的一位领导者和组织者。他在任国家商业部饮食服务局局长期间，在国家商业部和有关部门的支持下，于1987年4月成立了中国烹饪协会，林则普在会上作了《关于中国烹饪协会筹备工作报告》并当选为副会长。1992年在中国烹饪协会第二次代表大会上，他又当选为常务副会长兼秘书长。中国烹饪协会在他的具体主持下，开展了许多项业务活动，使中国烹饪协会成为全国有重要影响的协会之一。他领导中国烹饪协会抓厨师队伍建设，抓好厨师培训，策划组织了各类全国烹饪技术大赛。他既是组织者，又是领导者，通过全国性大赛活动，培养了一批名厨新秀。

他还利用各种渠道加强同外国餐饮界交流与合作。多次率领中国烹饪代表团到世界许多国家和地区参加交流与表演，把中国烹饪技艺和烹饪学术理论介绍到国外，并与世界厨师联合会加强联系合作，使中国烹饪协会成为世界厨师联合会第40个成员国会员。1991年在北京成立世界中国烹饪联合会。林则普在成立大会上代表中国烹饪协会作了《世界中国烹饪联合会筹备工作报告》并当选为秘书长。世界中国烹饪联合会是世界中餐业的唯一具有代表性和权威性的团体组织。它的宗旨是团结广大海外侨胞共同提高中餐业的地位，推动世界中餐业的发展。

在担任中国烹饪协会秘书长和世界中国烹饪联合会秘书长期间，先后组织过多次"中国烹饪学术研讨会"，两次"中国烹饪论坛"，一次"清真饮食文化学术研讨会"，四次"国际烹饪文化研讨会"等规格高、范围大的国际性学术研讨活动。在主管饮食服务行业期间，为提高厨师地位而奔走呼号，认为厨师才是真正的烹饪文化的创造者和实践者。1998年商业部、国家旅游局、全国总工会等部门，为全国从事烹饪工作30年以上的78000名厨师颁发了荣誉证书，表彰他们对祖国烹饪事业作出的贡献。他主持编纂了《中国名厨大典》和《烹坛精英》等烹饪界人物档案经典。林则普在饮食文化与理论研究方面发表过许多文章，主要有：《二十一世纪的中国烹饪》《千禧之年论烹饪》《论烹饪的工业化与产业化》《中国餐饮业结构的重大战略调整》《餐饮企业与饮食文化》《中国餐饮业的竞争态势与对策研究》《中国烹饪技术比赛问题研究》《民间菜——中国菜之根与源》《浅谈潮菜》《火锅杂谈》《欧洲西餐随想》《中东归来话清真》《对SARS疫情的文化思考》《创新、实用、美味、健康——第五届全国烹饪技术比赛点评》《餐饮业与体验经济》等著述。主编和参编的烹饪典籍有：《中华饮食文库》《中国烹饪走向新世纪》《中国烹饪发展战略问题研究》《饮食文化与中餐业发展问题研究》《中国烹调技法集成》《中华名优小吃集》等。他为中国烹饪留下了一笔宝贵的文化财富。

（2）烹饪文化传奇文人聂凤乔　江苏兴化人。笔名老凤、公孙无恙等。出身于厨师家庭，少年时曾学厨多年。从事烹饪理论研究40余年，曾任扬州大学原商学院中国烹饪系主任、中国烹饪协会理事，长期受聘为《中国烹饪信息》主编，兼任南京经济学院兼职教授、内蒙古财经学院客座教授、《中华饮食文库》编委会副主任委员等。先后主持编撰首部《烹饪原料学》部编大专教材，编撰出版了《中国烹饪原料大典》、参与编撰了《中国烹饪辞典》《中国烹饪百科全书》。出版著作有《蔬食斋随笔》《食养拾慧录》《老凤谈吃》等学术著作。其中《蔬食斋随笔》系列被日本《圆桌》杂志译成日文，连载达五年之久。

聂凤乔先生是中国烹饪界有着传奇色彩的人物。一个出身于穷厨子家庭、只读过几年小学的人，居然自学成才，最终成为扬州大学原商学院教授、中国烹饪理论著名学者，且著作丰厚。在世时，他占据了中国烹饪界的诸多第一：筹备组建了国内第一个大专级中国烹饪学系，是江苏商业专科学校烹饪系第一任系主任；被海内外誉为"中国烹饪原料学第一人"；主持编撰了第一部烹饪方面的大专教材《烹饪原料学》和《中国烹饪原料大典》；参与编撰了第一部《中国烹饪辞典》《中国烹饪百科全书》等，他都是执笔的副主编；是第一个带队出国访问的中国烹饪专家学者。

聂凤乔先生既是烹饪文字的写作高手，也是烹饪美食的制作高手，特别是对扬州民间的许多餐饮习惯，他更是注意收集整理，并亲手实践操作。他制作的扬州名菜清蒸狮子头嫩而不腻，讲究的是火候炖功；他的一鱼三吃，鲢鱼头炖汤、鱼肉剁鱼圆、鱼刺及边边角角炸熏鱼，强调的是物尽其用；他的枸杞、冬虫夏草炖鸡，倡导的是营养价值；他做的蟹黄豆腐，撒上青蒜，美味可口，彰显的是色香味俱全。

（3）烹饪文化专家熊四智　四川烹饪高等专科学校教授、中国烹饪协会理事、《中华饮食文库》编委、四川省政协委员、国际知名烹饪专家。熊四智教授从事中国烹饪文化研究30余载，撰写并出版过20余部烹饪与饮食专著。其中最为著名的有《中国烹饪学概论》《中国人的饮食奥秘》《中国饮食诗文大典》《四智论食》《四智说食》等。曾参加新加坡、加拿大等国际中国烹饪文化学术研讨会，其论文系统地梳理了历代先哲先贤关于食与自然、食与社会、食与健康、食与烹调、食与艺术的思想与哲理，总结了中国烹饪科学天人相应的生态观念、食治养生的营养观念、五味调和的美食观念，阐述了中国烹饪技艺体系是科学的体系。为中国烹饪的继承、发扬、开拓、创新作出了理论上的重要贡献。

熊四智从事中国烹饪文化研究30余载，一生整理编辑书稿3000余篇。对于我国的饮食文化，有着他独到的见地，对求索论、风尚论、术艺论、纵横论、川菜论、书香论、庖厨论、行业说几个版块以我国悠久的文化进行了论述，并先后在成都晚报、成都日报、四川电视台、中央电视台等近100家媒体讲述川菜的历史、烹饪的文化、成都的火锅、烹饪的前景等。1985年，熊四智将"双味火锅"改名为"鸳鸯火锅"，更富有文化韵味和饮食情趣，它巧妙地将四川传统的红汤火锅和清汤火锅汇于一锅，风味别致，为中国烹饪作出了杰出贡献。

（4）烹饪理论专家陶文台　解放战争期间，陶文台就参加了革命工作。新中国成立后被选派去南京师范学院深造，毕业后返回扬州任语文老师。1983年，江苏商业专科学校率先设立中国烹饪系。从此，陶文台迈上了中国烹饪理论、学术、教学、科研之路，成果累累。

　　根据1982年到1990年江苏商业专科学校科研成果目录汇编，陶文台在全国报刊上发表各类有关烹饪的文章共97篇（册），1991—1993年，扬州大学商学院科研成果目录汇编中有33篇（册）是他的。其中：《中国烹饪史略》《中国烹饪概论》两本专著获"全国优秀科技图书奖"，参编《中国烹饪大全》获"霞飞杯"一等奖。参与多册烹饪工具书的编撰任务，如由中国商业出版社出版的《中国烹饪辞典》、烹饪古籍文献丛书、古菜点等任编委副主任，由中国大百科全书出版社出版的《中国烹饪百科全书》任编委兼分支副主编等。

　　为了挖掘古典烹饪文化中的精髓，陶文台在故宫博物院、北京图书馆等地，几个月埋头在浩瀚的古文献堆中，将深奥晦涩的冷字词、古菜名、各朝代饮食礼仪等，细心挖掘、摘抄、整理、提炼，引入教学，注入科研。他格外注重淮扬菜的研究。早在1987年就发表了《淮扬菜系与维扬菜》《扬州菜系的形成和发展》等论文，对淮扬菜系作了早期的探讨。

　　陶文台对开发"红楼菜"情有独钟，专门申请加入了"红学研究会"，以便于向红学专家请教。这其中最大的成功之处是把"红楼菜"的研究开发纳入了淮扬菜系列，处处体现淮扬菜的特色：选料以地方原料为主，讲究刀工精细，在火工上要求突出炖与焖两大特色，风味强调原汁原味，口味咸甜适中。陶文台深知自己是一介书生，不善掌勺烧菜，为此他和本地烹饪界大师薛泉生、名厨肖庆和等人多次深入探讨"红楼菜"的组合、取料、操作，每个菜的命名都反复推敲研究，有时偶得一个好的创意，不管是在走路或是在睡觉，都立即执笔记录。先后发表了《红楼梦饮食文化》《红楼梦粥考》《红楼菜单》《红楼饮食南味为主》等论文，并于1990年3月出版了《红楼梦大辞典·饮食》专著。同年在《美食》期刊发表了《江苏商专红楼菜科研见成果》。1991年2月，由陶文台主持的《红楼菜》科研项目获江苏省商业厅鉴定通过。在校领导和烹饪系的通力攻关下，学校的实验菜馆终于开发研制出了"红楼细点""红楼粥"和部分"红楼菜"并面向市场。

　　陶文台在为在校学生授课的同时，还为来自日本、美国、加拿大等国的进修同行授课，并应邀赴国外讲学，在国外刊物和《人民日报》（海外版）撰文介绍中国烹饪。

【知识链接】

当代中国饮食文化学者赵荣光

　　赵荣光（1948—），男，汉族，现居浙江。著名学者，辞赋作家，翻译家，是中国大陆饮食文化、饮食史学科的开拓人。浙江工商大学教授，中国食文化研究会副会长、认证委员会首席专家、饮食文化研究所所长，《饮食文化研究》（美国国际联盟）杂志编委会主任。

　　主要从事中国文化史教学与研究，侧重中国饮食史与饮食文化，研究工作近三十年。精通中国饮食文化、中国饮食史、中国饮食文化典籍、中国饮食民俗学、民俗学、旅游文化等专业。

本章的主要内容是介绍烹饪作业的三要素。因为烹饪作业的顺利进行，需要有最基本的条件，这就是烹饪的三大要素。烹饪三大要素包括烹饪作业的基础——设备工具、烹饪作业的对象——食品原料、烹饪的作业者——厨师。其中对设备工具的种类、功能进行扼要介绍，而对食品原料的分类也是简单叙述（详细内容可参见《烹饪原料学》），同时对厨师职业素质和古代、近代、当代著名厨师的介绍，主要是为了让从事烹饪的工作者了解我国厨师职业的发展状况。

· 延伸阅读 ·

1. 赵建民著. 中餐行政总厨管理实务. 沈阳：辽宁科学技术出版社，2003.
2. 俞为洁著. 中国食料史. 上海：上海古籍出版社，2011.
3. 周光武著. 中华烹饪史简编. 广州：科学普及出版社广东分社，1984.
4. 聂凤乔著. 中国烹饪原料大典. 青岛：青岛出版社，1995.

· 讨论与应用 ·

一、讨论题

1. 中国烹饪作业的三要素包括哪些具体内容？
2. 习惯上中国烹饪原料是如何进行分类的？
3. 调味料在中国烹饪中有什么样的作用？
4. 当代厨师的职业要求包括哪些方面？
5. 如何理解人（厨师）是中国烹饪技艺创造积累的关键因素？
6. 为什么说提高烹饪技艺必须具备大国工匠精神？

二、应用题

1. 到一间典型厨房熟悉常见的烹饪设备与工具。
2. 到一个大型农贸市场了解中国烹饪原料的供应情况。
3. 请一位当地德高望重的老厨师举行一场自己的从厨报告会，会后每人撰写一份心得体会。

第四章

CHAPTER 4

中国烹饪基本工艺

学习目标： 学习、了解、掌握中国烹饪作业的基本操作流程与工艺技术特点。中国烹饪基本工艺包括烹饪工艺流程、常见烹饪方法、调味工艺、食材处理与加工工艺以及上浆、挂糊、制汤等操作流程与技术要点。这些烹饪工艺的积累，是大国工匠精神的劳动结晶，是我国优秀的非物质文化遗产项目。

内容导引： 中国烹饪是一项技术性非常强的工作，学习、掌握中国烹饪技艺，首先要传承和具备大国工匠精神，再进一步了解中国烹饪的一些基本工艺环节，包括对一般工艺流程的规律性学习、掌握；对烹饪加工工艺的了解；对调味工艺的学习了解；对菜肴制熟工艺，也就是烹调方法的学习与掌握；以及对上浆、挂糊、制汤、初步熟处理等工艺的学习掌握。现在就让我们走进中国烹饪工艺的流程中，去学习、了解、掌握其中的奥秘所在。

第一节　中国烹饪工艺流程

中国烹饪技术是一个非常复杂的工艺过程，不仅技术较强，而且专业性也非常强，并且由于大部分工艺环节都是用手工操作的，因此，掌握起来就需要经过一定时间的专门学习和技术训练，所以不是所有的人都可以在较短的时间内就能掌握的。中国烹饪的主要技术环节包括烹饪原料的选择、原料的初步加工处理、原料的切割与配份、原料的预热处理与型坯处理、加热烹调及装盘等，这些技艺环境形成了一个完整的烹饪工艺流程。

一、烹饪工艺流程的概念

在学习和了解烹饪工艺流程之前，我们需要对其中的几个基本概念进行学习和了解。

1. 工艺的概念

一般来说，工艺是指把原料或半成品运用各种手段将其加工成为产品的方法和过程。

这是一个非常宽泛的含义，既适合于以机器为生产工具的产品生产，也适合于用手工进行的各种产品生产。菜肴的生产制作也是一个把原料加工成为成品的过程，也是一种生产工艺。

2. 流程的概念

从一般意义上来说，流程是指一个或一个系列连续有规律的运行过程，而且这些运行过程以确定的方式发生或执行，导致特定结果的实现。菜肴的生产加工也是由若干个有规律的连续作业的不同环节的运行过程，也有一个工艺流程的问题。

3. 烹饪工艺流程

我们这里所说的烹饪工艺流程，就是指菜点加工技术人员运用不同的加工工具，采取多种方式方法，对食品原料进行各种加工处理，最后制成可以供人们直接食用的成品的过程，这个系统而完整的过程就构成了烹饪生产的工艺流程。

虽然表面上看，烹饪的工艺流程只是把生的原料加工成为熟食品的过程，但在这个运行过程中是运用了若干不同的生产工具、不同的加工手段和方法、不同的加热途径等才完成的，其复杂性和工艺难度并不比一般的工业产品差。作为一个学习中国烹调技术的人员必须要明确这一点。

二、烹饪工艺流程的构成

从广义上考虑，中国烹饪工艺包括的内容相当广泛，如烹饪原料的初始加工和食品成形后的上桌等。但考虑到最基本的，我们把它限定在生产过程中直接的、核心的部分即烹饪的物质三要素和工艺流程两个方面。

1. 中国烹饪生产的物质条件

烹饪生产得以进行的第一条件就是物质条件。中国烹饪的物质条件中最主要的有三个，被称为烹饪物质三要素。它们是：烹饪生产的对象——烹饪原料；烹饪生产的手段——烹饪工具；烹饪生产的主体——烹饪人员。三个要素是一个统一的整体，缺一不可。

没有烹饪原料，"巧妇难为无米之炊"，产品就没有物质基础；没有烹饪工具，烹饪生产就失去了物质手段，也无法改变原料的形状；没有烹饪人员，所有的烹饪活动就无法进行。当然，其中最关键的要素是烹饪人员——厨师。

2. 中国烹饪生产的技术条件

中国烹饪生产即食品加工制造的技巧艺术，也就是平常所说的工艺。中国烹饪工艺分为传统烹饪工艺和现代烹饪工艺两类。中国烹饪工艺的内容，包括其生产过程中各个环节所使用的技巧方法。生产的菜肴类别不同，其具体工艺就不同。而且每一类工艺之中还包括若干具体的技巧方法，组成这一工艺的技法系统。

宏观上看，中国烹饪的工艺流程按次序包括如下几大内容，而且这几个内容如果按照生产顺序排列起来，就是烹饪工艺流程的几个阶段。主要包括：食品原料的选择阶段，原料加工阶段，加工成形的原料进行组配阶段，加热烹调阶段，成品菜肴装盘出品阶段等。

（1）食品原料的选择阶段　食品原料的选择阶段表面上看，似乎不应属于工艺范畴，但实际上它不仅与下面的几个工艺过程有着紧密的联系，而且食品原料选择过程的本身就是一项非常复杂的工艺过程，烹饪技术人员必须运用自己所掌握的丰富的技术手段，对不同的食品原料进行品质优劣的分析和鉴别。因此，食品原料的选择是菜点工艺流程中不可缺少的第一个关键环节。

（2）原料加工阶段　原料的加工阶段主要包括两个大的工序，一是原料的初步加工处理阶段，简称初加工；二是在原料初步加工的基础上进行原料的成形加工过程，简称细加工。

对原料进行初步加工的过程，主要包括对鲜活原料的宰杀处理、原料分档、洗涤净治处理，以及对干货原料的涨发处理等工艺。原料的初步加工阶段对于菜肴的质量影响是非常大的，如果不能很好地把原料进行初步加工处理，或是在加工处理过程中将原料的质量降低，那就必然会影响到最后菜肴的完成质量。因此，原料的初步加工处理是至关重要的工艺环节。现在的许多年轻厨师和初学厨师的人，对于原料的初步加工技术不够重视，甚至有的厨师上灶炒菜作业都运用自如了，但仍然不会对原料，特别是一些重要的原料进行初步加工处理，这应该是现代青年厨师的一个误区。

原料的细加工阶段，也就是原料的成形加工工艺，是最能体现厨师刀工水平的工艺过程。是厨师运用各种刀法把不同的原料根据菜肴规格的需要切割成不同的形态，如丁、丝、条、片、块、段、粒、米、泥等，以达到菜肴烹调的需要，其重要意义不言而喻。

厨师的基本功之一就是要练好运刀的技术，烹饪行业称为"刀工技术"。

（3）加工成形的原料进行组配阶段　大部分中式菜肴使用的原料，是由两种或两种以上搭配而成的，有的甚至达到十几种，这就需要在菜肴正式烹调之前，按照菜肴的原料搭配规格把它们组配起来。这个工艺过程就是中国烹饪的原料组配阶段。目前，大多数的厨房中都配有专门负责原料组配的"主配师"，与原料成形的切割岗位有了明确的分工。

（4）加热烹调阶段　烹饪工艺流程中的加热烹调阶段是菜肴完成的关键所在，也是工艺难度最大的一个环节。严格讲，这一阶段应分为两个小的工艺环节，即正式烹调前的预制阶段和正式烹调阶段。

正式烹调前的预制阶段一般是由打荷岗厨师来完成的，主要的技术包括原料的型坯处理和预热处理，特别是一些运用复合烹调方法完成的菜肴，以及一些工艺难度要求较高的菜肴，原料的型坯处理与预热处理是非常关键的工艺环节。

正式烹调阶段的工作是站灶厨师完成的。加热烹调阶段的工艺难度是整个烹饪工艺流程中最高的，它不仅要求有较高的掌握运勺（或炒锅）的功夫，而且尤其要有熟练运用火候、准确调味的种种技术能力。一个菜肴成功与否，加热烹调是关键的一环，也是菜品成熟的最后一道工序。

（5）成品菜肴装盘出品阶段　一个完整产品的最后工序就是包装，对于菜肴的出品来说，它的最后一道工序就是装盘。不同的菜肴有不同的装盘要求，不同的菜肴有不同的盛器与之相配合。所以，菜肴的装盘也不是随随便便就可以应付的，它有着较高的装盘艺术要求。操作人员必须根据具体菜品的装盘要求来完成成品菜肴装盘出品阶段的工艺过程。

三、烹饪工艺流程示意图及其作用

如果我们把中国烹饪工艺的流程用一个示意图表示出来，就会直观、清楚、全面地把烹饪工艺的工艺内容与流程顺序展示出来。

1．烹饪工艺流程示意图

把能够展示系统、全面表现中国烹饪工艺流程的简单图示叫作烹饪工艺流程示意图，如图4-1所示。

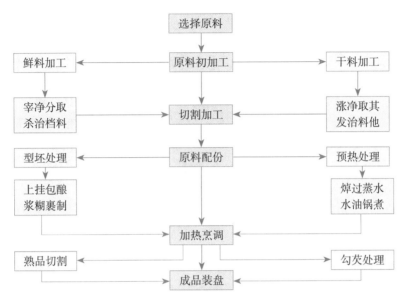

图4-1　中国烹饪工艺流程示意图

2．烹饪工艺流程示意图的作用

（1）揭示中国烹调技术的一般规律　中国菜肴的烹调方法很多，不同的烹调方法之间都有一定的差异，但如果把这些烹调方法归结起来，从中找出它们的共性与规律性，对于我们了解中国烹饪技术的内涵具有重要的指导意义。中国烹饪工艺流程示意图，就是通过一个简单、清楚、直观、明了的示意图，把中国烹调技术的一般性规律揭示出来。也就是说，在这个示意图中，虽然没有表述具体的烹调方法，但无论哪一种烹调方法从工艺流程的角度上看，都包含在烹饪工艺流程示意图中了。

烹饪工艺流程示意图中的每一个技术环节也不是说每一种烹调方法都能用到，可能有的烹调方法只用到了其中的几个环节，但在工艺流程的顺序结构上都是一致的。因而，中国烹饪工艺流程示意图揭示的是中国烹调技术的一般规律，它适合于一切烹调方法。

（2）揭示烹饪工艺流程中各技术环节之间的相互关系　任何一个生产工艺流程都是从原料——加工——出品的流向运行的，菜肴的加工制作也是如此。加工烹制一个菜品，也有不同工艺环节上的先后顺序、相互关系、制约体系等，中国烹饪工艺流程示意图也体现了这一点。只要掌握了中国烹饪工艺流程示意图，就可以从中了解到上一个环节与下一个环节的顺序关系以及同一环节中不同技术要点的关键所在。了解了这样的关系所在，对于菜肴生产、出品质量的控制具有特别重要的意义。

（3）能够使人更加全面地掌握中国烹饪技术　学习烹调技术需要循序渐进，菜肴需要一个一个地学习、练习，烹调方法需要一个一个地慢慢掌握。但有时学了几年，甚至十几年，也掌握了几十，甚至数百个菜肴的烹制，但对于中国烹饪的系统知识和全部内容仍然不甚了解，其原因就在于没有能够从中国烹饪完整体系的高度对其加以总结。中国烹饪工艺流程示意图则是从中国烹饪完整体系的角度进行了高度的总结，这对于全面、系统地学习、掌握烹饪技术具有重要的指导意义。

（4）有助于烹饪的生产管理　在厨房生产中，完成一个菜肴的制作，是需要若干人在不同的工艺环节中从事不同的技术作业实现的，如果某一两个环节之间出现脱节，就会影响到菜肴的出品，这就需要烹饪生产管理人员对烹饪工艺流程的运行进行管理。如果管理人员不了解整个烹饪工艺流程，不熟悉烹饪工艺流程各环节之间的关系，就不能实施有效的菜肴生产管理。中国烹饪工艺示意图可以帮助管理人员对整个工艺流程进行分析，找出问题，并解决问题。而且，这一方面对于现在的大型厨房的生产管理尤其重要。现在的大型厨房，技艺流程严谨、岗位分工细、人员组成繁杂、质量规格高，因此给厨房的生产管理带来了一定的难度。熟悉中国烹饪工艺流程图，对于全面了解厨房的各个生产环节具有重要的意义。

【知识链接】

面点工艺流程

中式面点是中国烹饪的重要组成部分之一。中国面点加工过程虽然与菜肴的烹饪加工有异曲同工的特点，但在实际运用中还是有很大区别的。如果从主干工艺环节上看还是基本相同的，中式面点工艺流程包括：原料的选择、原料的加工调制、成形方法与手段、成熟方法与装盘。

如果用烹饪工艺流程图的方式表示出来，就可以展示出各个工艺环节中的不同之处。同样，面点工艺流程示意图对于学习中式面点技术的人员来说，同样具有重要的指导意义。中式面点工艺如图4-2所示。

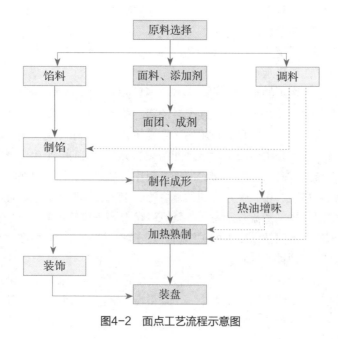

图4-2　面点工艺流程示意图

第二节　烹饪基本加工工艺

所谓烹饪基本加工工艺，行业中又称为"基本功"。由于烹饪工作具有较强的技术性与专业性特点，而且其技术性又是建立在用手操作的能力之上。用手操作的能力，需要以基本的操作动作与要领为前提，因此厨师必须对一些必要的基本功进行学习和反复练习，达到熟能生巧的程度，才可以进一步地技术学习和训练。

一、刀工工艺

1. 刀工的意义

刀工，就是根据烹调和菜肴质量的基本要求，运用不同的刀法把经过初步加工整理的烹饪原料加工成一定形状的操作过程。刀工是菜肴制作过程中不可缺少的一道工序，是保证菜肴烹调质量的一个关键环节。因此，刀工就成为所有烹调师的基本功之一，它是衡量厨师基本功是否扎实的重要指标。

经过刀工处理的烹饪原料，对于菜肴的烹调与食用都具有重要的作用。主要表现在便于食用、便于加热烹制、便于食物原料入味、能美化菜肴的形态等。

刀工，是一项技术很强，又富有较高艺术性的技术环节，它不仅决定菜肴的外形，而且还直接关系到菜肴的整体质量，是有效实施多种烹调方法的基本保证。

2. 刀工操作的基本要领

正确的操作姿势，是保证顺利进行刀工操作的基础。刀工操作的一般姿势是：两脚呈丁字步站稳，上身略向倾，身体自然放松，身体与菜墩保持在10厘米左右的距离。操作时，千万不要弯腰曲背，也不能在运刀时左顾右盼，心不在焉。

3. 常见刀法

刀法，就是刀工技法，是将烹饪原料加工成不同形状时所用的运刀方法。运刀方法一般包括常用的基本刀法和特殊刀法。首先，常用的基本刀法有直刀法、平刀法、斜刀法等。

（1）直刀法　直刀法就是操作时刀与菜墩垂直的一种刀法，根据运刀形式及用力的大小又可分为切、劈、斩三种。

（2）平刀法　平刀法是操作时刀与菜墩保持平行的运刀方法。这是一种比较精细的刀工，此种刀法可将原料加工成薄而均匀的片状，多适合于无骨的动物性原料和韧性的原料。具体运用时，包括平刀片、推刀片、拉刀片和抖刀片四种。

（3）斜刀法　也称片刀法，运刀时刀与菜墩成一定锐角的刀法，有正片、反片、斜片三种。

其次，特殊刀法：在烹饪原料的切割中，有时还要运用一些特殊的处理方法，对原料进行加工和切制，常见的有剔、剖、批、刮、戳、捶、削、剜、旋、拍等。

二、勺工工艺

烹饪菜肴是厨师操勺临灶完成的，也称为临灶操作，是菜肴烹调的基本操作技术之一。

它包括灶前的基本姿势和操勺基本动作两个方面。临灶操勺的姿势和动作正确与否，不仅关系到作业人员的体力消耗，而且影响到工作效率。所以每一个厨师都必须讲究临灶操作姿态和基本动作。

1. 临灶姿势

厨师临灶操勺作业时，应当是双脚叉开，挺胸收腹，自然放松，思想集中，目光随时注意锅中菜肴变化，手和眼紧密配合，具体要求如下。

（1）面向炉灶站立时，身体应与灶台保持一定的距离，大约10厘米。

（2）身体应挺直、自然，即所谓挺胸收腹，不能弯腰曲背；也不要故作姿态，要自然放松站立。

（3）两脚叉开站稳，叉开的距离根据各人条件而定，一般与双肩的宽度大致相等，约40～50厘米。

2. 操勺基本动作

临灶操勺的基本动作包括灶前的准备工作和翻锅。翻锅，也叫翻勺，因菜肴的色、香、味、形与翻锅有着密切的关系。尤其是讲究形态整齐的菜肴，如"红烧肚膛""扒三白"等，翻锅起着关键作用。翻锅动作的基本要求如下。

（1）要做到握锅姿势正确　一般是以左手握锅，手心朝右向上，贴住锅柄，拇指放在锅柄上面，然后握住锅柄，握力要适中，不要过分用力，以握住、握牢、握狠为准。这样握便于在翻锅过程充分发挥腕力和臂力的作用，达到翻锅的灵活与准确。再用右手握住手勺，握时要右手的中指、无名指、小指和手掌握住手勺柄的顶端，起勾拉作用；食指前伸，贴在手勺的上面，拇指按住手勺柄的左侧，拿住锅子。在烹调过程中，握炒锅和手勺的两只手要相互配合。

（2）掌握翻锅方法、翻锅技术的好坏对菜品质量关系重大　翻锅的方法很多，大致可分为小翻和大翻两类。

①小翻：特点是左手握住炒锅，不断向上颠动，使锅内菜肴松动、移位，达到加热均匀、调料入味、芡汁包裹均匀的目的。菜肴颠动时，要离开锅底，但不能超出锅口，即在锅内滚动，因此操作动作较小，菜肴翻动的幅度也较小，故称为小翻。

小翻锅主要是靠腕力的作用，前推后拉，要求动作敏捷而又协调，干净利落。小翻适用于炒、爆、烹一类菜肴。在左手翻锅的过程中右手持手勺要给以密切配合，一方面要及时持勺调味和勾芡使菜肴均匀入味和上芡；另一方面要协助翻动，使菜肴的受热、调味更加充分、均匀；还要推动菜肴助翻，在菜肴数量较大的情况下，翻锅不易颠或滚动不匀时，用右手持勺推动菜肴，使之全部翻转。

②大翻：大翻不仅用腕力，还要运用臂力，使锅中的菜肴腾空而起，超出锅口，菜肴全部来个大翻个的翻锅方法。大翻技术难度较大，要求也较高，不仅菜肴要翻过，还要翻得整齐、美观，翻前是什么样、翻个后仍要保持原样；大翻分前翻、后翻、左翻、右翻，是按翻锅动作的方向区别的，其基本动作一样。

大翻锅的幅度大，由拉、送、扬、接4个动作一环扣一环地连续进行，相互密切配合，是翻锅中要求高，难度大的操作。大翻锅除翻的动作要求敏捷、准确、协调、衔接以外，还要做到：炒锅光滑不涩，锅面保持光滑明亮。最好用"晃锅"的方法，把锅内菜肴转动一下，防止粘底，勾芡后再淋入少许热油，增强润滑度，最后一个重要环节是出锅装盘，尤其是讲究造型的大翻锅，出锅装盘必须保持整齐、美观的原形。不同类型的菜肴，出锅方法也各不相同，如拖入、盛入、扣入、扒入、倒入、覆盖等。大翻锅的菜品一般应用倒入法和拖入法。即菜肴在锅内翻个成熟后，再略转动几下，使锅内菜肴均匀地拖入盘内，以保持原形。这种出锅法的要点是，锅与盘的角度要合适，不宜太高，动作要迅速、敏捷、干净利落。

小翻出锅的方法，是先将部分菜肴颠入手勺，再将其余菜肴盛入盘内。

三、调味工艺

1．调味与味型

所谓调味，简而言之，就是调和滋味，作用于人的味觉。所谓味觉，是某种呈味物质刺激人的味觉细胞所引起的特殊感觉。具体地说，调味就是用各种调味品和调味手段，在原料加热前或加热过程中、加热过程后影响原料、使菜肴具有多样口味和风味特色的一种方法。调味在烹调技艺中处于关键的地位，是决定菜肴风味质量最主要的因素。

味可分为化学的、物理的、心理的三种。化学的味是滋味之味；物理的味是质感之味；心理的味是美感之味。烹饪中的调味工艺主要研究化学的味，化学的味是某种物质刺激味蕾所引起的感觉，也就是滋味。它可分为相对单一味，也称为基本味（咸、甜、酸、辣、苦等）和复合味两大类。复合味就是两种或两种以上的味混合而成的滋味，如酸甜、麻辣等。基本味一般有如下几种。

①咸味：咸味是调味中的基本味，大部分菜肴都要先有一些咸味，然后再调和其他的味。例如糖醋类的菜是酸甜口味，但也要先放一些盐，如果不加盐，完全用糖加醋来调味，反而变成怪味，甚至做甜的点心时，往往也要先加一点盐，既解腻又好吃。

②甜味：甜味在调味中的作用仅次于咸味，尤其在我国南方，它也是菜肴中一种主要的滋味。甜味可增加菜肴的鲜味，并有特殊的调和滋味的作用，如缓和辣味的刺激感、增加咸味的鲜醇等。呈甜味的调味品有各种糖类（如白糖、冰糖等），还有蜂蜜等。

③酸味：酸味在调味中也很重要，是很多菜肴所不可缺少的味道。由于酸具有较强的去腥解腻作用，所以烹制禽、畜的内脏和各种水产品时尤为必需。酸味的调味品主要有红醋、白醋，还有酸梅、番茄酱、鲜柠檬汁、山楂酱等。

④辣味：辣味具有强烈的刺激性和独特的芳香，除可除腥解腻外，还具有增进食欲，帮助消化的作用。呈辣味的调味品有辣椒糊（酱）、辣椒粉、胡椒粉、姜、芥末等。

⑤苦味：苦味是一种特殊的味道，除有消除异味的作用外，在菜肴中略微调入一些带有苦味的调味品，可形成清香爽口的特殊风味。苦味主要来自各种药材和香料，如苦杏仁、柚皮、陈皮等。

⑥鲜味：鲜味可使菜肴鲜美可口，其来源主要是原料本身所含有的氨基酸等物质。呈鲜味的调味品主要是味精、鸡精等，传统的鲜味主要来自于高汤等。

⑦香味：应用在调味中的香味是复杂多样的，其作用是可使菜肴具有芳香气味，刺激食欲，还可去腥解腻。可以形成香味的调味品有酒、葱、蒜、香菜、桂皮、大茴香、花椒、五香粉、芝麻、芝麻酱、芝麻油、香糟等。

烹饪的成品菜肴都是复合的味，在菜肴的烹制过程中可以使用一些成品的复合调味品，但更多的还是厨师运用各种单一味的调味品，经过艺术调和后使菜肴达到美味可口的目的。所以调制的复合味是否适口、有新意，是否符合标准，是衡量一个厨师烹调手艺高低的标尺。

2．调味的基本方式

中国烹饪传统的调味方式，从工艺流程来看，是根据不同的加工时间段进行总结的，大致包括如下三种方式。

（1）原料加热前的调味　调味的第一种方式是原料加热前的调味，可称为基本调味。其主要目的是使原料先有一个基本滋味，并解除一些腥膻的气味。具体方法就是用盐、酱油、黄酒或糖等调味品把原料调拌一下或浸渍一下，例如鱼在烹制以前，往往要用盐或酱油浸渍一下；用于炸、熘、爆、炒的原料往往要结合挂糊上浆加入一些调味品；用蒸的方法制作的菜肴，其原料事先也要进行调味腌渍。

（2）原料加热过程中的调味　调味的第二种方式是在原料加热过程中的调味，即加热过程的适当时候，将调味品投入。这是具有决定性的定型调味，大部分菜肴的口味都是在这一调味阶段完成的。有些用旺火短时间快速烹调的菜肴，往往还需要先把一些调味品进行"兑汁"（也叫"预备调汁"），以便在烹制时迅速加入。

（3）原料加热后的调味　调味的第三种方式是原料加热后的调味，可称为辅助调味。通过这一阶段的调味，可以增加菜肴的滋味。这适用于在加热过程中不能进行调味的某些烹调方法，如用来炸、蒸的原料，虽都经过基本调味的阶段，但由于在加热过程中不能调味，所以往往要在菜肴制成后，加上调味品或随调味品上桌，以补基本调味的不足。例如炸菜往往需佐以番茄汁、辣酱油或花椒盐等。至于涮菜，在加热前及加热过程中均不能进行调味，必须在加热后进行调味。

3．调味的基本原则

调味有一些基本的原则，是烹调者必须遵守的，包括如下四个方面。

（1）下料必须恰当、适时　在调味时，所用的调味品和每一种调味品的用量，必须恰当。为此，厨师应当了解所烹制的菜肴的正确口味，应当分清复合味中各种味道的主次，例如有些菜以酸甜为主，其他为辅；有些菜以麻辣为主，其他为辅。这些都是下料恰当的前提。尤其重要的是，厨师应当操作熟练，下料准确而适时，并且力求下料规格化、标准化，做到同一菜肴不论重复制作多少次，调味都能保持不变的水准与一样的风格。

（2）严格按照一定的规格调味　我国的烹制技艺经过长期的发展，已经形成了具有各地风味特色的地方菜。在烹调菜肴时，必须按照地方菜种的不同规格要求进行调味，以保持菜肴一定的风味特色，必须防止随心所欲地进行调味。当然，这并不是反对在保持和发扬风味特色的前提下进行发展创新。

（3）根据季节适当调节菜肴的口味变化　不同的季节，人们对口味的要求有所不同，在天气炎热的时候，人们往往喜欢口味比较清淡、颜色较淡的菜肴；然而，在寒冷的季节，则喜欢口味比较浓厚、颜色较深的菜肴。在调味时，可以在保持风味特色的前提下，根据季节变化，适当灵活掌握。

（4）根据原料的不同性质掌握好调味　①新鲜的原料，应突出原料本身的美味，而不宜为调味品的滋味所掩盖。例如新鲜的鸡、鸭、鱼、虾、蔬菜等，调味均不宜太重，也就是不宜太咸、太甜、太酸或太辣。因为这些原料本身都有很鲜美的滋味，人们吃这些菜肴，主要也就是要吃它的本身的滋味。如果调味太重，反而失去了原料本身的鲜美滋味。②带有腥膻气味的原料，要酌加去腥解腻的调味品。例如牛羊肉、动物内脏和某些水产品，都带有一些腥膻气味，在调味时就应根据菜肴的具体情况，酌加酒、醋、葱、姜或糖等调味品，以解除其腥膻气味。③本身无显著滋味的原料，要适当增加滋味。例如鱼、海参、燕窝等，本身都是没有什么滋味的，调味时必须加入鲜汤，以补其鲜味的不足。

4．常见复合味型及其调制

菜肴的调味一般来说是由三部分组成的：一是原料本味；二是经火候处理给原料带来的特殊质感；三是调味之味。调味之味最显风采。在实际的烹调中，调味的应用主要是加热前的腌渍浆料调味（基本调味）及加热中的主体调味和加热后的补充调味。不同的菜肴虽然味型可能不同，但调味的合成却有共通之处。尤其是在现代烹饪调味的科学原理的指导下，不仅要注重用料配方，以求质量稳定，还要运用味与味之间的科学原理，巧妙地运用调味品，使之达到调出美味的目的。而近几年来，烹饪界的所谓"大兑汁"更是大行其道。所谓"大兑汁"就是将各种固定的味型事先大量调制好，烹饪时零星使用。下面介绍一些常见的味型及其汁料的调制方法。

（1）鱼香味型　鱼香味型是由精盐、酱油、白糖、醋、泡红辣椒等调制而成。此味型的特点是咸甜酸辣适口，葱、姜、蒜味突出。

（2）荔枝味型　荔枝味型由精盐、酱油、白糖、醋、葱、姜、蒜组成，精盐、白糖、醋的重量比例一般为1：3：1.5，其中葱、姜、蒜仅取其香味，用量不宜过重。

（3）家常味型　家常味型由精盐、酱油、醋、豆瓣酱、胡椒、麻油、青蒜、泡红辣椒、甜面酱、豆豉等组成。家常味以咸鲜微辣，回味略甜为特点。

（4）麻辣味型　麻辣味型由精盐、辣椒（郫县豆瓣、干辣椒、红油辣椒、辣椒面等任选）、花椒粒（或面）、葱、麻油等组成，有的还略加白糖、醪糟等。此味型以咸、辣、麻、香为特色，含盐量较重，约为2%，糖的施加量，以提鲜为目的，不宜多。

（5）怪味型　怪味型由精盐、酱油、辣椒油、花椒末、白糖、醋、芝麻面、麻油、姜末、蒜末、葱花等调制而成。盐、糖、醋的重量比例一般为1：2：2.5，其中咸味由盐和酱油合成。其实怪味并不怪，只是酸、甜、辣、咸、鲜、麻、香各味皆有，盐、糖、醋的比例和谐而已。

（6）红油味型　红油味型是由精盐、酱油、辣椒油、白糖、麻油调制而成，有的还要加些蒜泥。精盐、白糖的重量比例为1：0.5，其中酱油的量已折合成盐量。该味型以咸、辣、香、鲜为特点，其中鲜味主要由原料的本鲜，佐以糖提鲜构成。其中辣味要比麻辣味型为轻，甜味可以比家常味略重一些。

（7）酸辣味型　酸辣味型主要由精盐、醋、胡椒、泡菜、辣椒油等调制而成。精盐、醋的重量比例一般为1：1.5。其中辣味只起辅助调味作用，所以此味型特点为咸鲜、酸辣味浓。

（8）煳辣味　煳辣味是由精盐、酱油、醋、白糖、干红辣椒、花椒、葱、姜、蒜组成。盐（包括酱油）、糖、醋的重量比例一般为1：2：2。此味型的特点是在荔枝味型的基础上，加上干红辣椒（辣）、花椒（麻）而成。烹调开始时，要以热底油将干辣椒节、花椒粒炸出香味为好。

（9）陈皮味型　陈皮味型是由陈皮、精盐、酱、醋、糖、醪糟汁、花椒、干辣椒节、葱、姜、辣椒油、麻油调制而成。其中糖的分量仅为提鲜，盐（包括酱油折合的盐）、糖的比例为1∶0.3。醋的分量与糖的用量相当。陈皮的用量不宜过多，以免苦味突出。此味型的特点是陈皮芳香，咸鲜麻辣味厚。

（10）姜汁味型　姜汁味型由精盐、酱油、醋、姜汁、麻油组成。此味型的风味要突出姜、醋，特点为咸鲜辛辣，有浓郁的姜香味。其中盐（包括酱油折合成盐）、醋、姜（或姜汁）的重量比例一般为1∶5∶10。

（11）蒜泥味型　蒜泥味型是由大蒜泥、酱油、辣椒油、麻油调制而成。本味型的特点是咸鲜微辣，蒜香味浓。

（12）酱爆味型　酱爆味型由黄酱（甜面酱）、白糖、植物油、姜末组合而成。黄酱、白糖、油、姜末的重量比例一般为10∶2∶1.6∶1。此味型对油脂与酱的比例有所规定，若油多酱少，则调料汁包不住菜料，油少酱多则易煳锅。糖不可下得过早，要在主料将熟时放糖，这样甜鲜味和光泽均好。此味型特点是咸甜香味浓。

（13）葱香味型　葱香味型由熟大葱、精盐、酱油、鲜汤、香菜组成。根据烹调方法的不同，有葱扒（还须加鲜汤）、葱爆（还须加少许醋、胡椒粉、香油）、葱烧（还须加糖）等。其中葱扒与葱烧的用葱量为主料的1/5，葱爆的用葱量为主料的2/5～4/5。此味型的特点为咸鲜，葱香味突出。

（14）蒜香味型　蒜香味型是由精盐、酱油、熟蒜为主要调料组成，根据菜肴的需要还可以加胡椒粉、白糖、葱、姜、鲜汤等。蒜可以为蒜末或蒜瓣，用底油炒香后，再加主料和其他调料制成熟蒜。蒜的用量为主料的1/10。此味型的特点为咸鲜，蒜香味浓。

（15）咖喱油（油咖喱）　使用的主要原料有咖喱粉750克，花生油500克，洋葱末250克，姜末250克，蒜泥175克，香叶5片，胡椒粉和干辣椒少许。先把油放置锅中烧热，将洋葱末和姜末投入，炒成深黄色，再加入蒜泥和咖喱粉，炒透后加入香叶，即成为香辣可口且无药味的咖喱油。

（16）芥末糊　调制芥末糊的原料有芥末粉50克，水（温开水）40克，醋25克，植物油12克，白糖少许。先将芥末粉用温开水和醋调拌，再加入植物油和白糖，调拌均匀。因白糖、醋能除去苦味，油能增加香味，所以调好后即成为香辣味突出而无苦味的芥末糊。芥末糊调好后，必须静置半小时左右，才能充分除去苦味和突出香辣味，故须事先制备。如要临时制用，可将芥末糊稍蒸几分钟，也可达到同样要求。

🔗【知识链接】

糖醋汁的制作方法

糖醋汁是烹饪中（包括家庭烹饪）常用的调味汁料之一，但各地的制作过程和配料上有不同的特色。

（1）广东菜风味糖醋汁　原料有红曲米250克，白砂糖10.5千克，白醋4千克，精制盐450克，辣酱油300克，冰糖山楂片500克，番茄沙司2瓶，大蒜泥25克，圆葱片50克，香葱段25克，芹菜段50克，生姜15克，胡萝卜片50克，花生油50克。制法是将红曲米包在布袋里，烧成10千克红米水；花生油入锅下大蒜、圆葱、葱姜、芹菜、胡萝卜炒香；注入红米水烧出香味后，用布滤去渣，再加白砂糖、精盐、番茄沙司、冰糖山楂片、辣酱油烧开至白砂糖完全溶化，端锅离火，再加白醋搅匀即可。

（2）北京、江苏风味糖醋汁　原料是植物油约50克，米醋50克，白糖60克，红酱油20克，葱、姜、蒜末各少许，水100克。先将油下锅烧热，然后下葱、姜、蒜末炒一下，使香味透出；再下水、红酱油、白糖、米醋等，烧沸即成。

第三节　烹调方法

菜肴的烹调方法，近来也有些教材叫作熟制工艺。但熟制工艺中只有成熟的技艺而缺少调味的技艺。实际上，无论是热菜还是凉菜的制作，都需要一个加热、调味的制熟过程。

一、常见热菜烹调方法

烹调方法就是把经过初步加工和切配成形的原料，通过加热和调味，制成不同风味菜肴的操作过程。我国菜肴品种虽多至数千上万种，但就其菜肴的加热途径、制作特点、形态及风味特色而言，归结起来有三四十种基本的烹调方法。常用的有炸、炒、熘、爆、烹、炖、焖、煨、烧、扒、煮、汆、烩、煎、贴、煽、蒸、烤、涮等。

在常用的烹调中，有的加热时间较长，有的则较短（几乎转瞬即成），也有的加热时间长短适中等。有的烹饪方法是以油为主要的传导媒介进行的，有的则是用水，也有的是用蒸汽等为传热媒介进行的。下面就以导热媒介为依据分类，介绍菜肴制作常用的烹调方法。

1．以油为导热体的烹调方法

以油为主要导热体的烹调方法包括炒、炸、爆、熘、煎、贴、煽、烹、拔丝、挂霜等多种，它们的主要特征是在菜肴的加热烹制中是油为主要的传热媒介的。由于油在短时间内可以产生较高的温度，因而烹调时间都比较短，有的在瞬间就可以完成。

（1）炒　炒是将切配后的丁、丝、片、条、粒等小型原料，用中油量或少油量，以旺火快速烹调方法成菜。根据工艺特点和成菜风味，炒的烹调方法又可分为许多种，主要的有滑炒、软炒、生炒、熟炒四种。其中，滑炒是采用动物性原料做主料，加工切配成丁、丝、片、条、粒和花形的原料，再经上浆，在旺火上以中油量滑油，然后另起小油锅加调味料，用旺火急速翻拌，最后用兑汁或勾芡成菜的工艺过程，如滑炒肉丝、滑炒鸡丝等。

（2）爆　爆是指将原料剞成花形，先经沸水稍烫或油划、油炸后，直接在旺火热油中快速烹制成菜的工艺过程。爆的菜肴具有形状美观、脆嫩清爽，亮油包汁的特点。适宜于爆的原料多为具有韧性和脆性的水产品和动物肉类及其内脏类原料。爆可分为油爆、葱爆、酱爆、芫爆、汤爆等数种，它们的原料、刀工和制作方法基本相同，只是所用的主要辅料或调味料有所区别，如油爆肚仁、油爆海螺片等。

（3）炸　炸是将经过加工处理的原料，放入大油量的热油锅中加热使其成熟的一种烹调方法。炸的特点是火力旺，用油量多。炸的应用范围很广，既是一种能单独成菜的方法，又能配合其他烹调方法共同成菜。用于炸的原料在加热前，一般须用调味品浸渍，有些菜肴在加热后，往往还要随带辅料性调味品。炸可分为清炸、酥炸、软炸、干炸、卷包炸等几种，菜肴的成品特点是香、酥、脆、嫩。

（4）烹　烹是将新鲜细嫩的原料切成条、片、块等形状，调味腌渍后，经挂糊或不挂糊，用中火温油炸至呈金黄色捞出，另起小油锅投入主辅料，再加入兑好的调味汁，翻匀入味成菜的工艺过程。烹的特点是"逢烹必炸"，即菜肴原料必须经过油炸（或油煎），然后再烹入事前兑好的不加淀粉的调味汁。烹适用的原料为新鲜易熟、质地细嫩的动物性肉类，尤其适合于海产类的烹制，如烹虾段、烹带鱼段等。

（5）熘　熘是将切配后的丝、丁、块等小型或整形原料，经划油、油炸、蒸或煮的方法加热成熟，再用芡汁粘裹或浇淋成菜的一种烹调方法。熘的菜肴一般芡汁较宽。熘因操作方法和技巧上的不同，可分为炸熘、滑熘、软熘。炸熘又叫脆熘、焦熘、烧熘等，是将切配成形的原料，经腌渍入味，再挂糊、拍粉或不挂糊先蒸至软烂，然后放入热油锅内炸至外香脆酥松，内鲜嫩熟软，最后浇淋或粘裹芡汁成菜的工艺过程。常见如炸熘鱼条、焦熘肉片等。

（6）煎　是以少量油加入锅内，放入经加工处理成泥、粒状原料制成的饼，或挂糊的片形等半成品原料，用小火两面煎熟的工艺过程。常见如椒盐鸡饼、南煎丸子等。

（7）贴　是一种特殊的烹调方法，是将两种以上的新鲜、细嫩原料，经加工成片或蓉（蓉状原料调味后叠粘在一起）等形状，用肥膘肉垫底，挂薄浆，以净锅适量油小火，把肉膘朝下放入锅内，加热定型，再烹入酒和适量清水焖至成熟的烹调方法。贴的烹调方法一般在菜肴制作中应用较少，因其加工操作较为繁琐又不宜大量制作。贴的代表菜例有锅贴鱼、锅贴虾仁、锅贴鸡、锅贴飞龙等。贴的方法也可将原料加工粘叠后以汽蒸的方法先行加热成熟，再以肥膘沾干粉拖蛋糊进行油煎成菜。

（8）煿　是将加工切配的原料，挂糊后放入锅内煎至两面金黄起酥，另起小油锅加入调味品及少量清汤，用小火煨透收浓汤汁，或经勾芡成菜的工艺过程，如锅煿豆腐、拖煿黄鱼等。

（9）挂霜　是将经过初步熟处理（油炸）的半成品，粘裹上一层由白糖经熬制再冷却而成的白霜或撒上一层糖粉成菜的工艺过程。挂霜的烹调方法适用于核桃仁、花生仁、银杏、鸡蛋、香蕉、苹果、雪梨、猪肥肉、排骨等原料，如挂霜丸子、酥白肉等。

（10）拔丝　是把经油炸熟的半成品，放入由白糖熬制成的糖液中粘裹而成菜的工艺过程。因成菜后，若将其中几块相互粘结的菜肴拉开，就会拔出糖丝，故名拔丝。拔丝菜肴在家宴中用得较广，尤其是喜庆宴席，拔丝菜多为必备之品。适用于拔丝的原料主要是水果和根茎类蔬菜，如香蕉、苹果、山楂、橘子、梨、山药、土豆、白薯等。成菜具有色泽金黄、明亮晶莹、外脆里嫩、口味香甜等特点。常见如拔丝香蕉、拔丝山药等。

2. 以水为导热体的烹调方法

以水为菜肴烹饪时热量传导体的烹调方法主要有烧、扒、焖、炖、煨、煮、烩、汆、涮、熬等，是烹饪中运用极为广泛的烹调方法。因为水加热时的最高温度只有100℃，烹饪原料在受热时是逐级由外到内成熟的。因而，用水为传热媒介的烹调方法一般需要较长的加热时间，其中有的烹调方法甚至需要几个小时，乃至十几个小时。成菜则具有软滑、酥烂等特点。

（1）烧　是将半成熟的原料，在加入适量的汤汁和调味品后，先用旺火烧沸，再用中火或小火加热至汤汁浓稠入味成菜的工艺过程。按工艺特点和成菜风味，烧可为分红烧、白烧、干烧、酱烧、葱烧等多种。红烧是将切配后的原料，经过焯水、炸、煎、炒、煸、蒸等（任一种）方法制成半成品，然后放入锅内，加入鲜汤旺火烧沸，撇去浮沫，再加入调味品、糖色等，改用中火或小火加热至熟软汁稠，勾芡（或不勾芡）收汁成菜的工艺过程。常见如红烧鱼、红烧牛肉等。

（2）扒　是将初步熟处理的原料，经切配后整齐地叠码在盘内成形，然后堆放入锅加入汤汁和调味品，用中火烧透入味，最后勾芡收汁大翻勺，并保持原形装盘成菜的工艺过程。成菜具有选料精细，讲究切配造型，原形原样，不散不乱，略带卤汁，鲜香味醇的特点。扒制菜肴所用的多为一些经过加工的高档原料，如鱼翅、海参、鱼肚及蔬、菌等类原料。扒的方法，根据其色泽可分为红扒、白扒，烹调技巧完全相同，只是红扒用有色调味料，白扒用无色调味料。从形态上讲，可分为整扒、散扒，整扒为整形不改刀的原料，散扒是切配成小型原料摆码齐形。从烹调方式上又有锅内扒（也叫烧扒）和锅外扒（即蒸扒）等，如海米扒油菜、白扒鱼肚等。

（3）焖　凡是经过炸、煸、煎、炒、焯水等初步熟处理的原料，掺入汤汁用旺火烧沸，撇去浮沫，再放入调味品加盖用小火或中火慢慢加热，使之成熟并收汁至浓稠的成菜工艺过程。适合焖的原料，主要有鸡、鸭、鹅、兔、猪肉、鱼、蘑菇、鲜笋、蔬菜等。焖的烹调方法按色泽和调味的区别，细分有油焖、黄焖、红焖等三种，但操作程序和技巧都大同小异，如蚝油焖鸭、黄焖舌尾等。

（4）炖　是把经过加工处理的大块或整形原料，放入炖锅或其他陶器中，加足水，用旺火烧开，再用小火加热至熟软酥烂的工艺过程。成菜特点是汤多味鲜，原汁原味，形态完整，软熟不碎烂，滋味醇厚，如清炖牛肉、烂炖肘子等。

🔗【知识链接】

焖与炖的区别

焖和炖是两种在操作技巧上极为相似的烹调方法，具体操作中往往容易混淆，为了学习中分别掌握，现将两者的区别介绍如下。

①焖一般要进行初步熟处理，而炖则不经熟处理直接加水炖制。

②焖要先加调味品，且调味品多为有色的；炖则是制熟后才加调味品的，而且一般不使用有色的调味品。

③焖制成菜一般要用湿淀粉勾芡，而炖不需勾芡。

④焖菜的炊具没有特殊要求，一般家庭锅具均可，而炖则要求使用专用炖锅、炖盅或陶瓷器皿为好。

（5）煨　是将经过炸、煸、炒、焯水等初步熟处理的原料，加入汤汁用旺火烧沸，撇去浮沫，放入调味品加盖，用小火或微火长时间加热，使其熟烂成菜的工艺过程，如甲鱼汤、坛子肉等。

（6）煮　是将原料（或经过初步熟处理的半成品）切配后放入多量的汤汁中，先用旺火烧沸，再用中火或小火加热，然后经调味制成菜肴的工艺过程。煮制的方法适应面较广，家庭中尤其常用。鱼类、猪肉、豆制品、水果、蔬菜等原料都适合煮制菜肴。成菜特点是保持原形，汤宽汁浓，汤菜合一，清鲜爽利，原汁原味，如盐水大虾、水煮肉片等。

（7）烩　是将多种易熟或经初步熟处理的小型原料，一起放锅内，加入鲜汤、调味料用中火加热烧沸后，再用湿淀粉勾成汁宽芡浓的成菜工艺过程。成菜具有原料多种，汁宽芡厚，色泽鲜艳，菜汁合一，清鲜香浓，滑润爽口等特点，如烩四宝、烩鸭舌掌等。

（8）氽　是以新鲜质嫩、细小、薄而易熟的原料，入沸汤水中旺火短时间加热断生，再以多量汤汁调味烧沸，混合成菜的烹调方法。氽的加热时间极短，原料在滚沸汤水中迅速断生即成，汤汁只调味，不勾芡。有的氽菜可根据原料及成菜特点，运用相适应的氽水加热方法成菜。氽的代表菜例如凤凰氽牡丹、三鲜汤、莼菜鱼丝汤、氽鲫鱼萝卜丝汤、翡翠鱼丸、氽鸭舌银耳等。

（9）涮　是一种特殊的烹调方法，它是取用火锅将汤水烧沸，将质地新鲜、细嫩或形体小、加工成薄片状的烹调原料，放入沸汤水中烫至断生成熟，随即蘸上调味品佐食的方法。原料、调味作料除规范配制外，可由食用者自行选择取用掌握。涮菜在选料、加热和调味特色方面较为讲究。涮的特点是原料质地鲜嫩，汤味鲜醇，宜菜宜汤，随涮随吃。涮的方法是由食用者在餐桌上利用加热器具自行对原料加热熟制，火锅多采用固体酒精、木炭、液化气、电能等加热。由于加热器具较小，火力集中，保持汤汁沸腾，原料熟制较快。涮的原料一般是牛肉片、羊肉片、鱼片、腰片、百叶、虾等，配备有新鲜的叶类蔬菜、豆制品、粉丝等。涮菜特别重视荤素搭配及口味的调剂，常见的有涮羊肉、四川火锅、毛肚火锅、四生（六生或八生）火锅、菊花锅、鸳鸯火锅等，皆以鲜嫩、爽脆、本味突出、风味香鲜醇厚见长。

3. 以其他媒介为导热体的烹调方法

在众多烹调方法中，除了以油和水为导热体的两大类之外，还有一些用其他传热媒介烹制菜肴的方法，由于每一种的数量都比较少，所以归为以其他媒介为导热体的烹调方法，主要的有蒸、烤、蜜汁、焗、微波烹调法等。

（1）蒸　是将切配并调味的原料装盘，利用蒸汽加热，使原料成熟或软熟入味成菜的工艺过程。蒸的适用范围很广，无论形大或形小，流体或半流体，质老难熟或质嫩易熟的各类原料，均适用于蒸。蒸在家庭烹调中常会用到，看似容易，其实技术要求复杂。另外，根据不同的制肴特点还可分为清蒸、粉蒸、扣蒸等。成菜具有原形不变，原味不失，原汤原汁，软嫩柔韧，清香爽利等特点，如清蒸鱼、粉蒸肉等。

（2）烤　是利用各种燃料（如柴、炭、煤、天然气、煤气等）燃烧的温度或远红外线的辐射热使原料至熟成菜的工艺过程。烤适用于鸡、鸭、鹅、鱼、乳猪、方肉等整形和大块的原料。烤一般分为暗炉烤、明炉烤两种。常见如北京烤鸭、牛肉片、烤鸡等。

（3）蜜汁　是把经过加工处理或初步熟处理的小型原料，放入用白糖、蜂蜜与清水熬成的糖液中，使其甜味渗透，质地软糯，糖汁收稠成菜的工艺过程。凡适合于拔丝的原料均适用于蜜汁，如蜜汁莲子、蜜汁山药墩等。

（4）焗　焗有传统的焗与西式的焗两种。传统的焗是把经过加工入味处理的原料埋入大量被炒热的盐粒中，经过慢慢加热使之成熟的方法，是一种特别的烹饪法，如盐焗鸡等。西式的焗，是由西餐传入的，原意特指烤，是广东特有的烹调术语。焗的工艺流程将原料过油经表层处理后，添汤水加调料旺火烧沸，用小火或微火烧透入味成熟，然后收稠卤汁装盘即成。煀的方法在用料、调味、火候运用和成菜的质量标准上均具特色，根据所用调料的类别，煀有蚝油煀、陈皮煀、西汁煀、香葱煀、西柠煀等，突出各具味型的风味特色，代表菜例有陈皮煀凤翅、蚝油煀乳鸽、葱姜煀蟹、西汁煀鸡腿等。

（5）微波烹调　微波烹调主要是利用微波炉内的磁控管放射微波，使经加工调味的烹调原料较短时间成熟成菜的方法，其具有节能、省时、快速、均匀成熟的特点，能较好地保持原料的色泽、水分、新鲜质地和营养成分，不易将原料烧焦。微波炉还可用于原料的解冻和菜肴的保温，微波加热的效果取决于时间与功率的配合设定，加热时间的设定，即烹调火候的掌握和运用是非常关键的。所以要认真全面地了解和掌握微波设备的正确使用，使之灵活运用于多种烹调方法。微波烹调是把原料经加工整理（上浆、调味等）后，盛装于微波炉专用器皿内，放置入微波炉内（炒、煎、炸等方法是烤盘预热加油脂，升温后在烤盘内烹调），关闭炉门，控制旋钮，调节时间、功率或输入烹调程序，按下烹调开关（要根据原料性质、形状、数量、成品要求掌握），达到预定的烹调时间，菜肴成熟后，打开炉门，取出菜肴。微波炉可用于多种烹调方法，如煎、炸、炒、蒸、煮、烧、烤等，可烹制烤肉串、海鲜串、纸包鸡、啤酒炖牛肉、豆豉排骨、红烤牛腩、扣虾饼、五彩鱼丸汤等多种风味菜肴，微波烹调必须依赖厨师的操作技能和丰富的经验，是菜肴制作的有益补充和变革。

二、冷菜烹调方法

冷菜是指制作后用来凉吃的菜肴，有热制冷吃和冷制冷吃两大类。绝大多数冷菜是经过加热烹制，晾凉后食用的。

冷菜具有脆嫩爽口、香而不腻、造型美观、干香少汁等特点，是宴席和家庭日常饮食中不可缺少的菜品。

1．热制冷吃菜肴的烹调方法

热制冷吃的菜肴，是指调味过程中需要先加热制成菜肴晾凉后再供食用的菜肴。常见的烹制方法有卤、蒸、白煮、冻、酥、熏、烤等。

（1）卤　是指将加工处理的大块或整形的原料，放入多次使用的卤汁中，加热煮熟使卤汁的香鲜滋味渗透入内的烹调方法，如卤猪头等。运用卤的关键是要有好的卤汁。

🔗【知识链接】

一般卤汁的制作

清水5000克，加入好酱油1000克，黄油500克，冰糖500克，精盐100克，香料包（内有大料、肉桂、花椒、沙姜、白芷、丁香、甘草、草果等）1个，葱段、姜块适量。旺火浇沸，中火煮1小时左右即成。此汤可连续使用，长时间使用的卤汁叫"老汤"，用"老汤"卤制的菜肴味道更醇美。注意"老汤"不用时应加热后置低温处保存，若长时间不用，则要隔一段时间取出加热一次。

（2）酱　是指将经腌制或焯水的半成品，放入酱汁中浇沸，再用小火煮至酥软捞出，然后把酱汁收浓淋在酱制的原料上（或将酱制的原料浸泡在收浓的酱汁内）的烹调方法，如酱肘子、酱鸡等。

（3）白煮　将原料放在白汤锅中煮熟的烹调方法。最常见如白斩鸡等。

（4）冻　是指利用原料本身的胶质或以另外酌加的猪皮、食用果胶、明胶、琼脂等（经熬或蒸制后）的凝固作用，使原料凝结成一定形状成菜的烹调方法，如水晶虾仁、水晶肴肉等。

（5）酥　将原料用油炸酥或投入汤锅内加以醋为主的调料用小火焖烂的烹调方法。常见菜例如酥鲫鱼、酥海带等。

（6）熏　是指将经加工处理后的半成品，放入熏锅内，利用熏料起烟熏制成菜的烹调方法。熏分生熏和熟熏两种，未经熟处理的原料熏制为生熏，经过熟处理的原料为熟熏，如烟熏排骨、熏鸽蛋等。

（7）烤　把原料腌渍后，放入烤箱或挂入明炉内，经热空气循环传热，使原料成熟的烹调方法。常见如叉烧肉、烤牛肉等。现在厨房大多用远红外电烤箱替代传统的烤炉。

2. 冷制冷吃菜肴的烹调方法

冷制冷吃菜肴是指在制作菜肴的最后调味阶段不加热，也就是只调味不烹制的工艺过程。常见冷制冷吃菜肴的制作方法有拌、炝、浸、糟、醉、腌腊等。

（1）拌　是将切配成形的丝、丁、条、片等原料，用油滑过或是用沸水焯过，捞出控净油（水）盛盆内，加入各种调味品搅拌均匀装盘即成。家庭烹调用得较多，如海米拌莴苣、拌里脊丝等。

（2）炝　是将切配成形的丝、丁、条、片等原料，用油划过或是用沸水焯过，捞出控净油（水）盛盆内。另用锅加油烧热，加花椒炸至焦香，捞出花椒粒，趁热将花椒油浇在原料上，略加盖焖一会儿，拌匀装盘即成。常见如炝腰花、炝海米芹菜等。

（3）浸　是把原料加工处理后，用调味料先进行腌渍或煮、炸等熟处理，然后再放入兑制的卤汁中，进行浸泡，使其入味成菜的加工过程，如浸带鱼等。

（4）糟　是把原料加工处理后，用调味料进行腌渍或放锅内煮熟，再放到调好的红糟汁或香糟汁中浸泡，使其入味成菜的操作过程。常见如糟鸡鸭等。糟汁的制法一般是将干香糟块捏成细末，加黄酒浸4小时以上，浸出的糟香汁用洁净纱布过滤掉糟渣即成。

（5）醉　一般多用鲜活动物性原料，将原料治净后放入预先调制好的白酒或料酒中浸泡，使其浸透入味成菜的操作过程，如醉毛蟹、醉腰丝等。

（6）腌腊　是把原料（多为动物性原料）加工处理干净后，用盐、料酒等调味品腌渍入味，然后置阴凉处晾干或风干（也有用烘烤和烟熏的方法），使其水分蒸发而成的操作过程，例如香肠的制作。

3. 冷菜的拼摆技艺

冷菜的拼摆技艺实际上就是美化装盘，是把制作好的冷菜，经过刀工处理后，按一定的规格要求，整齐美观地装入盘中的工艺过程。

（1）冷菜拼摆的特点　冷菜拼摆的原料大多为熟制品，与热菜制作有着明显的区别，其主要特点包括：先烹调后切配，热菜的制作一般是先切配后烹调，而冷菜却与之相反，大多都是制熟并冷却后再切配食用；刀工是最后一道工序，冷菜拼摆的原料多为熟品，其切配效果极为关键，故对刀工的要求相当严格，因此，不仅切得要精致细腻，而且要与拼摆的形态相吻合；口味清爽干香，冷菜因大多无汤汁或极少汤汁，且保持自然温度，因此具有干香、脆嫩、爽口的特点；讲究形态变化，冷菜的造型形态多样，富于变化，主要是通过刀法和配色来增加冷菜的装盘的艺术性。

（2）冷菜拼摆的分类　冷菜是按一定规格要求和形式拼摆在盘内的。常见的拼摆类型主要如下。

①单盘：就是一盘中只盛装一种原料，如一盘酱牛肉、一盘拌海蜇等。在宴席中，单盘一般由四个以上组成，或围在一个大拼盘周围。因此又称"独碟"或"围碟"。

②复拼盘：由两种或两种以上的原料整齐地拼摆在盘内，称为复盘。复盘包括双拼、三拼、四拼、什锦拼盘等，分别由两种、三种、四种和多种原料拼摆而成。

③花色拼盘：也称为艺术拼盘、艺术花拼、花拼等。是用多种原料摆拼成花卉、虫鸟、鱼兽等生动活泼的形象和各种图案的冷盘。工艺较为复杂、刀工要求严格，但文化品位高。

常见拼盘的式样包括：散状，直接将原料装入盘内的方法，随意而散乱，不刻意造型；馒头形，即半圆形，就是把原料装入盘内，形成中央高四周低，像圆馒头的形状；三角形，把原料在盘内装成一个等边三角形的锥形状；四方形，将原料切成条或片，在盘内摆成一个正方体或将几个小正方体组合成大正方体形状；菱形，就是把原料切成条、片等形状，整齐地排列在盘中呈菱形状；拱桥形，也称为马鞍桥形，就是把原料在盘内摆成中间高两头低，像拱桥的形状；螺旋形，就是把刀工处理过的原料，在圆盘内沿着盘边，由外向内，由低向高，一圈一圈地摆在盘中，呈螺旋状；花朵形，把加工处理过的原料，切成圆形、块形、菱形、椭圆形等，在盘中拼摆成各种花形。

（3）冷菜拼摆的步骤　冷菜拼摆的一般步骤包括以下内容。

①选料：就是根据拼摆冷菜的规格、式样对原料进行取舍选择，这就需要结合原料的性质、色泽、刀工的形状及盛器大小等多方面的考虑来选用原料。

②垫底：就是用修整下的边角余料或不成形的块、片等原料，垫在盘底的中间，作为拼摆的基础。家庭用于拼盘时，往往是根据已有的原料来确定拼摆的式样，因此，处理好边角碎料，用来垫底，是非常重要的手段。

③盖边：也称围边，就是用切得比较整齐的片、块、段、条等，盖在垫底碎料的边缘上。盖边的原料要切成厚薄均匀的片、块、段，整齐均匀，并且根据式样的规格、角度进行修整。

④盖面：就是用质量最好，切得最整齐、最均匀的片、块、段，整齐均匀地排到垫底的上面，使整个冷菜定型。盖面原料一般常用鸡、鸭的胸脯肉，猪、牛的整块肉料，熏鱼的中段等。

⑤点缀、衬托：冷菜拼摆定型后往往还要在盘边、菜上进行适当的装饰以增加冷菜的美感或色彩的朦胧感。如用香菜、樱桃、黄瓜、火腿等，对整个冷盘进行点缀、衬托。

花色拼盘的运用

中国冷菜中的花色拼盘的拼摆，不同于一般冷盘。除了美观漂亮之外，花色拼盘更注意的是立意，其所拼摆的作品都有一个深刻的含义，而其含义正是宴会所要突出的主题。人们会在花色拼盘所突出的主题内容及由形象隐喻出的象征意义上展开丰富的联想，从而诱发人们的饮食审美情趣，渲染出宴会的气氛，所以花色拼盘的构思非常重要。

第一，要根据宴会的内容进行构思设计，这是花色拼盘构思的关键所在。不同的宴席，有着不同的宴会主题，如喜鹊登梅、鸳鸯戏水、花好月圆、龙凤呈祥是婚宴的主题曲；大鹏展翅、金龙腾飞、指日高升、金榜题名是庆功、祝福宴的主题曲；岁寒三友、梅兰竹菊是至亲好友相聚的美好写照等。

第二，要根据宴会宾客的特点进行艺术拼盘的构思。不同的国家、民族，不同地域及饮食习俗特点都形成了人们不同的饮食嗜好及禁忌。如日本宾客喜欢樱花、乌龟及鹤类动物，不喜欢荷花，不喜欢绿色；而中国人则敬仰荷花的出淤泥而不染，喜欢绿色，认为绿色是希望，是生命的象征；英国人不喜欢孔雀图案；意大利人忌讳菊花；美国人忌讳蝙蝠图案等。

第三，花色拼盘的构思过程中还要根据人力和时间来进行。花色拼盘之所以能受到人们的青睐和推崇，不仅因为其有鲜明的主题，更重要的它能表现出不同于一般冷盘的诸多特点：造型形象逼真，色彩搭配和谐，刀法纯熟精细，结构布局合理，拼摆技法娴熟等。

第四，花色拼盘的构思还应考虑餐具的品种及原料品种属性。首先考虑厨房的餐具有哪些品种，包括形状、大小、颜色、质地等，适不适应所构思冷盘的搭配。如拼盘松鹤延年、和平鸽宜选用黑色或深色器皿，才能突出仙鹤、鸽子的洁白，如选用白盘效果则不理想；拼摆花篮则不宜选用带花边的器具，否则就给人以凌乱之感；扇形图面的花色拼盘宜选用长方形盘或扇形盘；什锦冷盘宜选用圆形盘等。

三、面点烹饪方法

面点烹饪工艺一般包括面团加工工艺、馅心调制工艺与熟制方法。

1. 面团加工工艺

（1）面团的种类　由于和面时所用的原料和添加料的不同，调制的方法及其用途也不一样，因而面团可分为很多种，主要有水调面团、膨松面团、油酥面团、米粉面团等。

①水调面团：水调面团是指面粉掺水拌和而成的面团。这种面团一般组织严密，质地坚实，内无孔洞，体积也不膨胀，富有韧性和可塑性。水调面团按和面时使用水的温度不同，还可以分为冷水面团、温水面团、热水面团。

②膨松面团：膨松面团就是在调制面团过程中，加入适当添加剂或采用一定的调制方法，使面团组织产生孔洞，变大变疏松的工艺过程。膨松面团在烹饪中应用极广，常使用的

有发酵面团、化学膨松面团和物理膨松面团三种。

③油酥面团：油酥面团是用油和面粉作为主要原料调制成的面团，它具有很强的酥松性。油酥面团制作时一般由两块面团制成。一是水油面，一是干油酥。水油面是用水、油、面粉三者调制，用料比例为水∶油∶面粉=2∶1∶5。和面时将水与油一起加入面粉中抄拌。水的温度一般为35℃左右。面团要反复搓擦，使其柔软，有光泽，有韧性。然后用干净湿布盖好，静置；干油酥是把油脂加入面粉里，采用推擦的方法而成团。面粉与油的比例为1∶0.5。一般先把面粉和冻猪油拌和，用双手的掌根一层一层向前推擦，反复操作，直到擦透为止。

④米粉面团：是指用米磨成粉后与水和其他辅助原料调制而成的面团。具有黏性强、韧性差的特点。米粉面团是以制作糕、团、饼、粉等点心为主的面团，特别在我国南方地区，应用非常普遍。米粉面团制品很多，但最常用的有米糕制品和米团制品。

（2）面团的调制　面团的调制包括调制的手法和面团的种类两个方面。

①和面：和面是指将面粉与水、油、蛋等按比例配方掺和揉成面团的工艺过程。它是整个面点制作中最基础的一道工序。面点的好坏，与和面的优劣有着直接关系。和面的手法一般有抄拌法、调和法、搅和法。

②揉面：揉面就是在面粉吸水发生粘连的基础上，通过反复揉搓，使各种粉料调和均匀，充分膨胀形成面团的过程。揉面是调制面团的关键，它可使面团进一步均匀、增劲、柔润、光滑等。揉面的主要手法有捣、揉、搋、摔、擦等几种。

🔗【知识链接】

面点成形技艺

面点成形技艺是运用调制好的各类面团，配以各式馅心制成形状多样的成品生坯的过程。这一过程直接影响着成品的形态和质量，是面点制作中的重要工艺。常见面点制品成形方法有以下几种。

（1）揉　揉是将下好的剂子，用两手互相配合，揉成圆形或半圆形的团子。这种方法是比较简单、常用的成形方法之一。一般用于馒头的制作。

（2）包　包是将擀好或压好的皮子内包入馅心使之成形的一种方法。面食品中许多的馅心品种都采用包的方法，如包子、水饺、馅饼、汤圆等。

（3）卷　是将面片或坯皮，按需要抹上油或馅，然后卷起来，成为有层次的圆筒状的成形方法。卷是面点中较常用的方法，常用于制作花卷及各类"卷"酥。卷可分为单卷法和双卷法两种。

（4）按　按是将包好的面点生坯，用两手配合，利用手掌压成扁圆形的成形方法。主要适用体形较小的包馅品种。

（5）擀　擀是用面杖或走槌等工具将面团或包馅的生坯压延成制品要求的形态的成形方法。这种方法在日常家庭的面点加工中用途很广，适用于各式坯皮的制作，如饺子、面条、各式酥皮等。

（6）叠　叠是把生坯加工成薄饼后，抹上油、馅心等，再折叠起来的方法。叠与擀可结合操作，如千层酥、兰花酥等。

（7）切　切是以刀为工具，将面坯分割成形的一种方法。常见的品种有刀切面和一些小型酥点的成形等。

以上是面点成形常用的方法，还有其他一些成形方法，包括摊、捏、削、抻、钳花、模印、滚粘、镶嵌等。

2. 馅心调制工艺

馅心，就是用各种不同的烹饪原料，经过精细加工拌制或熟制而成的形式多样、味美适口的面点心子。馅心制作，是面点制作过程中的重要工艺之一。馅心制作的好坏，对成品的质量有直接影响。制馅技术比较复杂，需要具备多方面的能力，除刀工技艺、调味技术外，还要掌握制馅原料的特点及熟制方法等。而且还需经过多次反复实践操作，才能制出较为理想的馅心。

（1）馅心种类　常见的馅心按口味可分为咸馅、甜馅等。

①咸馅：咸馅种类较多，根据用料可分为素馅、荤馅、荤素馅。这三种馅心的制作过程中，又有生熟之分。

②甜馅：甜馅虽然南、北有别，种类较多，但大都是以糖为基本原料，再配以各种豆类、果仁、果脯、油脂以及新鲜蔬菜、瓜果、蛋乳类或少量香料等。有时还需经过复杂的工序和各种加工法，如浸泡、去皮、切碎、挤汁、煮拌等制作而成。甜馅常用的有糖馅、泥蓉馅和果仁蜜饯馅。

（2）馅心制作要领　馅心的制作有拌制和烹调两类制作方法，不论采用哪种方法，调制馅心都要掌握的要领包括：严格选料，正确加工；根据面点的要求，确定口味的轻重；正确掌握馅心的水分和黏性；根据原料性质，合理投放原料。

3. 面点熟制方法

面点熟制是对成形的面点半成品，运用各种加热方法，使其成为色、香、味、形俱佳的成品的过程。从大多数面点品种的操作程序看，熟制是最后也是最关键的一道工序，制品的色泽、定型、入味等，都与熟制有密切关系。面点熟制方法主要有蒸、煮、炸、烙、烤、煎等单加热法，有时为了适应特殊需要也可采用综合加热法，即采用蒸、煮后再进行煎、炸等，但大多数面点还是以单加热法为主。

（1）蒸　蒸是把制品生坯放笼屉或蒸箱内，利用蒸汽传热使制品成熟的方法。这种方法多用于发酵面团和烫面团类的熟制，如馒头、蒸包等。蒸的操作程序主要包括蒸锅加水、生坯摆屉、上笼蒸制、控制加热时间、成熟下屉等工艺流程。

（2）煮　煮就是把成形的生坯放入开水锅中，利用水的传热，使制品成熟的一种方法。煮法的使用范围比较广泛。如冷水面团的饺子、面条、馄饨等，米粉制品的汤圆、元宵等。煮的操作程序主要有制品下锅、加盖煮制、成熟捞出等几个步骤。

（3）炸　炸是将制作成形的面点生坯，放入一定温度的油锅中，利用油炸为传热介质，使之成熟的方法。这种熟制方法适用性较强，几乎各种面团都可使用。如油酥面团制品的油酥点心，膨松面团制品的油条，米粉面团制品的油炸糕等。炸的油温一般最高可达到300℃左右。因而，不同的制品，需要不同的油温。有的用热油，有的用温油，还有的先低后高或先高后低，情况各有不同。从面点炸制情况看，油温主要分为温油和热油。温油炸制多用于较厚、带馅和油酥面团制品；热油炸制主要用于矾碱盐面团及较薄无馅的制品。

（4）煎　煎是在平底锅内加入少量的油或水等，放入生坯，利用锅、油或水等传热使之成熟的方法。这种方法常用于水调面团制品的熟制，如煎包、锅贴等。煎的方法，一般可分为油煎和水煎两种。油煎的特点是制品两面金黄，口感香脆；水煎，也称水油煎，是经油煎后再加放少量清水，利用部分蒸汽传热使制品成熟，制品具有底部金黄酥脆，上部柔软油亮的特点。

（5）烤　烤是把制品生坯放入烤炉内，利用烤炉的内热，通过对流、传导和辐射的传热方式，使其成熟的方法。这种方法主要用于各种膨松面团、油酥面团等制品，如面包、酥点等。一般烤箱的温度都在200~300℃。在这种高温的情况下，可使制品外表呈金黄色，内部富有弹性和疏松，达到香酥可口的效果。

（6）烙　烙就是把制品的生坯，摆放在加热的锅内，利用锅底传热于制品，使其成熟的方法。这种方法主要适用于水调面团，发酵面团和部分米类面团。主要用于各种饼的熟制，如家常饼、葱油饼等。一般烙制的温度在180℃左右。通过锅底热量制熟的烙制品具有外皮香脆，色泽金黄，内部柔软的特点。烙制方法根据其操作的不同，可分为干烙、刷油烙。

除此之外，面点熟制还可以运用两种或两种以上的加热方法，叫作复合熟制方法。

🔗【知识链接】

中国的面塑艺术

面塑在我国有着源远流长的历史，是中国民间文化艺术的一项绝技。它也是烹饪工作者依赖美化宴席、追求饮食艺术美的一种形式。一块块面团，在面塑艺人的手中，可以变化成为各色的艺术人物形象，形态逼真、栩栩如生、寓意深刻，用以点缀宴席、菜肴，不仅能够烘托宴会主题，营造宴会气氛，而且更有提升宴会艺术品格、创造宴会艺术美的效果。

第四节　其他工艺

中国烹饪工艺复杂繁多，各有功用。为了有效保证各种烹饪方法的顺利完成，烹饪工作者还必须掌握各种各样的辅助性烹饪工艺操作技能。

一、上浆、挂糊工艺

1．上浆、挂糊的概念
所谓上浆、挂糊，就是食品原料在正式烹调之前，在原料的表层滚粘裹上一层由淀粉、鸡蛋等原料调制成的黏性材料。烹饪行业习惯把这样的黏性材料称之为浆和糊。一般来说，浆比糊要稀薄一些，而糊则要稠浓一些。

通过对食品原料实施上浆、挂糊，可以锁住原料本身的鲜味和水分，使菜肴香酥、鲜脆、嫩滑，并保持其本身形状，使菜肴外形更加美观。尤其能够防止原料中所含的蛋白质、脂肪、维生素等营养成分因高温烹调而过多流失，受到破坏，起到保护营养素的作用。

浆与糊的种类很多，名称及使用方法各地也不尽相同。但浆、糊的使用必须与具体的烹调方法相配合。浆一般多用于汆、炒、熘等烹调方法的菜肴制作，而糊则通常用于煎、炸、烹、炒等菜肴制作。

2. 浆、糊的调制

（1）用料　调制糊浆的粉料有淀粉、面粉、米粉等，其他用料有鸡蛋（蛋清、蛋黄或全蛋）、清水、发酵粉和小苏打等。粉糊大多需事先调制，方法难易不同，各种用料的比例没有固定的标准，主要根据粉料的质地和实际应用的要求加以灵活掌握。

（2）调制　按不同的用料比例混合后，就要对糊浆进行搅拌。搅拌时应先慢后快，先轻后重，以使干粉慢慢吸收，融和水分。加水要慢，水量不要一次性加足，以能搅拌开为度。搅到稠度渐渐增大起黏性时，就可以逐渐加快加重，并再次加入适量清水继续搅拌，切忌将糊浆搅上劲。糊浆必须搅拌均匀，不能使糊浆内含有小的粉粒。因为小的粉粒会附着在原料表面上，影响外观和口感。

3. 浆、糊的种类

（1）水粉浆　做法简单方便，应用广泛，多用于肉类的滑熘、抓炒等烹调方法。通常在肉片中放入淀粉，加少许清水与适量调味料拌匀，腌制片刻后再用宽油迅速将肉片滑熟。此方法可使肉片本身提前入味，口感更加鲜嫩爽滑，如熘肝尖、水煮牛肉等。

（2）蛋清糊　也叫蛋白糊，用鸡蛋清和水淀粉调制而成，若制成浆则要加较多的水，若调成糊则只加少量水即可。也有用鸡蛋和面粉、水调制的。还可加入适量的发酵粉助发。制作时蛋清不打发，只要均匀地搅拌在面粉、淀粉中即可，一般适用于软炸，如炒里脊、清炒虾仁等。

（3）发粉糊　是指在水粉糊浆中加入发酵粉，使粉浆经过油炸后能胀发酥松。但所用的水粉糊浆必须是由面粉调制而成的。调制时夏天应用冷水，冬天应用温水，而后再用筷子搅到有一个个大小均匀的小泡时为止。使用前还可在糊浆中滴几滴酒，以增加成菜的光滑度。此种糊浆制成的菜品外表饱满、丰润光滑、色泽金黄、外脆里嫩，如芙蓉蚝、炸茄盒等。

（4）蛋泡糊　又称高丽糊、雪衣糊、芙蓉糊，是将蛋清用蛋抽顺一个方向快速搅打，让蛋清充分捕捉并滞留住空气。搅打时要先慢后快，并不间断，一气呵成，直到听到"嘭嘭"声，待蛋液中能直立住蛋抽时，再迅速加入一定比例的淀粉搅匀。此种方法制作的菜肴外形饱满、膨松而嫩、色泽洁白美观，如雪花豆腐、夹沙香蕉等。

（5）蛋黄糊　选用蛋黄加适量面粉或淀粉、水拌制而成。由于粉糊中含有蛋黄，成菜外壳色泽金黄、质地酥松、香味浓郁。一般适用于酥炸、炸熘等烹调方法，如茄汁熘鱼片、锅熠豆腐等。

（6）全蛋糊　用整枚鸡蛋与面粉或淀粉、水拌制而成。有些菜肴在挂全蛋糊后，还要蘸上一层碎粒状的香脆性辅料，如芝麻、松仁、花生仁、腰果、核桃仁、面包屑等。成菜硬酥香脆，冷后酥软，色泽金黄，如桂花肉、炸猪排等。

二、初步熟处理工艺

初步熟处理工艺，也称预热处理工艺，就是把加工后的烹饪原料，根据菜肴的需要，在油、水或蒸汽中进行初步加热，使之成为半熟或刚熟的半成品的处理方法。合理的初步熟处理是烹调前的必备条件和实现菜肴色、香、味的重要因素。

1. 初步熟处理的作用

（1）保持和增加原料的色泽　在初步熟处理过程中，绿色蔬菜通过焯水，其颜色更加鲜艳。

（2）除去原料的腥、膻、燥、涩等异味　植物性原料，如苦瓜、胡萝卜、莲花白，通过焯水能除去部分苦涩味，笋类焯水后除去了部分鞣酸，以减少涩味。

（3）使原料保持一定形状，在正式烹调时不变形，同时又方便原料进行刀工处理。

（4）使原料成菜后保持滑嫩、酥脆或外酥内嫩的良好口感，以减少在烹调过程中营养素的流失。

2. 初步熟处理的种类

（1）焯水　就是把经过初步加工后的原料，放入冷水或沸水锅中加热，使其达到符合烹调要求的成熟度，以备进一步切配成形或烹制菜肴的熟处理的方法。常见焯水的方法有冷水锅、沸水锅等。

（2）水煮　水煮就是将动物性的整只或大块原料，在焯水后或直接投入温水锅煮至所需的成熟程度的熟处理方法。这也是为正式烹调做好准备。采用水煮初步熟处理的方法，在凉拌菜肴中应用较为广泛。也有不少热菜在烹调中也需要先经水煮，使之成为熟料再进行烹调，如回锅肉、姜汁热窝鸡、回锅肘子、芙蓉杂烩等。

（3）过油　过油又称为油锅，它是以油为介质，将已加工成形的原料，在油锅内加热至熟或炸制成半成品的熟处理方法。过油在烹饪中是一项很重要而且很普遍的操作技术，对菜肴的质量关系影响很大。过油时火力的大小、油温的高低、投料数量与油量的比例及加热时间的长短，都要掌握恰当，否则就会造成原料的老、焦、生，或达不到酥脆的要求而影响菜肴的质量。过油在作业中又有划油和走油的区别。划油又称为滑油、拉油，是指用中油量、温油锅，将原料滑散成半成品的一种熟处理方法。划油时，多数原料都要上浆，使原料不直接同油接触，水分不易溢出，保持其鲜香、细嫩、柔软的质感。滑油的应用范围较广，对鸡、鸭、鱼、虾、猪肉、牛肉、羊肉、兔肉等原料都适用。一般用于烧、烩、煮的丝、片、丁、条、粒、块等规格的原料，例如鱿鱼烩肉丝、水煮鱼片、山菌烧鸡片等。走油又称跑油、过油、油炸等，是指用大油量、热油锅，将原料炸成半成品的一种熟处理方法。走油时，因油炸的温度较高，能迅速驱散原料的水分，使原料定型、色美、酥脆或外酥内嫩。走油的食用范围较广，鸡、鸭、鱼、猪肉、牛肉、羊肉、兔肉、蛋品、豆制品等原料都适用。走油的原料一般都是大块或整形等规格，主要用于烧、烩、焖、煨、蒸等烹调方法制作的菜肴，例如红烧狮子头、家常豆腐、豆瓣鲜鱼以及酥肉、炸丸子等。

（4）走红　有些用烧、蒸、焖、煨等烹调的原料，需要将原料上色后再进行烹制，就需要用走红。走红就是将原料投入各种有色调味汁中加热，或将原料表面涂抹上某些调味品，再经油炸，使原料上色的一种熟处理方法。走红根据使用的介质不同有卤汁走红和过油走红的区别。卤汁走红是将经过焯水或走油后的原料放入锅中，加上鲜汤、香料、料酒、糖色等，用小火加热至原料达到菜肴所需要的颜色。例如芝麻肘子、生烧大转弯、红烧狮子头、灯笼鸡等。过油走红是：将经过焯水的原料，在其表面上涂抹料酒或饴糖、酱油、面酱等，再放入油锅，经油炸上色。例如咸烧白、甜烧白、红烧肉、香糟鸡等。

（5）汽蒸　是用旺火加热至水沸腾，经较长时间的蒸制，将原料蒸制为软熟的半成品的一种熟处理方法。此法主要适用于体积较大、韧性较强、不易软糯的原料。例如鱼翅、干贝、海参、蹄筋、银耳、鱼骨等干货原料的涨发以及红薯、土豆等根茎类的植物性原料。还有香酥鸡、八宝鸡、旱蒸回锅肉、软炸酥方、姜汁肘子等菜肴的半成品的熟处理。烹制时，要火力大、水量多、蒸汽足。蒸制时间的长短，应视原料质地的老嫩、韧硬程度、形体大小及菜肴的要求而定。

三、制汤工艺

1．制汤的作用

我国厨行有一句俗话："唱戏的腔，厨师的汤。"厨师要烧出好菜，没有汤是不行的，这汤是指用鲜味足的原料用小火熬煮后提取的汤汁。汤的用途非常广泛，中餐大部分传统菜肴都要用它。汤的质量好坏对菜肴有着很大的影响，特别是像海参、鲍鱼、燕窝等珍贵的而本身又没有鲜味的原料，主要靠精制的鲜汤调味提鲜。汤由于饱含充分溶解并混合的多种氨基酸与脂肪，所以鲜味纯正、醇和、厚实、口感滋润，又具有很高的营养价值。现在流行的味精则由于所含呈鲜味成分单一，单纯用它调味的菜肴口感淡薄，过量使用又会有"浓腥"的味感，所以替代不了汤在烹调中的特殊作用。因此，制汤工艺是烹饪工作中一个不容忽视的重要环节。重视汤的作用，掌握各种汤的制作技术，并且懂得怎样制好汤、用好汤、管好汤，是做一名称职的厨师的条件。

2．制汤的方法

（1）一般白汤　又称为二汤，这种汤的制法较为普遍和简单。就是将煮过浓白汤的猪肉骨、专供制汤用的猪蹄和拆卸猪肉所得的筋膜、碎皮等下脚料，加一定量的清水和葱结、姜块烧沸，撇去浮沫，再加绍酒盖上继续加热2～3小时，待煮至骨髓溶于汤内，骨酥肉烂，用筛滤去残骨烂渣。汤色也呈乳白，但汤质浓度不如浓白汤，鲜味也较差。可作一般菜肴用汤。一般白汤浓度上并无严格要求，因此用料与加水的比例也比较机动。

（2）浓白汤　浓白汤也是乳白色，但浓度较一般白汤要高，口味鲜醇，能增加菜肴口味的浓厚和鲜香。一般作为煨、焖、煮等白汤菜肴的汤汁，以及烧、扒等比较讲究的菜肴的调味之用。用料一般用鸡、鸭的骨架、翅膀，猪骨、蹄髈、瘦肉等原料。制法与一般白汤相似，是将用于制汤的原料洗净，放入汤锅中加上冷水用旺火烧沸后，撇去汤面上的浮沫，加入料酒、葱、姜等继续用中火加热到汤稠而色呈乳白色即成。制汤的原料及汤汁的比例一般是1：1～1.5，需用汤时，应先将原料捞起，再用纱布或汤筛过滤即可使用。

（3）一般清汤　一般清汤，也称鸡清汤，将鸡鸭的骨架、鸡鸭膀小节或碎散破皮的整鸡鸭（只能作煮汤用）等用料，放入大汤桶中，加清水，用中、小火慢慢煮沸，在水沸时，改用微火继续进行长时间加热，使鸡体、鸡骨肉的营养物质充分溶入汤中。在制汤过程中，一般当水沸时，还可将制作"白斩鸡"或需要初步热处理的鸡投入，在达到制品要求时随时捞出。关键是必须维持小火，否则汤汁就浑浊而不澄清。制一般清汤用料一般没有明确规定，如果用料少而制汤多，汤味就会淡些，适合于烩菜和汤菜使用，如芙蓉鸡片、汆丸子、鸡片汤等。

（4）高级清汤　高级清汤，又称上汤、顶汤，汤汁更澄清，滋味更为鲜醇。一般用于贵重的汤菜和高级的宴席菜肴。制作高级清汤以一般清汤为基汁，加入鸡脯肉和鸡里脊肉斩成的蓉反复熬煮而成。制作的一般方法是，先用纱布或汤筛将一般清汤过滤冷却，除去汤中的渣滓、沉淀物及浮着物等，再将鸡肉去皮斩成蓉状，加葱、姜汁及黄酒和适量清水泡一泡，投入已过滤好的清汤中，以旺火加热，并用铁勺不断搅动，搅动时必须顺着一个方向搅动，汤先发浑，然后渐渐澄清，撇去汤面浮沫，待鸡蓉及汤已澄清就停止搅动，并改用小火不让汤翻滚，使汤中的渣状物及鸡蓉黏结而浮在汤面上，用漏勺捞出，即为澄清的鲜汤。如果需要更高级的汤，可用此汤为基汁，用上述方法提制的次数越多，口味就越鲜美。高级清汤的原料与汤汁的比例为1∶1或2∶1均可。

这种用鸡蓉制汤的方法，目的有两个，一是使鸡蓉中的营养最大限度地溶解于汤中，提高汤的鲜醇；二是利用鸡蓉的吸附作用，除去微小渣滓，以提高汤汁的澄清度。

3．制汤的要领

（1）选用新鲜而无腥膻气味的原料　制汤所用的原料必须是新鲜而鲜味浓厚的、无腥膻气味和异味的原料，如动物性原料一般以鸡、鸭、瘦猪肉等为主料；植物性原料以豆芽、冬笋为主料。

（2）原料一般均以冷水下锅，且掌握好原料与水的比例　制汤时通常是用冷水下锅，如水沸后下原料，原料表面因骤然受热收缩，并使其表面的蛋白质凝固，影响原料内部蛋白质的溢出，汤汁就达不到鲜醇的要求。同时，根据制汤的质量要求，正确掌握汤汁的多少，水要一次加足，中途不得加冷水，否则会影响汤的质量。

（3）恰当地掌握火力的大小和时间的长短　根据制汤的种类和要求，恰当地掌握制汤的火力和时间极为重要。一般来讲，制白汤是先用旺火将水烧沸，然后改为中火，使水保持沸腾状态，促使蛋白质、脂肪等营养成分的分子激烈运动，相互碰撞，这样就会凝成许多白色的微粒。如果火力过大，水分蒸发过快，容易造成焦底而产生不良气味；火力过小，汤汁不浓，鲜味不足。白汤加热时间为3小时左右。制清汤的火力和时间与制白汤有所不同，一般先用旺火将水烧沸，然后改用微火，使汤汁保持沸而不腾的状态，加热时间为5小时左右。如火力过大，时间掌握不当，都会影响汤的质量。

（4）必须掌握好调味的投料顺序和数量　制汤所用的调味料有料酒、姜、葱、盐，在使用这些调味料时，应掌握好投放顺序和数量，尤其盐不宜早放入，因为盐有渗透作用，使蛋白质凝固而不易充分地溶于汤内，影响汤的浓度和鲜味。此外，葱、姜、黄酒等不能加得过多，过多会影响汤汁本身的鲜味。

（5）制汤时应加盖保温　制汤时，加盖的目的是减少营养成分的挥发和鲜味的散发。保温的作用是把原料中的营养成分充分溶解在汤中。但制清汤时，火力不宜太大，温度不宜过高，否则汤汁浑浊不清。

《齐民要术》关于制汤的记录

《齐民要术·脯腊第七十五》在介绍"作五味脯法"时，着重详细介绍了一种最为典型的汤的加工方法。云："各自别捶牛羊骨令碎，熟煮，取汁；掠去浮沫，停之使清。"很显然，这是用牛羊骨加清水熬煮的一种清汤，汤的品质要求是牛羊碎骨煮汤，过滤取汁，撇去浮沫，然后沉淀使汤清澈，一如现在厨师的制汤工艺。这种汤其实是制作脯腊使用的一种基础汤汁，也是中国烹饪制汤最早的文字记录。

据《齐民要术》记载，制作不同的脯腊，所使用的汤汁是不同的。大多数是在基础汤的前提下，添加不同的调味品使其成为不同风味的汤，再浸润动物肉，而且一定要浸泡入味透彻。如"作五味脯法"，所用的汤是"取香美豉，别以冷水，淘去尘秽。用骨汁煮豉，色足味调，漉去滓，待冷下盐。适口而已，勿使过咸。细切葱白，捣令熟。椒、姜、橘皮，皆末之"。说得非常清楚。用汤要"量多少，以浸脯。手揉令彻"。汤的用量要覆盖过肉脯，才能保证所有的脯都被浸泡到，浸到什么程度呢？"片脯三宿则出；条脯须尝看味彻，乃出"。用肉片加工的脯，一般浸泡三天就可以了，如果是肉条制脯则需要尝一下，入味透彻了才捞出来。一句话，就是要把所有的脯都彻底入味才行。显然，脯的风味很大一部分来自于汤的风味。后世的厨师把用汤的技术几乎运用到了所有菜肴的制作中。

·本章小结·

本章是烹饪专业的核心内容——中国烹饪基本工艺，是作为一个从事烹饪专业实操者必须掌握的知识与技能。具体包括中国烹饪工艺的一般流程与流程图的作用、烹饪基本加工工艺中的刀工与勺工工艺、中国烹饪的调味工艺与调味品的应用、常见热菜与一般凉菜制作的烹调方法，以及上浆、挂糊、初步熟处理、制汤等其他工艺。本章的内容在本课程中虽然是一个提纲挈领的扼要介绍，但对于进一步学习全部的烹饪工艺具有重要的指导意义。

·延伸阅读·

1. 高启东主编. 中国烹调大全. 哈尔滨：黑龙江科学技术出版社，1990.
2. 陈苏华编. 中国烹饪工艺学. 上海：上海文化出版社，2006.
3. 闫喜霜主编. 烹调科学与加工技艺. 哈尔滨：黑龙江科学技术出版社，1998.
4. 聂凤乔著. 中国烹饪原料大典. 青岛：青岛出版社，1995.

·讨论与应用·

一、讨论题

1. 热菜常用的烹调方法有哪些？

2．冷菜常用的烹调方法有哪些？

3．用直线与方块的形式画出中国烹饪工艺流程图。

4．制汤在中国菜肴制作中的地位与作用是什么？

5．为什么说中国烹饪技艺是祖国优秀的非物质文化遗产项目？

6．根据自己的认识，谈一下具备怎样的工匠精神才能够学好烹调技艺？

二、应用题

1．到某大酒店厨房，观看厨师烹制菜肴的全过程，并写出自己的感想。

2．用类似"工艺流程图"的形式，总结凉菜的工艺流程。

3．家庭的日常饮食中，即使来了客人，菜肴的品种一般都不会太多，并不是主人不想多烹制几个。试根据自己的经验分析一下，这是为什么？

4．选取汤、味精、鸡精三种鲜味料，比较它们的优劣。

第五章　中国菜肴风味流派

CHAPTER 5

学习目标： 学习、了解、掌握中国菜肴风味流派的相关知识，包括菜肴风味流派的界定、划分、形成，熟悉中国菜肴的基本构成内容，学习、掌握常见的中国具有代表性的菜肴风味流派，了解并掌握各著名地方菜肴风味流派的特点、代表菜肴等。中国菜肴风味流派的形成，是中国饮食文化的一部分，是民族珍贵文化遗产的重要内容，对于烹饪工作者具有重要意义。

内容导引： 你想知道我国著名的"四大菜系""八大菜系"吗？你想了解中国有多少风味特色的菜式吗？本章的内容将为你解读这些问题。中国在世界范围内素有"美食王国"的美誉，这主要得益于中国烹饪众多风味流派的形成和庞大的菜肴数量。风味流派，行业中也称为菜肴体系。无论是作为一个烹饪工作者还是一位酒店厨房管理者，乃至餐饮经营者、饮食文化研究者，都必须要全面、系统地了解、熟悉、掌握中国烹饪的风味流派及与之相关的知识。

第一节　中国菜肴风味流派的形成

　　中国烹饪形成各具特点的菜肴、面点、小吃等不同流派，构建了中国的饮食风味体系。饮食风味概括了一个特定范围里（如地域、生产、消费主体或对象等）包括菜肴、面点、小吃等在内的食品及其制作技艺总的风格特点。"风"有沿习、承袭、流行之义，"味"是中国传统对饮食品的指代性称呼（包括其制作特点）。所以"风味流派"是指在某一特定范围沿承流行的具有特定风格的饮食派别与菜肴体系，是一个具有典型地域文化特征或消费群体文化特征的饮食体系。

一、菜肴风味流派形成的条件

1. 社会条件

烹饪形成的基本因素包括用火、器具和调味品的发明与使用，那是从原始发展的意义而言的。随着社会的进步发展，食品原料不断丰富，烹饪工具日益完备，掌握烹饪技术的人，即厨师群体也形成规模，为风味流派的形成创造了基本条件。一般来说，社会经济发展水平越高，风味流派借以形成的物质基础就越雄厚，风味流派就易于产生和形成，这是不可缺少的社会条件。

如我国的南北两大风味，自春秋战国时期开始出现。到了唐代，经济文化空前繁荣，为饮食文化的发展奠定了坚实的基础。此外，唐代高椅方桌的出现，改变了中国几千年的分餐制的进餐方式，出现了中国独特的共餐制，促进了我国烹饪事业的飞速发展，到唐宋时期已形成南食和北食两大风味派别。我国众多菜肴体系的形成，是随着社会经济的发展而逐步诞生的。

2. 地理条件

我国幅员辽阔，地理条件和气候多样复杂，南北跨越热带、亚热带、暖温带、中温带、寒温带，东西递变为湿润、半湿润、半干旱、干旱区，高原、山地、丘陵、平原、盆地、沙漠等各种地形地貌交错，形成自然地理条件的复杂性和多样性特征，造成了各地的食物原料和口味不同。由此，中国风味流派在地域上的分野大致以黄河流域、长江中游、长江下游、岭南、关东等为范围。地理环境造成的物产原料、群体口味、交通条件等，对饮食习惯的形成和巩固，对风味流派形成及流传覆盖，都有着很强的制约力。

如山东地处黄河下游，气候温和，境内山川纵横，河湖交错，沃野千里，物产丰富，号称"世界三大菜园"之一，东部海岸漫长，盛产海产品，故其鲁菜中胶东菜以烹饪海鲜见长。江苏地处我国东部温带，气候温和，地理条件优越，东临黄海、东海，长江横贯中部，淮河东流，北有洪泽湖，南临太湖，大运河纵流南北，省内大小湖泊星罗棋布，堪称"鱼米之乡"。镇江鲥鱼，两淮鳝鱼，太湖银鱼，南通刀鱼，连云港的海蟹、沙光鱼，阳澄湖的大闸蟹，桂花盛开时江苏独有的斑鱼纷纷上市，由此产生了全鱼席、全蟹席。驰名中外的鲜美柔韧愈嚼愈出味的盐水鸭、鲜嫩异常的炒鸭腰、别有滋味的烩鸭掌，鸭心、鸭血等均可入馔。以鸭肝为主料制作的"美味肝"一菜为清真名菜，又名"美人肝"。所以苏菜中还有全鸭席。而我国中北地区的草原地带，以游牧方式发展畜牧业，他们的饮食结构以肉、奶为主。

由于地理环境和气候的差异，还造成了中国"东辣西酸，南甜北咸"的口味差异。喜辣的食俗多与气候潮湿的地理环境有关。我国东部地处沿海，气候也湿润多雨，冬春阴湿寒冷，而四川虽不处于东部，但其地处盆地，更是潮湿多雾，一年四季少见太阳，因而有"蜀犬吠日"之说。这种气候导致人的身体表面湿度与空气饱和湿度相当，难以排出汗液，令人感到烦闷不安，时间久了，还易使人患风湿寒邪、脾胃虚弱等病症。吃辣椒浑身出汗，汗液当然能轻而易举地排出，经常吃辣可以驱寒祛湿，养脾健胃，对健康极为有利（对当地人而言）。另外，东北地区吃辣也与寒冷的气候有关，吃辣可以驱寒。

山西人能吃醋，可谓"西酸"之首。山西地区居民的食物中钙的含量也相应较多，易在体内引起结石。而吃酸性食物有利于动员骨骼中沉积的钙和减少结石病。此外，西部人喜欢吃硬的食物，易形成消化不良，而吃酸有助消化。久而久之，他们也就渐渐养成了爱吃酸的习惯。

我国北部气候寒冷，过去新鲜蔬菜对北方人是罕见的。即使少量的蔬菜也难以过冬，北方人便把菜腌制起来慢慢"享用"，这样北方大多数人也养成了吃咸的习惯。此外，北方天气干燥，易出汗，电解质损失多，人体内缺少电解质，就会"口无味，体无力"，因此菜肴多偏咸。在过去，北方人说，"多吃盐有劲"。南方多雨，光热条件好，盛产甘蔗，比起北方来，蔬菜更是一年几茬。南方人被糖类"包围"，自然也就养成了吃甜的习惯。

3. 历史条件

在我国，首先是从地域上形成的南北差别，如仰韶文化半坡类型与河姆渡文化在烹饪原料、工具上的差别；西周至战国时期以《周礼》为代表的黄河流域饮食风格，以《楚辞》为代表的长江流域饮食风格；后至唐宋形成的北、南（包括荆吴）、川、岭南等风味派别，经过元明的发展，鲁、川、浙、苏、粤、鄂、闽、京等地方风味进一步明朗化，到清代终于形成以鲁、淮扬、川、粤等四大"帮口"为代表的地方风味流派。历史的发展差异性，是影响菜系形成的一个重要因素和条件。

鲁菜的雏形可以追溯到春秋战国时期。春秋战国时期，鲁国孔子提出了"食不厌精，脍不厌细"的饮食观，从烹调的火候、调味、饮食卫生、饮食礼仪等诸方面提出了主张，后有孟子的"食治—食功—食德"的饮食观，二者合称"孔孟食道"，标志着中国饮食文化的形成，从而也为鲁菜的形成和发展奠定了理论基础。齐鲁两国自然条件得天独厚，尤其傍山靠海的齐国，凭借鱼盐铁之利，使齐桓公首成霸业。烹饪技艺的精湛还表现在烹饪的刀工技术的运用上，孔子的饮食观中"割不正不食"的刀工要求，为厨师出神入化的刀工技术提供了理论依据。

江苏地处长江下游地区，烹饪历史悠久。我国第一位典籍留名的职业厨师彭铿就出在徐州，彭铿被尊为厨师的祖师爷，并有雉羹、羊方藏鱼（"鲜"味的起源）等名菜。秦汉以前饮食主要是"饭稻羹鱼"，《楚辞·天问》记有"彭铿斟雉帝何飨?"之句，即名厨彭铿所制之野鸡羹，供帝尧所食，深得尧的赏识，封其建立大彭国，即今彭城徐州。南京烹饪天厨美名始自六朝，六朝天厨之代表南齐的虞，他善于调味，所制之杂味菜肴非常鲜美，胜过宫中大官膳食，号称天厨当之无愧。"上有天堂，下有苏杭""一出门来两座桥"的苏州被称为"东方威尼斯"，"苏州美，无锡富"，苏锡一带历来都因其风景秀丽为诸多文人雅士、官宦商贾流连忘返，是著名的旅游胜地，并由此产生了全国闻名的"船菜"。

4. 其他原因

政治环境、商业兴衰、宗教传播、饮食习俗、文化交流等，也会在某种程度和一定的范围、时间内影响风味流派的产生与发展。

在上古人的面前，世界是错综复杂而又严峻无情的，他们只能凭借着感性的、质朴的思维方式去探索宇宙万物的奥秘，把握自然的某些表象，当其对大自然的许多奥秘寻找不出答案时，相信在现实世界之外，存在着超自然的神秘境界和鬼神主宰着自然和人类，从而对它敬畏与崇拜。不同地区不同民族的崇拜习性和迷信也影响到当地居民对食料的选择和食用方法。鄂伦春族人以熊为民族的图腾，他们早期不狩熊。畲族崇拜狗，在生活上禁吃狗肉及禁说或写狗字。佛教传入中国后，僧侣们只能吃素食。"南朝四百八十寺，多少楼台烟雨中"，描绘的南北朝时江苏一带佛教的大发展。所以在苏菜中还有"斋席"。四川青城山是道教的发源地。道教注重饮食养生，比如"白果炖鸡"既是药膳，又是川菜的代表名菜，注重本味，很少使用调味料。

此外，不同民族也有不同的饮食习惯。捕鱼和狩猎是赫哲人衣食的主要来源，赫哲族人喜爱吃鱼，尤其喜爱吃生鱼，一向以杀生鱼为敬。满族之家，有祭祀或喜庆事，家人要将福肉敬献尊长客人。肉是白煮，不准加盐，特别嫩美，客人用刀片吃，佐以咸、酸菜、酱。手扒羊肉是蒙古族牧民喜欢的传统餐食。做法通常是，选用膘肥肉嫩的小羯羊，用刀在胸腹部割开二寸左右的直口，把手伸入口内，摸着大动脉捏断，将羊血都流聚在胸腔和腹腔内。剥去皮，切除头蹄，除净内脏和腔血，切除腹部软肉，然后把整羊劈成几大块。洗净后放入开水锅内煮，不加任何调料，不可煮老，一般用刀割开，肉里微有血丝即捞出，装木盘上席，大家围坐在一起，用自己随身带的蒙古刀，边割边吃，羊肉呈粉红色，鲜嫩肥美。

二、菜肴风味流派划分的依据

中国烹饪菜肴流派的划分，是一个非常复杂的问题。因为划分菜肴风味流派的依据标准不同，就会出现不同的流派或不同的表现方式。常见的划分依据包括以下几种方法。

1. 文化背景为依据

所谓文化背景就是以其历史发展过程所形成的具有相同文化影响范围内的群体饮食风格为依据，如中国烹饪学术界很早就有"三大文化流域孕育四大菜系"的说法。即黄河文化流域孕育了以鲁菜为代表的北方菜系；长江文化流域的上游孕育的川菜与下游孕育的苏菜；珠江文化流域孕育了代表岭南饮食风味体系的粤菜。这种划分方法从大的历史背景来看，没有任何异议，但过于粗犷，不便于全方位了解和反映中国烹饪的多姿多彩。

2. 地域背景为依据

以地域背景为依据是根据不同时期的地理区分与行政区划为具体依据进行划分，如山东风味、四川风味、广东风味、淮扬风味、浙江风味、湖南风味等。清代所出现的"帮口""帮口菜"的名称，有如"扬帮""川帮""扬帮菜""川帮菜"的叫法，也是根据厨师的地域来源而形成的。20世纪50年代出现"菜系"一词，代替了原来的叫法，始有"四大菜系"之说，基本上也是延续了地域意义上的划分方法，即山东菜系（简称鲁菜）、淮扬菜系（简称苏菜）、四川菜系（简称川菜）、广东菜系（简称粤菜）。而鲁、苏、川、粤本身就是行政区划的简称。后来又有"八大菜系"之说，即"四大菜系"再加上浙江（浙）、安徽（徽）、湖南（湘）、福建（闽）四个菜系。

3. 民族背景为依据

中国有55个少数民族，就有55个民族风味流派。即便是有些少数民族的饮食风格相同，但把他们划分成十几个民族菜肴风味流派是没有问题的，再加上汉民族，也是一个丰富多彩的群体。

4. 原料性质为依据

如果从烹饪中所使用的不同原料的性质为依据进行划分，则可以分为素食风味流派和荤食风味流派两个大体系。素食从南朝梁开始形成流派，到清代形成宫廷、寺院、民间三大派别。荤食则是广大民众在自然生产与生活发展中形成的大群体。把整个烹饪仅划分成为荤、素两个流派，也是不能够完全反映中国烹饪的博大精深与缤纷多彩的。

5．其他条件为依据

除了以上的划分方法之外，还有许多划分方法，如从菜肴的功用性来划分则有保健医疗风味和普通食品风味之分；如果以菜肴的生产者为主体来划分的话则有市肆风味、食堂风味、家庭风味之分；若按不同的时代为依据划分则有仿古风味和现代风味之分，前者如仿宫廷菜、仿官府菜、仿唐菜、仿宋菜、仿清菜等风味流派。

其实，无论依据什么样的标准进行划分，有最主要的一条，就是由烹饪物质要素和工艺特色而形成的群体口味的相同和近似性特点。所以，有学者认为，依据相同或相近的口味特征，可以划分为几个大的饮食文化圈，并以此来代表风味流派。

中国烹饪最重"味"，菜肴、食品的味道是诸种因素的综合性体现，是划分风味流派最主要的依据。据此可归纳为：鲁地重咸鲜，粤地重清爽，蜀地多麻辣，淮扬偏甜淡，陕西偏咸辣，山西偏酸咸等，其实近似古人所谓"南甜北咸、东辣西酸"的说法。

不过，一个区域群体口味的形成，深受多方面因素的影响，而其民风民俗、审美情趣也是有差异的。以上述烹饪菜肴的审美风格而言，鲁菜流派具有风格大度豪爽，实在大方，快炒大爆，一派山东大汉气概；川菜流派的风格则是重点突出而形式多样，犹如川妹子俏丽热情而泼辣多智，使胆怯者却步，勇敢者在火辣辣之中回味无穷；淮扬菜的风格雅致精妙，清丽恬淡，委婉细腻，一如苏杭女子，浓妆淡抹，总有引人风姿；粤菜流派的风格则通脱潇洒，广采众长，华丽多姿，变通中西，好似一英俊青年，灵活机智，善于开拓，勇于创新。

三、菜肴风味流派的界定

1．从地域文化角度

我国清朝年间出现"帮口"一词，是指以口味特点不同所形成的烹饪生产行帮。"菜系"一词是20世纪50年代开始出现，到20世纪70年代得到广泛认同。按照餐饮行业生产与市场经营的相关性认知，中国历来有四大菜系的说法，即山东（鲁）菜系、淮扬（淮安和扬州）菜系、四川（川）菜系、广东（粤）菜系。四大菜系的定位，有着极其深远的历史渊源，可以归为一句概要的背景因素：中国三大文化领域孕育了四大菜系。即黄河文化领域孕育了鲁菜大系，长江文化领域孕育了上游的川菜大系与下游的苏菜大系，而珠江文化领域孕育了粤菜大系。

后来，又有八大菜系的扩展，八大菜系是以四大菜系（其中淮扬菜在八大菜系中可称苏菜）为基础，加上浙江（浙）菜系、福建（闽）菜系、湖南（湘）菜系、安徽（徽）菜系等四个菜系。由于晚近以来随着大城市文化的发展，北京、上海的厨师饮食风格逐渐形成，于是又有了十大菜系之说。所以，十大菜系是在八大菜系的基础上，加上北京（京）菜系、上海（沪）菜系而形成的。

及其后，又有十六大菜系之说、新八大菜系之说、小八大菜系之说，甚至更有每个省市即为一个菜系的说法等，都属于智者见智、仁者见仁。因为如果将其置于中国大文化的历史背景下，或者从广泛的地域文化的影响力来看，则是可以商榷的；如果从发展地方特色文化经济的角度看，也是可以理解的。

2．从民族文化角度

我国有56个民族，每个民族由于其历史发展与生活环境的不同，形成了各自的饮食风格。以回族为代表，包括维吾尔、哈萨克、东乡、撒拉等民族的清真风味；以畜牧业为主的蒙古族、藏族等肉食风味流派；以从事农业的朝鲜、满、土家、裕固、傣、白、壮、苗、瑶等民族风味流派；以渔猎为主的赫哲、鄂伦春、鄂温克等民族风味流派；以从事商业为主的乌兹别克、塔塔尔等民族风味流派；以渔业为主的京族风味流派。除经济生活条件外，地理环境、宗教信仰、文化传统、风俗习惯等也是形成民族风味流派的条件。

3. 从烹饪食品消费对象角度

所谓烹饪食品消费对象，主要是指烹饪菜肴生产消费群体的定向性，即菜肴食品的消费群体的专门化。从较大的时空来看，这也是构成中国烹饪整体的不同部分。传统划分一般包括宫廷风味流派、官府风味流派、寺院风味流派、市肆风味流派、民间风味流派、地方风味流派等六个方面。

【知识链接】

中国饮食文化圈的划分

中国饮食文化圈的理论是著名饮食文化学者赵荣光先生首先提出来的。他认为：中华民族饮食文化圈是以今日中华人民共和国版图为基本地域空间，以域内民众为创造与承载主体的人类饮食文化区位性历史存在。及至19世纪，中国饮食文化的区域特征如下：在今中华人民共和国版图内是东北地区饮食文化圈、京津地区饮食文化圈、黄河下游地区饮食文化圈、黄河中游地区饮食文化圈、长江下游地区饮食文化圈、长江中游地区饮食文化圈、东南地区饮食文化圈、西南地区饮食文化圈、青藏高原地区饮食文化圈、西北地区饮食文化圈、中北地区饮食文化圈和素食文化圈等12个相对独立又彼此紧密相连的子文化区位并存的民族饮食文化区域形态。

第二节　中国菜肴构成的风味类型

烹饪作业的结果是生产菜肴，而众多菜肴流派的集合体就构成了中国菜。但中国菜的构成，从宏观层面来看，它是一个多维度的结构体系。有不同的地域文化和不同的消费群体，也有不同的民族和不同的历史时期等。我们以不同的消费群体为依据，来看中国菜的构成内容，就基本形成了中国菜的完整体系。就这个角度而言，中国菜可以说是由宫廷风味、官府风味、地方风味、民间风味、民族风味、寺院风味构成的。这六大消费群体，概括了华夏民族所有的成员。当然，这不是严格意义上的科学分类方法，其中有些交叉的成分。

一、中国菜肴的精华部分——宫廷风味

宫廷风味是指历代帝王及其后宫嫔妃们的饮食风味。在中国历史上，远至商周，近至晚清，宫廷中都设立了专门为帝王及其嫔妃们用于饭食菜肴制作与服务的庞大的机构。这种机

构历代的名称虽不相同，但其职能是相同的。据史料记载，历代帝王的饮食都有严格的规定，对外是绝对保密的。直到清朝被推翻，我们才得以看到清宫菜肴的面貌，甚至有机会品尝到几位末代"御厨"在"仿膳"制作的宫廷菜肴的味道。至于其他的宫廷菜肴，则只能从零散的史料中去了解大概情形。宫廷风味的总体特征如下。

（1）选料十分考究，配料规定十分严格。
（2）菜肴制作精致，宴饮雍容华贵典雅。
（3）讲究养生保健，五味调和精益求精。
（4）山珍海味备至，菜点多有文化寓意。

也有的学者认为，中国宫廷菜有南北两大体系之分。南味宫廷菜以金陵（今南京）、益州（今成都）、临安（今杭州）、郢都（今荆州）为代表，北味以长安、洛阳、开封、北京、沈阳为代表。其共同特点是华贵珍奇，配菜典式有一定的规格。这种传统从商周以来一直保留，如《礼记·内则》中说的"八珍"（所指有许多不同说法，后世以龙肝、凤髓、豹胎、鲤尾、天鹅炙、猩唇、熊掌、酥酪蝉为八珍），2000多年来，一直沿用不衰。不过具体内容是不断发展变化的，唐代的水陆八珍有"紫驼之峰出翠釜，水晶之盘行素鳞"之说，不仅有陆产，而且有水产。以后的迤北八珍、天厨八珍，野味占主导地位。到清代，则得到了进一步的发展，满汉全席是宫廷烹饪的最高代表，满汉全席用的八珍原料分得很细，称为"四八珍"。即山八珍：驼峰、熊掌、猴脑、猩唇、象拔（象鼻）、豹胎、犀尾、鹿筋；海八珍：燕窝、鱼翅、大乌参、鱼肚、鱼骨、鲍鱼、海豹、狗鱼（娃娃鱼）；禽八珍：红燕、飞龙、鹌鹑、天鹅、鹧鸪、彩雀、斑鸠、红头鹰；草八珍：猴头（菌）、银耳、竹荪、驴窝菌、羊肚菌、花菇、黄花菜、云香信（香菇中的一种）。另有旧时南方商家所称的"海味八样""动物八珍"等。海味八样：鱼翅、海参、鱼肚、淡菜（干贻贝肉）、干贝（干扇贝肉）、鱼唇、鲍鱼、鱿鱼；动物八珍：熊掌、象鼻、驼峰、猩唇、鹿尾、猴脑、豹胎、燕窝。这些都是宫廷烹饪中的必备原料。元明以来，宫廷菜主要是指北京宫廷菜，其特点是选料严格，制作精细，形色美观，口味以清、鲜、酥、嫩见长。著名的菜点有熘鸡脯、荷包里脊、四大抓、四大酱、四大酥、小糖窝头、豌豆黄、芸豆卷等。现在北京的仿膳饭庄仍经营这种传统的宫廷风味菜点。西安也仿制成功了唐代宫廷菜，对外供应，主要有长安八景、龙凤宴、烧尾宴、沉香宴、曲江宴等多种宴席，有50多个品种。

宫廷风味的形成其实是在宫廷特殊的社会背景下，他们拥有至高无上的社会地位和无人可与之匹敌的财富，因而可以广招境内厨师高手，广罗天下珍奇，限于当时的自然条件和认识水平，宫廷食材中也有很多当今明令禁止捕杀的野生保护动物，这部分内容仅仅是为了展现当时宫廷菜肴的珍奇。

二、中国菜肴的富贵部分——官府风味

中国的官府在等级社会里是统治阶级中地位较高的一个阶层，诸如皇亲国戚、王公贵胄、达官富豪等，尤其是其中的大官僚，如晚清的王爷、贝勒之类，以其显著的地位和权势，追求享受人间美味，从而出现了官府风味这一风味流派。古代各级官僚雇用厨师为自己服务，一些官僚本身就是美食家，有的还是烹调专家，历代烹饪著作大多出自他们之手。著名的如曹操、崔浩、谢讽、韦巨源、曹寅、袁枚等。历史上流传至今影响较大的官府风

味菜，以北京的谭家菜、山东的孔府菜、沈阳王府菜等最为有名。官府风味的主要特点如下。

（1）用料广博而加工精细。

（2）烹调方法众多而工艺精湛。

（3）创新菜肴较多且富于特色。

（4）口味特色因"官府"而异。

（5）菜品、宴席有严格的等级制度。

（6）讲究食礼，规格典雅华贵。

广义的官府菜，还包括我国历代封建王朝许多官高禄厚的文武官员，他们也都极其讲究饮食，不惜重金聘请名厨，创造了许多传世的烹调技艺和名菜。如东坡肉，据说是北宋文学家苏轼（号东坡居士）所创制的；宫保鸡，相传为清四川总督丁宝桢（官衔宫保）所喜食而得名。在北京颇有声誉的谭家菜和直隶官府菜的一些名菜，都是过去的官府菜。谭家菜的名菜有葵花鸭子、白斩鸡、黄焖鱼翅、草菇蒸酥、麻蓉包等。直隶官府菜的名菜有总督豆腐、阳春白雪、上汤酿白菜、南煎丸子、李鸿章杂烩、直隶海参等。

晚清时期在京城，流传最广的官府菜是清末谭宗浚父子所创的"谭家菜"。谭家菜作为北京官府菜的代表，这个清朝官僚家庭产生的私家菜由于色、香、味、形等方面独树一帜，而享誉京城。"谭家菜"的菜品有四大特点：一是选料考究；二是下料好；三是火候足；四是慢火细做，追求香醇软烂。凡吃过谭家菜后，皆感觉到谭家菜香气四溢，食后留香持久。皆称"不为枉费""回味无穷"。而今，在餐饮市场上流行的直隶官府菜和孔府菜也闻名遐迩。尤其是孔府菜，因为出自"天下第一家"之称的孔府，其社会地位、传承历史、文化背景堪称中国官府中的第一家，孔府菜也可以称为中国最典型的官府菜。

三、中国菜肴的主体部分——地方风味

毫无疑义，中国菜的主体部分属于富有地域特色的地方风味菜，也就是现在流行的"菜系"，诸如山东风味菜、广东风味菜、四川风味菜、江苏风味菜等。一般来说，中国的地方风味菜是随着商品经济的发展形成的，因而地方风味源于传统的"市肆"菜。

中国古代的商品交换早在商代就已经比较发达了。"沽酒""市脯"开店铺经营食品交易，市肆风味也因此而产生。至西汉时，市面上已是"熟食遍列，肴旅成市"。经过唐宋的发展，至明清年间，各大城市的饮食市场已经非常发达，呈现出"集天下之珍奇，皆归于市。会寰区之异味，悉在庖厨。"的局面，代表了当时饮食市场的发达和不同饮食风味的最高水平。中国饮食的地方风味根植于民间风味，又受到官府、宫廷、寺院等风味的影响，从而形成了代表各大区域饮食特征的风味体系，具有明显的群体口味的特征。

（1）适应性强，南北东西风味各异，兼具适应市场的能力。

（2）取料广泛，菜品种类繁多，适合于店铺经营。

（3）烹饪技法全面，具有不同的群体口味区别性。

（4）菜品服务优良，可以满足不同客人的需求。

我国幅员辽阔，各地自然条件、人们生活习惯、经济文化发展状况不同，在饮食烹调和菜肴品类方面，逐渐形成了不同的地方风味。南北两大风味，自春秋战国时期开始出现。到

了唐代，经济文化空前繁荣，为饮食文化的发展奠定了坚实的基础。此外，唐代座椅方桌的出现，改变了中国几千年的分餐制的进餐方式，出现了中国独特的共餐制，促进了我国烹饪事业的飞速发展，到唐宋时期已形成南食和北食两大风味派别。到了清代初期，鲁菜（包括京津等北方地区的风味菜）、苏菜（包括江、浙、皖地区的风味菜）、粤菜（包括闽、台、潮、琼地区的风味菜）、川菜（包括湘、鄂、黔、滇地区的风味菜），已成为我国最有影响的地方菜，后称"四大菜系"。随着饮食业的进一步发展，有些地方菜愈显其独有特色而自成派系。到了清末时期，又加入了浙、闽、湘、徽地方菜系，而成为"八大菜系"，以后再增加京、沪，便有"十大菜系"之说。各地方风味菜中著名的有数千种，它们选料考究，制作精细，品种繁多，风味各异，讲究色、香、味、形、器俱佳的协调统一。

四、中国菜肴的基础部分——民间风味

民间风味就是流行于广大平民百姓日常生活中的饮食风味体系，它是中国烹饪生产规模最大、消费人口最多、最普遍、最常见的风味，是中国烹饪最雄厚的土壤和基础。从历史的发展情况来看，一个地区民间风味的形成应早于其他风味的形成，虽然其发展过程往往是零散的。可以说，无论宫廷风味菜、官府风味菜、地方风味菜等其根基都是源于中国民间风味菜的，因而是中国菜形成与发展的基础。民间风味经过漫长的历史发展与演变，已经形成了自己的特色。

（1）就地取材，普遍取材，取材普通。

（2）烹调方法比较简单，因陋就简，乡土气息浓厚。

（3）口味和口感因地制宜，富有浓厚的区域地方特色。

（4）经济实惠，消费水平较低。

最能够代表民间风味的是地方风味小吃。如广东小吃属于岭南风味，多来源于民间，大都被流传下来而成为传统名食。现时的广东小吃和点心有区别，小吃品种是专指那些街边小店经营的米、面小型食品，制作较简朴；点心是茶楼、早茶的繁多品种，以及星期美点等，特点是花式品种较多，造型精细。广东小吃的成熟方法多为蒸、煎、煮、炸4种，可分为6类。一类是油炸小吃，以米、面和杂粮为原料，风味各异；二是糕品，以米、面为主，杂粮次之，都是蒸炊至熟的，可分为发酵和不发酵的两大类；三是粉、面食品，以米、面为原料，大都是煮熟而成的；四是粥品，名目繁多，其名大都以用料而定，也有以粥的风味特色而称的；五是甜品，指各种甜味小吃品种，不包括面点、糕团在内，用料除蛋、奶以外，多为植物的根、茎、梗、花、果、仁等；六是杂食类，凡不属于上述各类者皆是，因其用料很杂而得名，以价格低廉，风味多样而著称。

五、中国菜肴的特色部分——民族风味

民族风味是指我国少数民族的菜肴，即汉族以外的55个少数民族的菜点的总称。少数民族风味是中国烹饪饮食风味的延伸，是中国菜的重要组成部分。同汉族饮食风味一样，少数民族饮食风味也有着自己形成、发展的历史，有着自己独特鲜明的个性。历史上少数民族风味一直对中原风味有着广泛而深刻的影响，而少数民族风味也在其发展中不断受到汉族风味

的影响。同时，少数民族风味之间也存在着相互影响、发展提高的关系。民族风味具有以下特点。

（1）风味各异，风格多样，各具特色。

（2）用料奇特，各显风采，富于民族地方特征。

（3）烹法独特，菜式奇妙，五彩缤纷。

（4）食风纯朴，古风犹存，甚至具有原始遗风。

六、中国菜的特殊部分——寺院风味

所谓寺院风味就是指广泛流行于寺院、庙宇、道观，主要供僧侣等出家剃度者食用的饮食风味菜肴。其中主要指以佛教徒素食为主形成的素菜体系。佛教在我国的汉朝时传入，至南北朝时得到大规模的发展，僧侣队伍急剧扩大，寺院不但大量修建，而且规模也不断增加。寺院的出现和发展为寺院风味的形成奠定了基础条件，至唐宋年间，寺院风味已颇具规模。寺院风味开始是为僧侣的饮食服务的，后来又供香客们食用，开始了寺院风味经营的现象。寺院风味包括寺院菜肴、面点、小吃等，它的主要特点如下。

（1）以素食为主，口味清新淡雅。

（2）取材广泛精细，但有一定的限制，讲究工艺。

（3）讲究营养搭配，利于养生保健。

（4）具有不同的地域特色，风格各异。

【知识链接】

中国孔府菜

中国孔府菜是中国封建社会官府菜的典型代表。孔府菜历史悠久，博大精深，它融合古今烹调技艺，汇聚南北饮食精华，在食料选择、菜肴烹饪、宴席设计、糕点制作以及饮食礼仪等诸方面都达到了极高的文明境界，尤以做工精细、善于调味、讲究盛器而著称，给人以雄浑尊严、华贵典雅、大味醇厚的感觉。从孔府门下走出过许多名品菜肴，如孔府一品锅、神仙鸭子、御笔猴头、诗礼银杏、带子上朝、怀抱鲤、一卵孵双凤、烤牌子、烤花揽鲑鱼、八仙过海闹罗汉等，都知名于海内外。历代衍圣公府送出的餐饮宴席更以排场和华贵著称，甚至一席宴会就能呈现404件造型各异的餐具，摆出196道名菜佳肴，让世人为之瞠目结舌。

第三节　中国菜肴地域风味流派

中国是一个地域广阔的国家，各地的气候、物产、民风民俗等各不相同，所形成的饮食风味体系就呈现出了各具特色的局面，这就是我们平常所说的地方风味菜肴流派，也称为菜系。其中影响最大的是四大菜系，因为它们是以中国的三大文化流域孕育而成的，具有深厚的历史底蕴。但从更深远的文化与社会意义而言，作为一个烹饪工作者，必须能够全面了解我国烹饪的情况，了解各个风味流派的特点和制作技艺特征，以便为广大的消费者服务。下面以三大文化流域为背景，选择介绍三大文化流域中的典型菜肴风味流派。

一、黄河文化流域（鲁、京、豫）

（一）山东菜
山东菜，简称鲁菜，是黄河中下游文化流域及其以北广大地区饮食风味体系的代表，也是在我国历史上影响最大、流行最广的菜系之一。

1. 鲁菜的形成与发展
鲁菜大系的出现，可追溯到春秋战国时期。当时鲁国和齐国的都市，经济繁荣，饮食发达，促进了烹饪技术的发展。特别是诞生于鲁国的大思想家、教育家孔子提倡的"食不厌精，脍不厌细"等的一系列饮食理论，对齐鲁地区人们的饮食习俗的影响和烹调技艺水平的提高有一定的指导意义。至唐宋以后，鲁菜已逐渐成为北方菜的代表。明清时期是鲁菜发展的鼎盛阶段，大量的鲁菜厨师进入宫廷，成为宫廷御膳的支柱之一，并被华北、东北等地区的人们所接受，成为这些地区菜肴的主流和代表，故山东有"烹饪之乡"的美称。

鲁菜的形成与发展，与山东境内富饶的物产资源有着直接的关系。山东省地处我国东部，黄河自西向东横贯全省，东临渤海、黄海，漫长的海岸线使海洋渔业十分发达，海产品品种繁多，质量上乘，驰名中外，如对虾、海参、鱼翅、加吉鱼、鲍鱼、扇贝、鱿鱼等为全国之最。山东北部靠近华北平原，西南为鲁西平原，均盛产粮食果蔬。家畜家禽等肉类食材的产量也很可观。内陆河流、湖泊众多，水域辽阔，淡水资源丰富，这些都为鲁菜的烹饪发展提高提供了取之不尽的物质条件。

2. 鲁菜的构成
鲁菜大系是由济南风味、胶东风味、济宁风味和孔府菜等风味构成的。济南风味指济南、德州、泰安一带的菜肴，其特点是取料广泛，烹调方法擅长爆、炒、烧、炸、烤等，菜品讲究清鲜、脆嫩、味纯，并长于制汤，技艺精妙。胶东风味指烟台、青岛、威海等地的菜肴，起源于福山，其特点是善于烹制海鲜，口味注重清淡和鲜嫩，强调保持原料的原汁原味，长于蒸、炒、炸、熘等烹调方法。济宁风味历史悠久，加之孔府烹饪的影响，形成了独具一格的特色。其特点是用料讲究、刀工精细、调味得当、注重火候。孔府菜则在此基础上更讲究豪华典雅，精美并举，是中国典型的官府菜，由于清朝年间孔府与宫廷关系密切，交流频繁，许多菜式可与宫廷菜媲美。

3. 鲁菜的特点
鲁菜的特点可以归结为：鲜爽脆嫩，突出原味，刀工考究，配伍精当，善于调和，口味纯正，工于火候，技法全面，菜式众多，适应面广。

4. 鲁菜的代表菜
鲁菜的名贵菜品很多，其中主要的代表菜肴有糖醋鲤鱼、油爆双脆、九转大肠、清蒸加吉鱼、葱烧海参、油爆海螺、煎烤大虾、扒原壳鲍鱼、拔丝山药、带子上朝、一卵孵双凤、诗礼银杏等。

（二）北京菜

北京菜，简称京菜。

1. 北京菜的形成

北京古为燕地，历史悠久，至两汉时这里的经济、文化已十分发达，烹饪技艺与饮食文化也相应得到了繁荣和发展。但北京菜真正的发展与形成却是在宋代以后。北京为金中都、元大都、明朝和清朝都城，是政治、经济、文化中心。北京以其优越的条件，荟萃天下人文，汇聚全国财物，各地饮食风味和烹饪高手也聚集京都，加之历代宫廷饮食的影响，历经七八百年的演变发展，形成了北京菜所具有的风味体系。北京菜兼收并蓄东西南北各地风味流派的长处，并兼收满、蒙古、回族等诸多民族风味，博采官府、宫廷菜式之长，汲取市肆、民间菜之优点，推陈出新，有机结合，自成一家。《清稗类钞》一书中就认为北京菜为"肴馔之有特色者"之首。至清末，北京菜已经形成了以山东菜、本地菜、江苏菜为基础，以宫廷菜、清真菜为辅助的菜肴体系。

2. 北京菜的特点

北京菜的取料极其广泛。虽然北京本地的物产有限，但因北京是几个朝代的都城，有条件汇聚东北的山珍，江南的蔬鲜，中原的粮谷，东南的海味，西北的牛羊，为北京菜所用。其烹调方法亦博采众长，尤以涮、烤最有特色。口味上以北方的浓郁、酥烂、咸鲜为主，兼有江南、岭南的脆嫩清鲜。由于受到历代宫廷菜的影响，其菜肴还具有高贵大方、制作精美、豪华典雅的特点。

3. 北京菜的代表菜肴

北京的名菜很多，有些菜肴享誉世界，如北京烤鸭，素有"国菜"之称，其他如北京烤肉、涮羊肉、白煮肉、罗汉大虾、黄焖鱼翅、砂锅羊头、它似蜜等闻名遐迩。

（三）河南菜

河南菜，简称豫菜，是黄河中上游文化流域及其传统意义上的中原地区饮食风味体系的代表，也是在我国历史上历史悠久的菜系之一。但由于晚近以来中原经济的发展和文化的传承较其他地区有所差异，结果没有被认定在"八大菜系"或"十大菜系"之列，应该是一件憾事。

1. 河南菜的形成

豫菜作为中原烹饪文明的代表，虽然在南宋以后成为中国烹饪的地方帮派，但因地处九州之中，也就一直秉承着中国烹饪的基本传统，其特点是"中与和"。"中"是指豫菜不东、不西、不南、不北，而居东西南北之中；口味上不偏甜、不偏咸、不偏辣、不偏酸，而于甜咸酸辣之间求其中、求其平、求其淡。"和"是指融东西南北为一体，为一统，融甜咸酸辣为一鼎而求一味，而求一和。中与和为中原烹饪文化之本，为中华文明之本。从中国烹饪之圣商相伊尹（开封人）3600年前创五味调和之说至今，豫菜借中州之地利，得四季之天时，调和鼎鼐，包容五味，以数十种技法炮制数千种菜肴，其品种技术南下北上影响遍及神州，美味脍炙人口。

2. 河南菜的特点

河南菜的特点具有四方选料，独特涨发，精工细作，极擅用汤，调和五味，程度适中等。不论干鲜老嫩，煎炒烹炸以"味"引领，色、香、形、器俱全，以"和"赢得八方食客的青睐。因此，豫菜有时尚而没有时髦，有内涵而没有浮躁，不以华丽逞一时，而以醇厚平和续千年。今天的豫菜保留了商、周宫廷的三羹、五齑、八珍的遗风，传承了隋、唐洛阳东西两市的大宴、素席的风格，沿袭了北宋汴京宫廷、市肆的有美皆备、无丽不臻的气度。

3．河南菜的代表菜肴

河南菜的代表菜肴很多，如烧烤方肋、烧烤羔羊、烧烤肥鸭、糖醋软熘黄河鲤鱼焙面、牡丹燕菜、白扒广肚、炸紫酥肉、锅贴豆腐、翡翠鱼丝、卤煮黄香管、东坡肉、决明兜子、芙蓉海参、果汁龙鳞虾、三鲜铁锅烤蛋、煎扣青鱼头尾、桶子鸡等。

二、长江文化流域（川、苏、浙、湘、徽、沪）

（一）四川菜

四川菜，简称川菜，是长江中上游文化流域广大地区饮食风味体系的代表，是我国影响较大的著名菜系之一。

1．川菜的形成与发展

川菜起源于古代的巴国和蜀国，萌芽于西周至春秋时期，形成于两汉三国时代。唐、宋以后，随着生产的发展和经济的繁荣，川菜在原有的风味上吸取了南北菜肴烹调技艺之长，广猎精选，兼收并蓄，逐渐形成了自己的风味特色，至清朝时，富有个性的川菜已成为中国菜中重要的风味体系而驰名中外。

四川省位于长江中上游，四面环山，江河纵横，沃野千里，物产丰富，素有"天府之国"的美称。四川处于盆地、平原地带，气候温和，四季常青，盛产粮油佳品，蔬菜瓜果四季不断，家禽家畜品种繁多，加之山岳深丘野味丰富，江河峡谷所产各种鱼鲜量多质优，且特异之品居多，川地的调味品更是丰富多彩，名品多多，如川盐、保宁醋、郫县豆瓣、茂县花椒、涪陵榨菜等均久负盛名，这些均为川菜的取料提供了广泛的物质基础。

2．川菜的构成

川菜是由成都风味（也称上河帮）、重庆风味（也称下河帮）、自贡风味（也称小河帮）构成。虽然地区不同，但菜肴风味大同小异，原料均以省内所产的山珍、水产、蔬菜、果品为主，兼用海产的干品原料，调味品、佐辅料以本省的井盐、川糖、川椒、蜀姜、辣椒及豆瓣、腐乳为主。味型以麻辣、鱼香、怪味较为突出。

3．川菜的特点

川菜的主要特点是：取料广泛，注重调味，味型众多，素有"一菜一格、百菜百味"之称，调味善用麻辣。菜肴清鲜醇浓并重，而以清鲜见长，具有浓郁的民间风格，乡土气息浓郁。

4．川菜的代表菜肴

川菜菜式据不完全统计，其有据可查的就有4000种之多，其中较有代表性的菜肴有宫保鸡丁、麻婆豆腐、樟茶鸭子、鱼香肉丝、怪味鸡、回锅肉、毛肚火锅、水煮牛肉、干煸鱿鱼丝、棒棒鸡等。

（二）江苏菜

江苏菜，简称苏菜，是长江中下游文化流域广大地区饮食风味体系的代表，是我国著名的菜系之一，在国内外享有盛誉。

1. 苏菜的形成与发展

江苏菜历史悠久，烹饪文化源远流长。春秋战国时期是苏菜形成的早期阶段，所制作的鱼炙、吴羹、鱼脍已很有名声。三国及南北朝时期是苏菜初步形成的阶段，那时苏菜中的素食、鱼品、腌酱食品等已相当精美。唐宋时期是苏菜发展的高潮时期，因经济昌盛，带来了烹饪的繁荣，当时的扬州成了帝王将相、文人商贾竞相游乐的都会，极大地促进了扬州风味的提高与发展。清代是苏菜发展的又一高潮，饮食市场繁荣发达，食肆酒楼遍地，船菜船点成了闻名遐迩的美食。

江苏地处长江的下游，素有"鱼米之乡"的美称，土地肥沃、气候温和、粮油珍禽、干货调料、蔬菜果品资源丰富，特别是鱼虾水产量多质优。江苏东濒黄海，西拥洪泽，南临太湖，河流、水道纵横交错，有许多著名的水产，如长江三鲜之称的鲥鱼、刀鱼、鮰鱼；太湖三宝之称的白虾、梅鲚、银鱼；更有清水大闸蟹、龙迟鲫鱼、扬州青鱼、两淮鳝鱼、如东文蛤、南通竹蛏等，均是闻名全国的名产。这些优质的食材为苏菜的形成与发展奠定了厚实的物质基础。

2. 苏菜的构成

江苏各地菜肴口味不尽相同，形成了以淮扬风味、金陵风味、苏锡风味、徐海风味等构成的苏菜的基本体系。

淮扬风味是以扬州、两淮（淮安、淮阴）为中心所制作的菜肴，其中扬州菜是淮扬风味的代表，它具有选料讲究、制作精细、突出主料、强调本味、清淡适口、注重火工等特点，而且善于保持菜肴的原汁原味，精于瓜果雕刻等技艺。金陵风味号称"京苏菜"，是以南京为中心的地方风味。南京菜兼取四方之需，融合了许多烹饪精华，其特点是制作精细、玲珑精巧、讲究刀工、注重火候、口味平和，以鲜、香、酥、嫩著称，烹调方法以炖、焖、叉烧见长，尤以鸭肴制作久负盛名。苏锡风味，以苏州、无锡为中心，菜肴别具特色，擅长烹制河鲜、湖蟹、蔬菜等，注重造型，讲究美观，菜肴口味先甜后咸，近来已由浓油赤酱的风格向着清新爽淡方面发展，其白汁、清炖技法别具一格，又善用红曲、糟制之法。徐海风味是指徐州沿东陇海线至连云港一带，这里所产海鲜甚多，口味南北相兼，以咸鲜居多，风格淳朴。

3. 苏菜的特点

综合江苏各个地方风味的特色，归结起来，江苏菜具有选料严谨，制作精细，重于调味，长于用汤，口味清鲜，咸中带甜，浓而不腻，淡而不薄，酥烂脱骨而不失其形，滑嫩爽脆而不失其味等特点。

4. 苏菜的代表菜肴

江苏菜的著名菜式不胜枚举，其中较有代表性的菜品有清炖蟹粉狮子头、拆烩鲢鱼头、扒烧整猪头、清蒸鲥鱼、叉烤鸭、叉烧鳜鱼、扁大肉酥、水晶肴蹄、三套鸭、美人肝、大煮干丝等。

（三）浙江菜

浙江菜，简称浙菜，是我国历史悠久的著名菜系之一，在国内外具有较高的声誉。

1. 浙菜的形成与发展

浙江烹饪历史悠久，丰富的自然资源，加之发达的经济文化和繁荣的商业市场，使得浙菜在吸收了北方和淮扬风味特长的基础上，发展并形成了自己的风味和烹饪体系。特别是从南宋以后，因当时的杭州（古称临安）为南宋的都城，大批北方官商及百姓人家南迁并定居浙江，随之而来的是市场的繁荣与北方烹饪文化的传入，出现了南北烹饪技艺大融合的局面，推动了以杭州为中心的浙江菜肴的革新与发展，提高了烹饪技艺，丰富了菜肴品种。据宋代《梦粱录》记载，当时杭州已有特色菜肴数百种之多，酒楼林立，食店遍布，饮食市场一片繁荣景象。这种景象一直延续到近代，以杭州为中心的浙江烹饪风光依旧，历久不衰。

浙江位于我国的东海之滨，气候温和，物产丰富，交通发达，文化昌盛。境内北部为广阔的三角洲平原，土地肥沃，河流密布，粮油禽畜、水产果蔬资源丰富，不胜枚举。东临大海，海域辽阔，渔场众多，各种鱼类和贝类水产品种齐全，产量极高。西南部地区丘陵起伏，盛产山珍野味。丰富的物产资源，与高超的烹饪技艺，使浙江菜历经发展而成为独具一格的烹饪风味体系。

2．浙菜的构成

浙江菜主要由杭州风味、宁波风味、绍兴风味组成。杭州风味菜制作精细，变化多端，擅长爆、炒、烩、炸等烹调技法，菜肴具有清鲜爽脆、典雅精致等特点。宁波风味菜取料以海鲜为主，烹调技法以蒸、烤、炖见长，口味鲜咸合一，菜品讲究鲜嫩软滑，注重保持原味原色。绍兴风味菜以河鲜家禽为主，富有浓厚的乡土气息，菜品香酥绵糯，汤浓味厚。

3．浙菜的特点

从整体来看，浙江菜有以下的特点，就是取料丰富，品种繁多，菜式小巧玲珑，清秀俊逸，制作精细考究，菜肴鲜美滑嫩，脆软清爽，善制河鲜。

4．浙菜的代表菜肴

浙江菜的主要代表菜式有龙井虾仁、干炸响铃、西湖醋鱼、生爆鳝片、东坡肉、蜜汁火方、梅菜扣肉、腌笃鲜、赛蟹羹等。

（四）湖南菜

湖南菜，简称湘菜，是我国长江中游地区历史悠久的地方菜系之一。

1．湘菜的形成与发展

湘菜历史悠久，源远流长，远在春秋战国时期，湖南地区的烹饪水平已相当高超，从屈原的《楚辞》中，我们可以知道，当时已有数十种精制菜品，并且形成了以烹调淡水产品为特色的饮食体系。后经不断发展，湘菜技艺日益提高，据长沙市郊区马王堆出土的西汉古墓遗存文物记载，当时已有数百款菜肴及十几种烹调方法。六朝以后，随着大批统治者和文人的到来，使潇湘的经济、文化得到相当程度的发展，从而促进了饮食业的繁荣与发展，并留下了大量关于美味佳肴的诗篇，相继出现了许多富有寓意的传统名菜，如"怀胎鸭""龙女斛珠""子龙脱袍"等，已有千余年的历史。明清时期是湘菜发展的鼎盛阶段，风格独特的湘菜体系初步形成。到了清代末年，由于宫廷与官府的腐败奢侈，美食之风益盛，烹饪技艺得到了畸形的发展，湘菜中著名的谭家菜就是在这一时期形成的，湖南菜由此成为在国内较有影响的大菜系之一。

湖南省位于中南地区，气候分明，自然条件优越，南有高山丛林，盛产蕈、笋、雉、兔等山珍野味；北有河湖平原，盛产鱼、虾、贝、螺等。湖南许多地方的特产全国有名，如湘莲、湘藕、腊味等，这为湘菜品种的丰富多彩创造了良好的物质条件。

2．湘菜的构成

湖南菜主要由湘江风味、洞庭风味和湘西风味组成。其中湘江风味包括长沙、湘潭、衡阳等地,是湘菜的主流,特点是用料广泛,制作精细,品种多样,在质地和调味上鲜香酥软,烹调方法以煨、炖、腊、蒸、炒为主。煨要求味透汁浓,炖则要汤清如镜,都是讲究文火烹制;腊味包括熏、卤制、叉烧等方法;蒸菜原料以畜肉类为主,色泽红润,酥软入味;炒菜则要求鲜香滑嫩。几乎所有的菜肴都有辣味。洞庭风味是以洞庭湖的湖产为主要原料烹制的菜肴,长于湖鲜、水禽等原料的调制,烹调方法以煮、烧、蒸为主,其中煮菜用火锅上桌,别具特色。湘西风味是典型的山区特色,擅长烹制山珍野味和各种腌制品,较多采用本地特色原料,烹调方法以烧、炖见长,用竹筒制作的菜肴、饭食最具特色,有浓郁的山乡风格。

3．湘菜的特点

湘菜在口味上突出辣酸,以辣为主,酸味次之。酸味采用的是泡菜、酸汤之酸,较之醋酸更加柔和醇美。用料独到,制作考究,油重色浓,实惠丰满,菜肴鲜香、口重、软嫩、油肥,擅于烹制河鲜、山珍、腊味,烹饪方法则擅于煨、蒸、煎、炒等。

4．湘菜的代表菜肴

湘菜的主要代表菜肴有腊味合蒸、麻辣仔鸡、吉首酸肉、冰糖莲子、炒腊鸭条、红烧乌鱼、竹筒鱼、祖庵鱼翅等。

（五）安徽菜

安徽菜,简称徽菜或皖菜,是我国长江中游地区影响很大的地方菜系之一。

1．徽菜的形成与发展

徽菜的形成与发展与徽商的发展有着密不可分的关系。徽商史称"新安大贾",唐宋以后发展迅速,遍及全国各地,有"无徽不成镇"之说。徽商在全国的大量出现,使原本颇具家常风味的安徽菜也随着徽商的足迹传遍全国各地。同时,徽菜馆也在我国主要城市大量出现,形成了自成体系、独具一格的"徽帮菜",其影响也随之大增。

徽菜的形成更离不开安徽的地理环境、经济物产及当地人的生活习惯。安徽地处华东腹地,长江、淮河由西向东横贯全省,将安徽分成了江南、淮北、江淮三个不同的自然区,省内既有高山、平原,又有丘陵、河湖,气候温和,四季分明,土地肥沃,物产富饶。盛产竹笋、香菇、木耳、板栗、石鸡等山珍,江湖中丰富的水产资源又盛产各种水产品,名贵的如长江鲥鱼、巢湖银鱼、淮河鮰王鱼、三河螃蟹等,平原地区还盛产粮食、油料、果蔬、畜禽等,这些丰富多彩的食品原料都是徽菜形成与发展不可缺少的物质条件。

2．徽菜的构成

徽菜根据其不同的地区特色,可分为沿江风味、沿河风味、皖南风味三大分支。其中皖南风味是以徽州地方菜肴为代表,它是徽菜的主流和渊源,主要特点是擅长烧、炖,讲究火候,长于使用火腿、冰糖等增加菜肴的味道,善于保持菜肴的原汁原味,代表菜有红烧头尾、黄山炖鸽等。沿江风味包括芜湖、安庆及巢湖等地,它以烹制河鲜江产及家禽见长,讲究刀工,注重形色,善于用糖调味,擅长红烧、清蒸、烟熏技艺,其菜肴具有酥嫩、鲜醇、浓香的特点。沿河风味包括蚌埠、宿县、阜阳等地,其菜肴特点是风格质朴,咸鲜酥脆,长于烧、炸、熘等烹饪方法,善用辣椒、芫荽配色。

3．徽菜的特点

徽菜的用料大多是就地取材,就地加工,菜肴讲究火工,重视刀技,烟熏、炖烧独有特色,善用汤,菜肴炙厚油肥,色浓味重,且保持原汁原味。

4．徽菜的代表菜肴

徽菜中的名品很多，但其中最有代表性的菜肴有红烧头尾、无为熏鸭、火腿炖甲鱼、葡萄鱼、奶汤肥王鱼、毛峰熏鲥鱼、虾子管莛、符离集烧鸡、金银蹄鸡、火腿炖鞭笋等。

（六）上海菜

上海菜，简称沪菜，是近代中国新兴菜肴体系的代表。

1．上海菜的形成与发展

上海，春秋战国时期曾是楚国宰相春申君的封邑，三国时吴主孙权在这一带活动，并建造了龙华塔报答母恩，南朝时它叫"沪渎"，唐代设置华亭县，北宋时期，这里变成了"人烟浩攘，海舶辐辏"的港口，定名为上海镇。上海扼长江之门户，面对东海，为江海通津。近代成为殖民化最深的商埠，饮食业畸形发展，国内各地乃至西餐风味竞相进入上海，至晚清民初逐步形成具有自己特色的饮食风味体系。在其后百余年的历史发展中，上海本地菜吸收京、粤、川、苏、闽、豫、鲁、皖、湘及清真、素菜等风味体系的长处，并借助西餐烹饪的技法，逐步形成一派。

2．上海菜的特点

上海菜在原料上充分利用本地并巧妙兼采外地乃至外国的各色原料，在烹调方法上以苏、浙、川、粤、京及素菜乃至西餐烹饪方法为融合，并进行适合于上海人饮食特色的取舍，形成了以传统的焖、烧、蒸见长的体系，口味以清淡为主，讲究嫩、脆、酥、烂，四季有别，富于变化，适应层次丰富。由于上海是一个近代新兴的工业化的城市，上海人灵活多变、善于追求新潮、逐赶潮流、标新立异的特点也在上海菜中体现出来，形成了别具一格的、充满活力的上海风味体系。

3．上海菜的代表菜肴

上海菜的代表菜肴主要有青鱼划水、白斩鸡、贵妃鸡、虾子大乌参、扣三丝、松江鲈鱼、枫泾汀蹄、生煸草头、炒蟹黄油、松仁鱼米、干烧冬笋、烟熏鲳鱼、八宝鸡、糟钵头、桂花肉等。

三、珠江文化流域

（一）广东菜

广东菜，简称粤菜，是珠江文化流域广大地区饮食风味体系的代表，是我国影响较大的著名菜系之一。

1．粤菜的形成与发展

粤菜的形成与发展，深受中原文化的影响，并在结合了当地的原料特产和人们的饮食风俗的基础上，几经兴盛，形成了如今的风味特色。自秦、汉起，北方各地与岭南地区的交往开始频繁，中原的饮食文化与烹饪技艺大量传播，促进了岭南饮食烹饪的改进和发展。南宋以后，京都南迁，加速了广东等地的商业繁荣，使中原饮食文化的精华又一次融入广东菜的烹调技艺之中。至明清年间，粤菜在原有的基础上，再一次吸收了京、津、淮扬、姑苏等地的饮食风味，兼收各家之长，烹调技术日趋完善，同时在开发口岸的贸易中，大量西方人的涌入，为粤菜广泛吸收西方烹饪的技法与原料提供了条件，逐渐形成了自己特有的风格。清朝以后，广东各大、中城市的餐饮业得到空前繁荣，餐馆、酒家星罗棋布，饮食市场异常繁荣，成为粤菜发展史上的辉煌时期。

广东地处五岭之南，濒临南海，处于亚热带，气候温和，雨量充沛，四季如春，物产丰富，其中海鲜品质优良，种类繁多，如石斑鱼、鲟龙鱼、龙利鱼、鳜鱼、对虾、肉蛤、响螺、鳊鱼、鲈鱼等。广东家禽、鱼、虾、蔬菜、瓜果应有尽有，为粤菜的绚丽多彩提供了物质保证。

2．粤菜的构成

广东菜由广州风味、潮汕风味、东江风味构成，其中以广州风味菜为代表。广州风味包括珠江三角洲的肇庆、韶关、湛江等地的菜肴，其特点是用料广、选料精、配料奇、技艺精、善变化、品种多，口味讲究清鲜脆嫩滑爽，清而不淡，冬春偏重浓醇，烹调方法擅长炒、煎、炸、煲、炖、扣等。潮汕风味讲究刀工，善烹海鲜，口味偏重香浓、鲜甜，汤菜和甜菜最具特色，爱用鱼露、沙茶酱、梅膏酱、红醋等调味，烹调方法以焖、炖、烧、焗、炸、蒸等见长。东江风味又称客家风味菜，既传承了古代中原的饮食风味特色，又融入了粤地的食料物产与饮食风俗，多用家畜家禽等肉类，极少水产，其特点是突出主料、口味香浓、下油重、味偏咸，以砂锅菜见长，擅长烹制鸡、鸭，有独特的南国乡土气息。

3．粤菜的特点

概括起来，粤菜有以下的特点：用料广博奇异，配料繁多，富于变化，讲究火候，巧用油温，口味清醇，注重鲜爽脆嫩，汇聚各地及西餐的烹调特长。

4．粤菜的代表菜肴

粤菜大系是一个拥有数千款菜式的风味流派，其中较有代表性的如蚝油牛肉、化皮烤乳猪、东江盐焗鸡、清蒸鲈鱼、糖醋咕噜肉、白云猪手、鲜奶虾仁、炸鲜奶等。

（二）福建菜

福建菜，简称闽菜，是八大菜系中颇具特色的菜系之一。

1．闽菜的形成与发展

闽菜的形成可谓历史悠久。西晋、南北朝时期，因北方动乱，汉人大量涌入福建，带来了闽河流域经济与文化的繁荣。尤其在唐宋以后，随着福建主要城市的对外通商，使得经济相对繁荣地区的烹饪技艺也相继传入八闽大地，闽菜也随之吸取各路菜肴的精华，进行了前所未有的改进，逐步形成了精细、清淡、雅致的闽菜特色。至清末民初，福州、厦门等主要城市的饮食业已相当发达，出现了许多著名菜馆、酒店，如福州的"聚春园""惠如鲈"，厦门的"南轩""乐琼林"等。这些菜馆、酒店所供应的菜品款式多样、风格各异，并由此涌现出了许多名厨，诞生了不少的名菜佳肴，如久负盛名的"佛跳墙""鸡蓉金丝笋""八宝芙蓉鲟""爆脆蜇皮"等。

福建省位于我国东南部，依山傍海，气候温和如春，东临海域沙滩，盛产鱼、虾、螺、蚌、蚝等海鲜；西北部的山林溪流盛产竹笋、香菇、银耳、莲子和鹿、石鳞、河鳗、甲鱼等山珍野味；广阔的江河平原，盛产稻米、甘蔗、果蔬等。丰富多彩的食料资源为烹饪技艺的发展与美味佳肴的创造提供了厚实的物质基础。

2．闽菜的构成

福建菜主要由福州风味、闽南风味、闽西风味等组成。其中福州风味是闽菜的主流，源于古之闽侯县，包括闽中及闽东北一带的菜肴，特点是清淡、爽嫩，偏于鲜、酸和甜，汤菜居多，善用红糟调味，特别讲究制汤，素有"百汤百味"之称。闽南风味包括厦门、晋江等地，以厦门菜为主，菜肴具有鲜醇、香嫩、清淡的特色，调味善用香辣，尤其是在使用沙茶、芥末以及中药和水果等方面技艺独到。闽西风味主要流行于客家人居多的山区，菜肴有鲜润、浓香、醇厚的特点，擅长烹制山珍海味，喜用香辣调味。

3. 闽菜的特点

与其他菜系相比较，闽菜的特点明显，概而言之，闽菜具有制作精细，滋味清鲜，略带甜酸，讲究调汤，善用红糟，尤以烹制海鲜见长，烹法重于清汤、干炸、爆、炒、糟、炖等。

4. 闽菜的代表菜肴

闽菜的主要代表菜肴有佛跳墙、醉糟鸡、七星鱼丸、太极明虾、炒西施舌、沙茶焖鸭块、糟鸭、鸡汤氽海蚌、红糟炒响螺等。

【知识链接】

中国台湾饮食风味

台湾饮食风味汇聚中国各地及世界各国饮食风味于一体，丰富多彩。最能代表台湾饮食特色的是各种各样的特色小吃，花样百出，种类繁多，令人应接不暇。在台湾，几乎每个市县都有着自己引以为傲的特色小吃，如肉丸、臭豆腐、豆花、肉粽、米粉、鸡排等。

台湾的小吃分为两种。第一种就是全台都有的，如牛肉面、肉粽、鸡排、香肠等。这些小吃遍布各地，口感略有不同；第二种就是以某些地方为主的小吃，如肉丸、臭豆腐。肉丸到了哪里，就变得非常贴合当地口味，台北清蒸肉丸、台中肉丸、台南肉丸等，大都各有特色；臭豆腐也多有不同，台北的烤臭豆腐较为出色，而炸和麻辣则要归属他处。

台湾各地存在大量的饮食街。它们特色鲜明，囊括了当地的优秀菜肴与小吃，是体验台湾饮食特色的首选之地。台北的华西街夜市是品尝生猛海鲜的著名地点，松山火车站后站附近的饶河街夜市往往灯火通明，人满为患，台北园环夜市的小吃向来经济实惠，引来大批食客；台中的忠孝路夜市、逢甲夜市、中华路夜市、东海大学夜市则是台中美食的集结地；高雄市中山路以西至自立二路口的六合路两侧，纯以小吃为主，各式小吃应有尽有，让人大饱口福。

第四节　中国少数民族菜肴风味

少数民族菜肴风味是中国烹饪饮食风味中的重要组成部分。同汉族风味一样，少数民族风味也有自己形成发展的漫长岁月，有着自己独特鲜明的个性。历史上的少数民族风味对中原风味一直有着广泛而深刻的影响，建立元朝的蒙古族和建立清朝的满族自不必说，像回族、壮族、白族、维吾尔族等民族也以自己精美的饮食特色赢得了中原人民的赞誉，甚至中原的汉族人也从他们的饮食中汲取了许多精华。而少数民族风味也在其自身的发展中不断受到汉族风味饮食的影响。当然，少数民族风味之间也存在着相互影响发展提高的关系。尤其是在改革开放以后，各民族饮食风味之间的交流更是频繁得很。而正是以汉族饮食为主要组成部分、配合各少数民族的饮食风味才构成了举世无双的中国烹饪文化体系。而且在现在的餐饮市场上，各少数民族的饮食风味菜肴尤其受到了广大消费者的喜爱。为此，对部分特色比较明显的少数民族风味进行简单的介绍。

一、回族饮食风味

1．回族饮食风味的形成与发展

虽然我国回族的形成历史可以追溯到唐宋年间，但一般认为主要还是形成于元明时期的"教坊阶段"。回族的饮食风味，主要受伊斯兰教的直接影响，它是在伊斯兰教教义的规定下形成了清真风味饮食体系的。回族在我国的分布很广，西北地区和北京、天津、云南、贵州、河北、山东等地相对来说比较集中。最初的回族清真饮食称为"回回饮食"，具有较多的阿拉伯饮食的色彩，后来逐渐东方化。这从中国古代的饮食史料中是可以找到根据的。回族风味饮食的成熟和形成是在明清时期。

2．回族饮食风味特点

回族饮食菜肴的显著特点是按照伊斯兰教的教义进行烹饪和进食的，取料讲究洁净，凡是教规中认为不洁净的食物就不能入口，这也形成了回族饮食卫生的习惯。早期的回族烹饪工艺较简单，但在受到汉民族饮食的影响以后，回族菜肴的制作益日趋精细，并且注重质量。除了各类菜肴之外，还有花色品种繁多的回族小吃，而且风格独到。回族饮食有明显的地域性，虽说都是回族菜肴，但在不同的地区还有用料、调味上的差异。烹饪方法以烤、爆、焖、煮、扒等见长。

3．代表菜肴

回族的代表菜肴很多，主要以羊肉菜肴著名，常见的有涮羊肉、烤羊肉串、炮羊肉等，其他如甘肃的炒鸡块、银川的麻辣羊羔肉、青海的手抓羊肉、云南的鸡枞里脊、北京的它似蜜、吉林的清烧鹿肉、石家庄的金凤扒鸡等。

二、藏族饮食风味

1．藏族饮食风味的形成与发展

我国藏族的历史悠久，主要分布在青藏高原和四川、云南、甘肃等边远高山草原地区，大部分从事畜牧业，小部分从事农业或农牧兼营，畜牧以牛、羊为主，农作物主要有青稞、豌豆、蚕豆、荞麦，也有部分地区种植小麦。藏族的主食一般是糌粑，副食为牛羊肉，有的地方也有猪肉。好饮青稞酒、酥油茶、奶茶。藏族风味的烹饪方法，以煮为主，兼用炖、熬、蒸、炸等法。

2．藏族饮食风味特点

藏族风味的饮食特点主要有以下几点：一是取料以当地的所产为主，并且注重原料的新鲜，因而富有一定的特色；二是烹饪方法较为简单；三是调味以咸鲜为主，多辅以酥油、奶等，菜肴讲究鲜嫩。

3. 代表菜肴

各地的菜式各有名品，如云南的"琵琶肉"与"牛羊肉干巴"、四川的"炸馃子"、青海、甘肃的"搅团"与"煮酥油饼"。藏族的奶制品是很有名的，如酸奶、奶酪、奶疙瘩、奶渣等。

三、蒙古族饮食风味

1. 蒙古族饮食风味的形成与发展

蒙古族历史悠久，原是"逐水草而居"的游牧民族，清中叶以后，有的开始习于农耕种植。现在，大多数人已定居，农、牧业兼营。蒙古族的风味始于较早的北方少数民族的饮食，从元代开始取得了飞速的进步与发展。成吉思汗创制的铁板烧、锄烧不仅富有特色，而且名声大振，几乎风靡全世界。元代的《饮膳正要》《居家必用事类全集》等食书中记载的蒙古八珍和众多的蒙古菜肴，已颇具规模。明清两代，随着食品原料的不断发展与增加，同时在烹饪上又注意吸收汉族的烹饪之长，最终形成了蒙古族的风味饮食。

2. 蒙古族饮食风味特点

蒙古族风味的饮食特点：一是以羊、牛肉及奶类原料为主，辅以面、茶、酒等，并形成了食品制作中的"红食"（肉制品）和"白食"（奶制品）两大类；二是烹调方法以烤、烧、煮最有特色，蒙古族的风味名菜多以这几种方法制成；三是调味以咸鲜为主，辅以奶香、烟香及甜辣味，味厚且注重食料的本味。

3. 代表菜肴

蒙古族的主要代表菜肴有烤全羊、烤羊腿、阿拉善烤全羊、手把肉、大炸羊等，蒙古族的面、奶制品富有特色，如包子、馅饼、哈达饼、新酥饼、炒米等。

四、朝鲜族饮食风味

1. 朝鲜族饮食风味的形成与发展

我国的朝鲜族是由相邻的朝鲜半岛陆续迁入、定居东北地区而逐渐形成的一个民族。朝鲜族以种植水稻为主，因而其大米是主食。副食的种类与汉族大体相当，以猪、牛、鸡、鱼类、蔬菜等见长，朝鲜人特别喜好吃狗肉。朝鲜族在长期与汉族的交流中也受到了汉族烹调方法与饮食习惯的不少影响，形成了自己的特色风味体系。

2. 朝鲜族饮食风味特点

朝鲜族饮食风味的特点：一是用料善于就地取材，菜肴具有浓郁的地域特色；二是烹调方法以炖、煎、炒、拌见长，腌泡小菜、烹制狗肉、米食冷面皆出自以上的烹调方法；三是调味以咸为主，并佐以辣、麻、酸等味，菜肴有浓郁的香味。

3. 代表菜肴

朝鲜族的代表菜主要有神仙炉、补身炉、铁锅里脊、生拌鱼、酱菜、泡菜，主食则以包饭、打糕、冷面最为有名。

五、傣族饮食风味

1．傣族饮食风味的形成与发展

傣族主要居住在云南的西双版纳和德宏地区，早在两千多年以前就学会了种植水稻，生产的粳米和糯米自古以来就非常有名。蔬菜的种类繁多，饲养猪、牛、鸡、鸭等畜禽用于副食。傣族人尤其喜欢饮酒，而且又善于酿酒，其酿酒的技术有着悠久的历史。大多数傣族人有日食两餐的习惯，以米饭为主，肉类中除了猪、牛之外，还有鱼、虾、蟹等水产品也是傣家人所喜欢食用的食品，有些种类的昆虫还是傣族制作风味菜肴和小吃的重要材料。傣族人有嚼食槟榔的习惯。

2．傣族饮食风味特点

傣族饮食风味的特点主要包括以下几个方面：一是口味以酸辣糯香突出；二是烹调方法以烧、烤、凉拌、腌制见长；三是烹饪用料较为广泛。

3．代表菜肴

傣族饮食的代表菜肴与风味食品主要有椰子砂锅鸡、酸肉、火锅鱼、牛撒皮、腌牛头、狗肉汤锅、猪肉干巴、腌蛋、干黄鳝、芭蕉叶饭、泼水糍粑、粑丝、油炸麻酥等。

六、维吾尔族饮食风味

1．维吾尔族饮食风味的形成与发展

维吾尔族在我国唐朝时称回鹘，哈拉汗王朝之前，以游牧为主，其后逐渐转营农业。宋代以后形成以经营农业为主、牧业为辅的格局。由此而决定了以小麦、大米等粮食作物为主，以牛羊肉、蔬菜和以葡萄、哈密瓜等瓜果为辅的饮食结构框架。左宗棠率军进驻新疆后，汉族烹饪法对维吾尔族烹调有一定的影响。维吾尔族信仰伊斯兰教，故而其饮食禁忌与回族饮食相同，其饮食风味也属于清真风味。

2．维吾尔族饮食风味特点

维吾尔族的风味特点：一是取料精洁；二是烹调方法以烤、煮、炸为主，尤其是烤法的运用最为独到，主食如馕、包子，副食的羊肉皆可烤制；三是副食很少食用蔬菜，但常以水果佐食，甚至有时夏天午餐以拌水果为主；四是口味以咸鲜为主，但多调以辛辣的孜然、胡椒粉等，颇有特色。

3．代表菜肴

维吾尔族的代表菜肴及其特色面食主要有：烤全羊、手抓羊肉、烤羊肉串、羊杂碎、烤南瓜、手抓饭、馕、油馓子、银丝擀面、薄皮包子等。

🔗【知识链接】

素食在中国的发展

中国素食早在佛教传入中国之前就已经广为盛行了，但自从佛教传入中国后，对国人素食的影响是巨大的，使素食深入民间，形成一种风气。

首先，封建社会的最高统治者，除对佛教有信仰，直接提倡斋戒奉佛外，凡朝廷举行祭祀大典，或逢皇族诞辰，或天象告警，下诏罪己，或久旱祷雨，都要下令严禁宰杀，甚至大赦天下囚徒，以示皇上的宽大仁爱的胸怀。

其次，在各个寺庙，每逢农历四月初八佛诞节，举行放生会，大量放生，信徒们对此很热烈踊跃。大的寺庙都修建有放生池。

再次，南北朝、隋唐开始，经宋、元、明，到了清朝，曾出现了素食的黄金时代。宫廷御膳房专门设有"素局"，负责皇帝斋戒的素食。寺院"香积厨"的素菜，逐渐显著改进和提高，色香味并重，出现许多花色品种，各地饮食市场的素食馆急剧增加，素食品在竞赛中花样翻新。

最后，僧尼居士一般都素食，不能全断肉食的依照佛经最初吃三净肉。养成对生物的同情心，逐渐停止肉食。在民间，通行十斋期，信佛信神的都要吃素。信佛者遇着母亲诞辰，因系母难日，为报答母恩，也要吃素。每年有十五个佛菩萨的诞辰，凡佛教徒都要以香花灯水果素食于佛菩萨前设供，礼拜诵经，同时要吃素。

· 本章小结 ·

本章的主要内容是中国菜肴风味流派的形成与风味流派的划分，系统介绍了以中国六大消费群体为主构成的中国菜肴整体，包括宫廷风味、官府风味、地方风味、民间风味、民族风味、寺院风味。在此基础上，较为详尽地介绍了包括黄河文化流域（鲁、京、豫）、长江文化流域（川、苏、浙、湘、徽、沪）、珠江文化流域以及闽、台中国主要的地方风味流派与主要少数民族的风味流派。少数民族饮食风味包括回族、藏族、蒙古族、朝鲜族、傣族、维吾尔族等。通过对中国风味流派知识的介绍，展示了中国饮食烹饪文化的博大精深与深厚的文化蕴涵。

· 延伸阅读 ·

1. 郑昌江著. 中国菜系及其比较. 北京：中国财政经济出版社，1992.
2. 汪福宝，庄华峰主编. 中国饮食文化辞典. 合肥：安徽人民出版社，1994.
3. 颜其香编. 中国少数民族饮食文化荟萃. 北京：商务印书馆国际有限公司，2001.
4. 赵荣光著. 中国饮食文化概论. 北京：高等教育出版社，2003.

· 讨论与应用 ·

一、讨论题

1. 中国菜肴风味流派形成的因素有哪些？
2. 构成中国菜的六大基础风味流派是哪些？
3. 经济的发展对传统菜系的划分有无影响？你认为有哪些方面的影响？
4. 中国著名的四大风味菜系，各由哪几个地方风味构成？各有什么特点？

5．中国少数民族风味体系有哪些基本特征？

6．如何理解中国菜是华夏民族集体智慧的结晶，是中国优秀的传统文化？

二、应用题

1．根据各自的所在地，组织学生到一个文化背景浓厚的地方风味菜馆进行考察，并写出自己的感想。

2．与当地一个综合性酒店的厨师长进行座谈，探讨从餐饮经营的角度认识菜系的意义与作用。

3．如果你自己想开一家餐馆，你会选择什么样的风味菜肴进行经营？

第六章

中国烹饪文化

学习目标： 学习、了解中国烹饪文化的主要表现内容和概况。中国烹饪文化历史悠久，积淀厚实，内容广泛。从包括烹饪典籍、饮食养生、宴饮文化等方面入手，学习、了解和掌握中国烹饪文化的内容和发展概况，是非常必要的。中国烹饪不仅是技术，也是中国优秀的传统文化之一，学习、掌握必要的烹饪文化知识，其实就是对中国传统文化的传承与弘扬。

内容导引： 一个现代厨师，即一位现代的烹饪工作者，抑或是一位烹饪爱好者，仅仅掌握、学习、了解中国烹饪一般的技艺还是不够的。在新的时代衡量一个合格烹饪工作者的标准，应该是烹饪技艺与烹饪理论的融会贯通、完美结合，在拥有全部烹饪实操技能的同时，还应该掌握系统的烹饪理论与学术研究的知识体系。本章的内容就是从介绍中国烹饪文化的几个主要点入手，带领学习者去了解中国烹饪文化的内容与概况。

第一节　烹饪典籍文化

我国历史悠久，文化源远流长，在典籍中保存了大量饮食烹饪资料。它们是人类文明宝库中的珍品，不但可借以考察中国古代全民族的生活方式，而且对于继承和发扬我国烹饪的优良传统，发掘和创新食品具有极高的价值。

一、烹饪典籍的分类

所谓烹饪典籍，严格的意义上讲，就是指专门记录、总结关于烹饪技术的历史资料，如菜谱、食单及其他有关菜肴制作方面的资料等。但如果从广义的烹饪意义来看，有关烹饪的典籍资料远不止如此，应该还有更加宽泛的资料来源。根据当代烹饪史家研究，我国古代烹饪典籍，按其表现内容，主要可分为三大类。

1．食单、食谱（包括食疗）方面的著作

食单有：《吕氏春秋·本味》中的商代食单，《楚辞·招魂》中的楚国宫廷食单，隋代谢讽的《食经》，唐代韦巨源的《烧尾宴食单》，宋代虞悰的《食珍录》，宋代司膳内人的《玉食批》，陆游《老学庵笔记》所录"宴金国人使九盏"食单，宋人周密《武林旧事》记载宋高宗《幸清河郡王第供进御宴节次》食单，清代李斗《扬州画舫录》在所记"六司百官食次"食单等。

食谱有：《隋书·经籍志》《旧唐书·经籍志》《新唐书·艺文志》所载《淮南王食经》等烹饪专著，几乎全部佚失。现在能够见到保存至今的食谱有《礼记·内则》所记"八珍"，北魏贾思勰《齐民要术》中饮食部分，这也是当今世界范围内保存下来的最早的食品科技百科全书。此后有唐代杨晔的《膳夫经手录》，唐代郑望之的《膳夫录》，宋人陈达叟的《本心斋蔬食谱》，宋代林洪的《山家清供》。元代以降，则有倪瓒的《云林堂饮食制度集》和浦江吴氏的《中馈录》。明代以来，各类食谱大量涌现，主要的有刘基的《多能鄙事》饮馔部分，明人无名氏的《墨娥小录》饮馔部分，明松江宋诩的《宋氏养生部》，明人吴门韩奕的《易牙遗意》，明高濂《遵生八笺》中的《饮馔服食笺》，以及无名氏《居家必用事类全集》的饮馔部分。清代则有朱彝尊的《食宪鸿秘》，李渔《闲情偶记》的饮馔部分，周亮工《闽小记》中的饮馔部分，袁枚的《随园食单》，童岳荐的《童氏食规》，李化楠的《醒园录》，顾仲的《养小录》，曾懿的《中馈录》，黄云鹄的《粥谱》等。

其他有关记录、研究食品、食材、食馔的典籍又有许多，择其要者如宋人陈仁玉的《菌谱》，宋僧赞宁的《笋谱》，还有高似孙的《蟹略》和傅肱的《蟹谱》等。明代人屠本畯的《海味索引》《闽中海错疏》，顾起元的《鱼品》，清代陈鉴的《江南鱼鲜品》和郝懿行的《记海错》等。另有研究茶、酒的典籍，如唐代陆羽的《茶经》，宋人苏轼的《酒经》，宋人朱肱的《酒经》和张能臣的《酒名记》等。

2．饮食市场方面的资料

有关饮食市场方面的资料，在我国唐代以前，大多为零散记载，没有专著。五代至宋以后，逐渐丰富，著名的有宋代孟元老的《东京梦华录》，宋代灌圃耐得翁的《都城纪胜》，宋人吴自牧的《梦粱录》和周密的《武林旧事》等。明代则有刘侗、于奕正《帝京景物略》等，清代有无名氏的《如梦录》，清人李斗的《扬州画舫录》和顾良《桐桥倚棹录》等。近代此类资料较多，如《成都通览》《燕京杂记》《济南快览》《北平风俗类征》《上海快览》《济南大观》等，尤其是在民国年间，几乎各地都有此类记载饮食方面的资料面世。

3．饮食掌故

我国古代的烹饪饮食典籍中，带有文学性质的饮食掌故、趣闻逸事一类的材料也非常可观。记录此类材料较为集中的有魏晋时期《世说新语》，唐人段成式的《酉阳杂俎》，宋人陶谷的《清异录》，以及元代无名氏的《馔史》等。此外，《周礼》《礼记》《诗经》《尚书》《论语》等经典及诸子、汉赋、类书、字书中也有不少饮食、烹饪资料。至于湖南长沙马王堆汉墓竹简中的随葬食单，墓葬砖刻、壁画、石刻、帛画，五代顾闳中《韩熙载夜宴图》，宋人张择端《清明上河图》等传世文物，皆是研究古代饮食风貌和烹饪技艺不可忽视的材料。今天，我们用科学的方法整理、鉴别古代饮食烹饪经验，研究中国烹饪典籍，不仅可以发掘古菜、创造新菜，而且可以更好地发展我国烹饪科学、食品科学，有利于提高人民的健康水平。

二、常见烹饪典籍简介

这里所介绍的常见烹饪典籍，主要是以食单、食谱为主要内容的专业史料，或者说就是我们平常说的烹饪著作。但非常可惜的是有些烹饪典籍在历史发展的进程中遭到了毁灭，现在仅存书目或是后人的辑本。

1.《四时食制》

《四时食制》为三国时曹操所撰。原书已佚。现存部分佚文，载《曹操集》中，是从其他古代类书中辑出的。《四时食制》中现存的内容，主要是十多条关于鱼的记述。有子鱼、黄鱼、鮕鱼、鲸鲵、海牛鱼、望鱼、箫拆鱼、鲋鰤鱼、蕃蹄鱼、发鱼、捕鱼、疏齿鱼、斑鱼、鳝鱼。大多介绍鱼的形状、产地，个别提到该鱼的食用方法。如子鱼："郫县子鱼，黄鳞赤尾，出稻田，可以为酱"。再如"□，一名黄鱼，大数百斤，骨软可食，出江阳、犍为。"有些条目，则指出了该鱼的味道，如"疏齿鱼，味如猪肉，出东海。"等等。总的说来，现存的《四时食制》的内容比较单薄，与烹饪扣得也不紧。但是，《四时食制》作为东汉末年出于一个政治家之手的烹饪著作，其意义还是不应低估的。

2. 崔浩《食经》

我国的魏晋时期有好几部叫《食经》的书，但均亡佚。其中北魏崔浩的《食经》因为有一些资料可供参阅，所以今天还可以从中了解一些大概的情况。实际上，志书中记录的题名崔浩所撰的《食经》并非崔浩所写。《魏书·崔浩传》："崔母卢氏，谌孙也。浩著《食经叙》曰：余自少及长，耳闻目见，诸母诸姑所修妇功，无不蕴习酒食。朝夕养舅姑，四时祭祀，虽有功力，不任僮使，常手自亲焉。昔遭丧乱，饥馑仍臻，饘蔬糊口，不能具其物用，十余年间不复备设。先姑虑久废忘，后生无所见，而少不习业书，乃占授为九篇，文辞约举，婉而成章，聪辩强记皆此类也。亲没之后，值国龙兴之会，平暴除乱，拓定四方。余备位台铉，与参大谋，赏获丰厚，牛羊盖泽，贺累巨万，衣则重锦，食则粱肉。远惟平生，思季路负米之时，不可复得，故序遗文，垂示来世。"因此，历史上著名的崔浩《食经》，实际是崔母所撰，崔浩仅是作了整理加工而已。此外，据有关学者考证，既然崔母卢氏的"遗文"为"九篇"，则一些史书所记崔浩《食经》九卷之"卷"乃是改篇为卷。其数为九是确凿的，至于有些史书题为四卷，估计是作了合并。有些学者认为《齐民要术》等书中所引用的数十条《食经》中食物制作储藏之法，与崔浩叙《食经》之旨合，应该是《崔氏食经》的佚文。这种推测有一些道理，但尚需进一步证明。

3.《食次》

在《齐民要术》中，有好多种菜肴、食品、食品原料的制法引自《食次》，如熊蒸、苞煠、粲、饎、煮㮍、折米饭、葱韭羹、女曲、白茧糖等。而在"熊蒸"条后，又有豚蒸、鹅蒸两种菜的制法"如同熊蒸"，由此可见，豚蒸、鹅蒸亦出自《食次》。同理，在"苞煠"条中还涉及的水煠及其他两种制法，亦出于《食次》，在"白茧糖"后的黄茧糖也出于《食次》这样，可以初步断定《齐民要术》中明明白白引用《食次》一书中的饮食资料已达15种了。而且，郑望之在《膳夫录》中有"食次"一节，列有如下菜肴：□脯法、羹臛法、肺□法、羊盘肠雌筋法、羌煮法、笋羹法等。这些菜肴与《齐民要术》中的记录完全相同。所以，《食次》当为我国南北朝时的重要烹饪古籍之一。仅从现存的20多种菜点的制法，就可以看出当时的烹饪已达到相当的水平。

4．谢讽《食经》

谢讽曾经任隋炀帝的尚食直长，是著名的"知味者"。《大业拾遗》中说他著有《淮南王食经》，但此书早已亡佚。现在保存下来的谢讽《食经》部分内容载于陶谷《清异录·馔羞门》中。正文前有"谢讽《食经》中略抄五十三种"之语。实际上，抄录的仅是53种菜点的名称，并无制法。所收菜点，取名均较华丽，品种也多，如飞鸾脍、龙须炙、花折鹅糕、紫龙糕、春香泛汤、象牙𬪩、朱衣餤、香翠鹑羹、添酥冷白寒具、乾坤夹饼等。由此可以看出，谢讽《食经》可能只是一份食单，原书中是否记录了制作方法，今天不得而知。

5．《烧尾宴食单》

韦巨源《烧尾宴食单》载《清异录·馔羞门》中："韦巨源拜尚书令，上烧尾食其家，故书中尚有食帐。今择奇异者略记。"共记有58种菜点。在每只菜点的后面均有极简单的说明。韦巨源在唐中宗时"迁尚书左仆射"，故举办了"烧尾宴"。

《烧尾宴食单》记录的58种菜点，品种很丰富。有饭、粥、面点、脯、鲊、酱、菜、羹、汤。在面点中有"单笼金乳酥"，"曼陀样夹饼""巨胜奴（酥蜜寒具）""贵妃红（加味红酥）""婆罗门轻高面（笼蒸）""生进二十四气馄饨"等20多个品种。菜肴中则有用鱼、虾、蟹、鸡、鸭、鹅、牛、羊、鹿、熊、兔鹑等原料制作的20多个品种，如"白龙曛（治鳜肉）""仙人脔（乳瀹鸡）""箸头春（炙活鹑子）""汤浴绣丸"等。但由于每只菜点后的说明太简单，所以《烧尾宴食单》中的大部分菜点今天很难予以考证清楚了。

6．《膳夫经手录》

《膳夫经手录》是唐代著名的烹饪著作。据《新唐书·艺文志》"医术类"记载："杨晔《膳夫经手录》四卷"。可是如今保存下来的只剩一卷了。在残存的抄本《膳夫经手录》中，仅收录了虏豆、胡麻、薏苡、薯药、芋头、桂心、萝卜、鹘夷、苜蓿、勃公英、水葵、瓜蒌、木耳、芜荑、羊、鹌子、鳗鱼、鲨鱼、樱桃、枇杷、茶等20多种动植物。有的仅提产地，有的叙述性味，还有的涉及食用方法。此外，还有一段是专门谈论"不饦"的文字。

7．《邹平公食宪章》和《食典》

在唐朝时期，还有两部现已亡佚的烹饪著作，《邹平公食宪章》和《食典》。据《清异录》记载："段文昌丞相，尤精馔事……自编食经五十卷，时称《邹平公食宪章》。"又据《清异录》记载："孟蜀尚食掌《食典》一百卷。"孟蜀即五代十国之一后蜀的别称。现《食典》中保存下来的，只有"赐绯羊"一法："以红曲煮肉，紧卷石镇，深入酒骨淹透，切如纸薄，乃进。注云：酒骨，糟也。"这一条资料比较重要，因为它直接写到了红曲在菜肴烹饪中的应用，是最早的记录文字。

8．《中馈录》

旧本题为"浦江吴氏"撰。载《说郛》《绿窗女史》《古今图书集成》等书。据有关学者考证，浦江即浙江省的浦江，作者大约为宋代人。该书分脯鲊、制蔬、甜食三部分，共收录了70多种菜肴、面点的制法。制法简明，实用性较强。如记录"瓜齑"："酱瓜、生姜、葱白、淡笋干或茭白、虾米、鸡胸肉各等分，切作长条丝儿，香油炒过供之。"再如记录的"糖醋茄：取新嫩茄，切三角块，沸汤漉过，布包，榨干。盐腌一宿，晒干，用姜丝、紫苏拌匀。煎滚糖醋泼、浸、收磁器内。"等等。

《中馈录》中还有一些菜点制作记录，对后世产生较大的影响。如"蒸鲥鱼"："鲥鱼去肠不去鳞，用布拭去血水，放汤锣内，以花椒、砂仁、酱（擂碎）、水、酒、葱拌匀其味，和蒸。去鳞供食。"这种不去鳞的制作鲥鱼的方法，一直沿用至今。《中馈录》所收菜点以江南风味为主，少数为北方风味，如"酒勃你"，即可能为一种北方少数民族的菜肴或点心。

9.《山家清供》

为南宋林洪撰。林洪字龙落，号可山人。传为林和靖裔孙。全书分上下两卷，共记载100多种菜点、饮料的制法，内容相当丰富。所记菜肴大多数是用蔬菜、花卉、水果、野菜制作的，动物原料只有鸡、兔、鱼、蟹等数种。该书中所收菜点，有许多构思别致、取名雅丽的品种，如"蟹酿橙""莲房鱼包""山家三脆""山海兜""玉灌肺""拨霞供""东坡豆腐""梅粥""蓬糕""金饭""梅花汤饼""雪霞羹"等。

10.《本心斋疏食谱》

宋人陈达叟所编，共一卷。收入《百川学海》《丛书集成初编》等书。该书共记食品20多种。在每一种食品后面先有说明，然后加有16个字的《赞》。所记食品均用稻谷、蔬菜、水果等制成。有大豆、韭、小麦、山药、龙眼、笋、藕、绿豆、粉丝、菌等。这可以说是我国一本较早的"素食"食谱。

11.《食珍录》

《说郛》本题为刘宋虞悰著，《古今图书集成》题作宋虞悰著。从该书内容来看，收有唐代的好几条饮食掌故，如同昌公主的"消灵炙""红虬脯"，韦巨源《烧尾宴食单》中的"单笼金乳酥""光明虾炙"，《酉阳杂俎》中关于长安的名食等。据此，可以断定此书非刘宋时著作。宋人著的可能性较大。当然，该书也可能原为刘宋虞悰所著，后人加以增补，故出现错误。

12.《膳夫录》

《说郛》题郑望之撰，《古今图书集成》题郑望撰。一卷。从历史上看，郑望之有记载，为宋代人。郑望则不太清楚。本书内容单薄，共收14条饮食掌故，大抵从唐杨晔《膳夫经手录》、宋陶谷《清异录》等书中转抄而来。

13.《饮膳正要》

元人忽思慧所撰。忽思慧一作和思辉。一说是回人，或说是蒙古人。忽思慧是一位医学家，于元仁宗延祐年间被选为宫廷的饮膳太医。在职期间，他积累了丰富的烹饪技艺和营养食疗方面的经验，从而写出了我国以食疗为重点，兼及许多少数民族烹饪技艺的名著——《饮膳正要》。本书共分三卷：第一卷分"三皇圣纪""养生避忌""妊娠食忌""乳母食忌""饮酒避忌""聚珍异馔"六部分。"聚珍异馔"中收录回族、蒙古族等民族及印度等国菜点94种。第二卷分"诸般汤煎""诸水""神仙服食""四时所宜""五味偏走""食疗诸病""服药食忌""食物利害""食物相反""食物中毒""禽兽变异"等十一部分。其中，"食疗诸病"中收录了食疗方法61种。第三卷分"米谷品""兽品""禽品""鱼品""果品""菜品""料物性味"七个部分。其中，"料物"指调料，共收录了28种。

14.《云林堂饮食制度集》

《云林堂饮食制度集》是我国元代的一部著名烹饪著作。作者倪瓒，字元镇，号云林。因其居处属殷代的句吴，故又号句吴倪瓒。此外，还自号荆蛮氏、海岳居士等。倪瓒家中有一座叫"云林堂"的建筑，因此，他家的食谱便叫作《云林堂饮食制度集》。现存的《云林堂饮食制度集》并不厚，总共只收录了约50种菜点、饮料的制法。但是，在我国烹饪史上却颇有影响。该书反映了元代无锡一带的饮食风貌，资料弥足珍贵。

15.《易牙遗意》

《易牙遗意》是元末明初时韩奕所撰的一部著名食谱。原载明代周履靖所编的丛书《夷门广读》第十九卷中。《易牙遗意》共二卷，分十二类。其中，上卷分"酝造类""脯鲊类""蔬菜类"，下卷分"笼造类""炉造类""糕饵类""汤饼类""斋食类""果实类""诸汤类""诸茶类""食药类"。共记载了150多种调料、饮料、糕饵、面点、菜肴、蜜饯、食药的制法，内容相当丰富。

16.《宋氏养生部》

明宋诩编撰。诩字久夫，江南华亭人。他在该书序言中说："余家世居松江，偏于海隅，习知松江之味，而未知天下之味为何味也。"他的母亲自幼"久处京师"，学到了许多北京菜的做法。宋诩得到母亲的传授，终于编成了《宋氏养生部》。成书时间为弘治年间，公元1504年。全书分六卷：第一卷为茶制、酒制、酱制、醋制；第二卷为面食制、粉食制、蓼花制、白糖制、蜜煎制、餹剂制、汤水制；第三卷为兽属制、禽属制；第四卷为鳞属制、虫属制；第五为菜果制、羹菽制；第六卷为杂造制、食药制、收藏制、宜禁制。全书共收录了1000多种菜点制法及食品加工贮藏法，内容很丰富。

17.《宋氏尊生部》

明代宋公望所编。公望字天民，江南华亭人，为宋诩之子。全书共十卷，分汤部、水部、酒部、曲部、酱部、醋部、香头部、燃料部、糟部、素馅部、辣部、面部、粉部、餹部、蜜部、饭粥部、果部等，约收录了200多种食品制造及食品保藏的方法。

18.《饮馔服食笺》

《饮馔服食笺》为明代杭州人高濂所编著的《遵生八笺》之一。《饮馔服食笺》共三卷。上卷分序古诸论、茶泉类、汤品类、熟水类、粥糜类、果实粉面类、脯鲊类；中卷分家蔬类、野蔬类、酿造类、曲类；下卷分甜食类、法制药品类、服食方类。《饮馔服食笺》是明代的一部重要饮食著作，无论是对于研究饮食史，还是挖掘古代食品为今人所用，都是大有裨益的。

19.《食宪鸿秘》

传为朱彝尊所撰。该书上卷分"食宪总论""饮食宜忌""饮之属""饭之属""粉之属""煮粥""饵之属""馅料""酱之属""蔬之属"；下卷分"餐芳谱""果之属""鱼之属""蟹""禽之属""卵之属""肉之属""香之属""种植"以及附录《汪拂云抄本》等。除"食宪总论""饮食宜忌"外，共收录400多种调料、饮料、果品、花卉、菜肴、面点的制法，内容相当丰富。

20.《醒园录》

清李化楠著。据该书《序》说，李化楠当年"宦游所到，多吴羹酸苦之乡。厨人进而甘焉者，随访而志诸册，不假抄胥，手自缮写，盖历数十年如一日矣。"后来，李调元将其父之书稍加整理刻印而成。因家中有"醒园"，故取名为《醒园录》。书分上下两卷。共收录100多种关于调味品、食品加工、菜肴、面点、食物贮藏等方法。书中所收菜点，以江南风味为主，亦有四川当地风味，还有少数北方风味，以及西洋品种。

21.《随园食单》

清袁枚撰。袁枚字子才，号简斋，钱塘（今浙江杭州）人。《随园食单》是我国烹饪史上的重要著作。据该书之《序》可知，袁枚为作此书花了40多年时间。他"每食于某氏而饱，必使家厨往彼灶觚，执弟子之礼，四十年来，颇集众美。有学就者，有十分中得六七者，有仅得二三者，亦有竟失传者，余都问其方略，集而存之，虽不甚省记，亦载某家某味，以志景行。自觉好学之心，理宜如是。"该书除序言外，共分须知单、戒单、海鲜单、江鲜单、特牲单、杂牲单、羽族单、水族有鳞单、水族无鳞单、杂蔬菜单、小菜单、点心单、饭粥单、茶酒单等，内容相当丰富。本书的最大特点是，总结前代和当时厨师的烹调经验，使其上升到理论的高度。袁枚的这些烹调理论，今天看来未免深度不够，有些也不一定很科学，但在当时，却是很不简单的。

22.《调鼎集》

清无名氏编。该书《序》中说："是书凡十卷，不著撰者姓名，盖相传旧抄本也。上则水陆珍错、羔雁禽鱼，下及酒浆醯酱盐醢之属，凡《周官》庖人、亨人之所掌，内饔外饔之所司，无不灿然大备于其中。其取物之多，用物之宏，视《齐民要术》所载物品、饮食之法，尤为详备。"该书第一卷主要记多种调味品，有酱、盐水、酱油、醋糟油、糟、酒娘、椒、姜、大蒜、芫荽、川椒、葱、诸物鲜汁。卷二为多种宴席款式，卷三记特牲、杂牲类菜，卷四为鸭、鹅、鸡类菜，卷五为羽族及江鲜菜，卷六为海味菜及其他荤素菜点，卷七为蔬菜类菜肴，卷八为茶、酒等，卷九为饭粥，卷十为点心。全书共收录2000多种各类食品制作方法，内容极其丰富，几乎可以称为清代的菜谱大全。

23.《粥谱》

清人黄云鹤撰。《粥谱》之后，还附有《广粥谱》，系关于荒年赈粥的资料简编。《粥谱》共分："粥谱序""食粥时五思""集古食粥名论""粥之宜""粥之忌""粥品"六部分。《粥谱》的重点是在"粥品"部分。"粥品"又分为谷类、蔬类、蔬实类、稊类、菰类、木果类、植药类、卉药类、动物类等九大类。共收录了200多个粥谱，是中国古代粥谱之大全。

24.《中馈录》

清曾懿撰。曾懿，女，字伯渊，又字朗秋。四川华阳县人，生卒年月不详，大约生活在道光、光绪年间。出身官宦之家，她的父亲和丈夫分别在江西、安徽、湖南当过官。她也曾随行，从而增加了对这些地方饮食烹饪的了解，加上她本人在家主持中馈，有一定的烹饪实践，从而写出了这本供女子"学习"用的烹饪著作。该书一卷，除总论外，分20节，介绍了20种食品的制作方法，有制宣威火腿法、制香肠法、制肉松法、制鱼松法、制五香熏鱼法、制糟鱼法、制风鱼法、制醉蟹法、制皮蛋法、制糟蛋法、制辣豆瓣法、制泡盐菜法、制冬菜法、制酥月饼法等。

25.《素食说略》

清人薛宝辰撰。宝辰原名秉辰，字寿宪，一字幼农，陕西长安县人。该书撰写于清朝年间，但出版于民国年间。全书共四卷，正文前有自序及例言，内容较为丰富。作者在自序及例言中，涉及一些烹饪理论。在自序中，作者力主食用"畦蔬园蔌"，认为其"美于珍馐"，并说新鲜蔬蔌不仅芳香，而且能洁肠胃，对健康有益。在例言中，指出制蔬菜的要诀："菜之味在汤，而素菜尤以汤为要"。作者反对将桃、梨、橘、柑、蒲桃、苹果等水果油炸、水煮后食用。他说，这些水果"色香与味俱臻绝伦，而食者以油炸之，以糖煮之，使之清芬俱失，岂非所谓暴殄者乎？"该书正文共收条目170多条，计有酱、醋、豆豉、辣椒酱等调料的制法，上百种蔬菜、菌类、豆制品、饭粥、饼、面条、汤等的制法。

书中所收菜点，大多数属于陕西、北京风味。正如《例言》中所说："余足迹未广。惟旅京为最久。饮食器用，大致以陕西、京师为习惯，而饮食尤甚。故作菜之法，不外陕西、京师旧法。"如陕西的"金边白菜""树花菜""羊肚菌"；北京的"果羹""拔丝山药""龙头菜""菜花""麒麟菜"等，均有详细的记载。《素食说略》有明显的受佛家素食教义影响的痕迹。总的看来，此书不失为一部有实用性和史料价值的素食专著。

三、《齐民要术》中有关烹饪资料

《齐民要术》是我国北魏著名农学家贾思勰撰写的农业巨著。内容丰富多彩，书中序言说，该书的写作"起自耕农，终于醯醢，资生之业，靡不毕书"，素有"农业百科全书"之称。正因为如此，《齐民要术》的作者在其中的第八、九卷中，集中撰写了有关调味料、菜肴、面食等的制作工艺。所以，《齐民要术》虽然不是专门的烹饪典籍，但其中的第八、九卷保存了大量珍贵的烹饪史料。而且，无论就其容量，还是内容的质量，都远远超过了魏晋南北朝以前任何一种专门的烹饪典籍，而且其后历代的烹饪食谱，能够超过《齐民要术》者也凤毛麟角。

1.《齐民要求》是魏晋南北朝及其以前烹饪资料大全

我国的烹饪技术是精湛的，它的历史是源远流长的。早在先秦时期，烹饪技艺就已达到了相当高的水平，出现了用多种烹饪方法制作的佳肴，而最脍炙人口的是周代八珍。到了汉代，社会生产力有了进一步发展，烹饪水平也随之提高了。所谓"熟食遍列，肴旅成市"（《盐铁论》）就是汉代饮食市场的真实写照。到了魏、晋、南北朝时，烹饪水平又向前更进一步。据《隋书》《旧唐书》《新唐书》记载，当时已经出现了数十种烹饪书籍。其中《淮南王食经》达一百三十卷之多，可谓"鸿篇巨制"。遗憾的是，它历经乱世而亡佚。然而，这些亡佚了的烹饪古籍中的部分珍贵资料，被《齐民要术》所引用而有幸保存了下来。

贾思勰在《齐民要术》序言中说过，他著书时曾"采捃经传，爰及歌谣，询之老成，验之行事"。事实的确如此。据统计，他仅在《齐民要术》第八、九两卷中，就引用了《毛诗》《诗义疏》《四民月令》《杂五行书》《风土记述》《尔雅》《食经》《食次》等著作中的数十条有关资料。这当中，尤为值得重视的是《食经》《食次》两书。据《隋书·经籍志》《旧唐书·经籍志》《新唐书·艺文志》记载，隋朝以前，仅有"食经"字样的烹饪书就有诸葛颖的《淮南王食经》、崔浩的《食经》、卢仁宗的《食经》、竺暄的《食经》、赵武的《四时御食经》等。由于这些书均已亡佚，加之《齐民要术》引用时未说明《食经》为何人所撰，所以《齐民要术》中所提到的《食经》到底是哪一部就较难考证了。但大致不会超出以上五部书的范围。

《齐民要术》在第八、九两卷中共引用了30多条《食经》中的资料，如"作豉法""蒸熊法""莼羹""脏鲊法"等。为人们进一步研究南北朝及其前代的烹饪情况提供了线索。因此说《齐民要术》是魏晋南北朝及其以前烹饪资料大全，具有十分珍贵的资料价值。

2．记录的菜肴制作丰富多彩

《齐民要术》除了征引了大量的史料外，贾思勰更多的是选取了现实生活中的材料。关于贾思勰的生平，史籍记载极少，人们只知道他当过高阳郡（今山东境内）太守。根据他的这一经历，今天可以推想，《齐民要术》中所收录的肴馔应以黄河中下游地区为主。《诗经》中曾说："岂其食鱼，必河之鲤""岂其食鱼，必河之鲂"，而《齐民要术》中提到鲤鱼、鲂鱼（鳊鱼）的次数特别多，估计应该是黄河中出产的无疑。牛、羊肉也提得特别多，而食用牛、羊肉也主要是北方人的饮食习惯。当然，贾思勰还收了其他地方的一些肴馔，如湖南的粽子、吴地的腌鸭蛋、莼羹、蒲菹、长沙的蒲鲊、四川的腌芥菜等。此外《齐民要术》中还收有外国及北方少数民族的一些肴馔的制法，如"外国苦酒法""胡炮肉法""胡羹法""胡饭法"等。

《齐民要术》第八、九两卷中记录的烹饪方法多种多样，所收录的肴馔丰富多彩。据粗略统计分析，书中提到的主要烹饪方法多达30余种，如酱、菹、脯、鲊、羹、汤、曜、蒸、焦、瀹、炒、炙、淬、糟、苞、煎、蜜、拌、炸、醉、烧、冻等。实际上，在具体的菜肴制作中，上述的烹饪方法又不一定是单独使用的，有时要几种方法交替使用。

此外，有一些烹饪方法很难用今天的烹饪术语去类比，如"菹"，通常是指酸菜、泡菜之类，也指肉酱、鱼酱等。可是，《齐民要术》中的"菹肖法"却较特殊，是将肥一些的猪、羊、鹿肉切成细丝，加豉汁、盐炒后，再加上"菹"（酸菜）的细丝及酸汁而成的。这里，"菹"实际是已作为炒肉丝的配料了。

除数量多以外，《齐民要术》中肴馔的特色也是品类齐全、花式繁多。概而言之，可分为荤菜、荤素结合的菜、素菜、面点、饭粥、茶食、节日食品等。其中，荤菜的数量尤多。书中共有十篇是记录荤菜的，品种达100种以上。比如"蒸焦法第七十七"篇中，就记载了《食经》的蒸熊、蒸豚法、裹蒸生鱼法等13种菜肴的制法。又如"炙法第八十"篇中，就记载了炙豚法、腩炙法、灌肠法、炙蛎等22款菜肴的制法。其中，素菜也有好几十种。仅在"素食第八十七"篇中，就收了瓠羹、煎紫菜、焦菌等11种素菜的制法。面点的花样也很多，在"饼法第八十二"篇中，共记有作白饼法、作烧饼法、髓饼法、膏环、细环饼、截饼、水引、馎托等11种面点的制法。

🔗【知识链接】

中国烹饪古籍丛刊

自1982年开始，中国商业出版社聘请专家点校、编辑出版了《中国烹饪古籍丛刊》，迄今为止已经出版了多达30余种。具体书目：东京梦华录、都城纪胜、西湖老人繁胜录、梦粱录、武林旧事、吕氏春秋·本味篇、闲情偶寄·饮馔部、养小录、中馈录、随园食单、云林堂饮食制度集、易牙遗意、醒园录、素食说略、齐民要术·饮食部分、千金食治、食疗方、清异录·饮食部分、山家清供、饮馔服食笺、食宪鸿秘、随息居饮食谱、饮食须知、造洋饭书、粥谱二种、居家必用事类全集、调鼎集、能改斋漫录、先秦烹饪史料选注、吴氏中馈录、本心斋疏食谱、筵款丰馐依样调鼎新录、四季菜谱摘录、饮膳正要、菽园杂记·饮食部分、升庵外集·饮食部分、饮食绅言·饮食部分、陆游饮食诗选注、清嘉录、宋氏养生部·饮食部分、浪迹丛谈四种·饮食部分、食疗本草、太平御览·饮食部、随园食单补证。

第二节　烹饪养生文化

我国的传统"养生"，缘于道家的"贵生"思想，最早见于战国时期的《庄子·内篇》上。"养生"又称"摄生、道生、养性、卫生、保生、寿世"等。《庄子·养生主》曰："吾闻庖丁之言，得养生焉。"唐代战玄英疏解说："遂悟养生之道也。""养生"所谓"养"即保养、调养、补养、护养的意思；所谓"生"，即生命、生存、生长、生活的意思。"养生"就是根据生命的发展规律达到保养生命、保健精神、增进智慧、延长寿命的真正目的。早在中国传统养生理论的奠基作品《黄帝内经》中就明确提到："人与天地相参也，与日月相应也"。所谓"人与天地相参"强调的正是人与自然的统一关系，这种统一关系在传统养生文化中，反映的是人体的生理过程与自然界的运动变化存在同步关系。《黄帝内经·灵枢》提出的所谓"春生、夏长、秋收、冬藏，是气之常也，人亦应之。"就是这个道理。

中华民族是一个非常注重养护、养育生命的民族，即平常所说的"养生之道"，这是"中华民族繁荣昌盛"的根本保证。而"养生之道"的基础又在于烹饪饮食养生，中国繁体字的"養"所表达的意义已经非常清楚了。古人提倡"食饮有节"、杜绝"病从口入"等都是饮食养生的理论实践。

中华民族的饮食养生观，自古以来就建立在"人与自然和谐相处"的前提下，这样的饮食思想是最符合人类生命养育、养护之道的。中国一个"和"字就体现了这样的饮食养生观。"和"不仅有平和、和谐、中和等含义，其中还包含着人类以摄取植物性食物为主的饮食行为，是最有益于生命的滋养，且能够与大自然和谐相处的观念。早在两千多年以前，人们就在和谐养生的基础上总结出了"五谷为养，五畜为益，五菜为充，五果为助"的饮食实践经验，奠定了中华民族饮食养生的理论基础。中国菜肴烹饪体系的发展与形成无不以中华民族的饮食养生观为理论基础、为前提的。

一、传统饮食养生观的烹饪应用

中国烹饪，根植于儒家文化、黄河文化、长江文化等多元文化的深厚土壤，以其丰厚的历史积淀与悠久的历史传承，成为中国饮食文化发展史上的精华所在，是中国历史文化遗产的重要组成部分。因而，中国烹饪的养生之道受到儒家饮食养生观念的影响也是最大的，成为中国传统养生理论的主体内容。

在儒家经典著作《论语·乡党》中，记录了孔子一段关于菜肴、食馔饮食养生的论述，系统地阐述和表达了孔子的饮食养生观。他说："食不厌精，脍不厌细。食饐而餲，鱼馁而肉败不食。色恶，不食。臭恶，不食。失饪，不食。不时，不食。割不正，不食。不得其酱，不食。肉虽多，不使胜食气。唯酒无量，不及乱。沽酒市脯不食。不撤姜食，不食。祭于公，不宿肉。祭肉不出三日，出三日，不食之矣。食不语，寝不言。席不正，不坐。"

孔子关于饮食养生的论述对于后世人们的饮食行为与食品烹饪产生了极其重要的影响，被视为中国传统饮食养生的基础。其中对于中国烹饪养生的影响，主要包括如下几个方面。

首先，是对于中国烹饪菜肴加工的影响。孔子有著名的"食不厌精，脍不厌细"之语。这一饮食之论，被许多后人认为是孔子倡导人们片面地追求精美考究的饮食生活方式。其实这是一种错误的理解。事实上，他完全是基于当时平民阶层粗粝劣食的现状而提出来的，告诉人们在食料充足的情况下，尽可能提高菜肴、饭食的加工水平和烹饪技术水平，使入口的菜肴、饭食精细些。如果长期食用加工粗糙的菜肴和制作粗劣的饭食对人体的健康是不利的，不符合起码的养生之道。在菜肴、饭食加热烹饪方面，孔子提出了"失饪不食"的科学养生观点。清人刘宝楠在《论语正义》中云："失饪，有过熟，有不熟。不熟者尤害人也。"显然，孔子倡导人们不要去吃加工不熟或过熟的食物，这就需要改进和提高菜肴的烹调技术。对于菜肴加工，孔子提出了"割不正不食"之论。"割不正不食"表面上看是对刀工的要求。其实，刀工的好坏又直接影响到菜肴烹饪的效果。如果一锅菜肴，食物原料切割的块大小不均匀，必然受热不匀，就会发生生熟不一致的现象，人们吃了这样的菜肴，就会影响消化吸收，甚至导致疾病的发生。所以，孔子一贯提倡的菜肴加工要精细、火候掌握要恰当、原料切割要均匀等要求，都是出于对菜肴烹饪与饮食养生的需要。

其次，是对于菜肴调味的影响。孔子有"不得其酱，不食""不撤姜食，不食"等论述。菜肴的调味也要讲究合理，否则不仅味道不美好，而且于人体有害，不符合饮食养生的原则。孔子的"不得其酱，不食""不撤姜食，不食"的论点，对中国烹饪调味实践的指导意义极其重要，而且传承至今。据明人李时珍《本草纲目》研究成果表明，酱有"杀百药及热汤火毒，杀一切鱼、肉、蔬菜、蕈毒"的功能，而且姜更是"久服去臭气，通神明。除风邪寒热。益脾胃，散风寒，熟用和中"的良药。山东人"大葱蘸面酱"的菜食组合是典型的代表，而在中国烹饪中，举凡有生食的菜肴部分，如烤鸭、烤乳猪、生食蔬菜等，都必须蘸酱而食用的，其中饮食养生的道理是不言而喻。姜的运用，在中国烹饪菜肴的制作中更是充当重要的角色，尤其是在海产原料、水产原料及一些食物属性属于凉性的菜肴制作中，无不需要添加姜来调味。姜的温热功能，可以平衡寒性的食物，使其成为性味平和的菜肴，以利于菜肴的养生效果。所以，煮海蟹、拌海蜇之类的菜肴必佐以姜汁，就是中国烹饪菜肴养生的实践运用。

最后，是对于菜肴用料配合的影响。孔子提出"肉虽多，不使胜食气。"原意是说餐桌上的饭食再好再丰盛，也不能因贪口欲之享而不吃主食，只吃肉类菜肴。因为动物肉等辅食吃多了，是不易消化的。中国传统养生理论认为："人以水谷为本"，其他只能作为辅助养益食料。所以，《黄帝内经·素问》中有"五谷为养，五果为助，五畜为益，五菜为充"的菜肴、饮食组合理论，这与孔子的饮食观点是不谋而合的。而且这一观点已被现代科学证明是合理的饮食结构类型。如果人们每天不吃谷物，而大量地享用山珍海味、大鱼大肉，不仅会导致营养失衡，还会影响消化系统的健康。因此，只有主辅相配得宜，饮食有节制，才合乎科学的原则，于人体健康才会有利。表现在中国烹饪养生的实践中，则形成了中国烹饪讲究原料配伍的技术特点。据不完全的统计资料表明，中国烹饪中有60%以上的菜肴是荤素原料搭配而成的，即使一种主料的菜肴，也必定有多种小料与之配合。中国烹饪传统宴席中除了丰盛的肉类菜肴以外，更重视宴席点心、主食的配合，为了有利于配合主食，宴席中还设计了一定数量的饭菜，这些都是出于饮食养生的需要。

二、"五味调和"的烹饪调味原则

儒家文化思想的核心内容是"中庸之道",体现一个"和"字。中国烹饪的烹调技术与原料的配伍,乃至宴席菜肴的组合无不体现这一理念,并由此成为中国烹饪养生之道的理论基础。

中国烹饪的调味历来讲究"五味调和百味香",而"五味调和"是其根本所在,这是中国烹饪养生理念的精华之处。中医理论认为:"五味入胃,各归所喜,故酸先入肝,苦先入心,甘先入脾……"也就是说,任何一种味道过于偏重,都会造成对身体的伤害,所以菜肴、饭食做到味"和"最为重要。

中国烹饪之中,五味调和之首,在于中国烹饪"汤"的应用,而对于熟谙中国烹饪真谛的世人来说,都知道中国烹饪的精华在于"汤"的运用。没有"汤",中国烹饪就失去了灵魂。中国烹饪"汤"的制作历史悠久,早在魏晋南北朝时期就已经成熟,《齐民要术》一书中有详细记载。

中国烹饪中"汤"的运用之妙,完美体现一个"和"字上。首先,无论清汤、奶汤的本身就是众多美味成分与营养成分的融合。汤内含有各种呈鲜味的氨基酸及一些芳香物质,含有多种矿物质,尤其含有丰富的钙,含有多种脂溶性维生素等,但这么多的营养素与美味成分融为一体而各不显现,达到味"和"的境界。其次,汤是融合各种调味原料的最佳载体,无论调味料的种类、数量、使用方法如何变化,一旦添加到汤中后,便再无个性表现,而成为融合一体的复合美味,达到了"五味调和百味香"的菜肴制作妙境。

中国烹饪中的调味之"和",还体现在虽然众味杂陈、百味千料,但绝对不使菜肴的口味有所偏颇,要达到"水火相济",又不偏不倚的效果。《春秋左传》记载了这样的一段话:"公曰:'和与同异乎?'(晏子)对曰:'异!和如羹焉,水、火、醯、醢、盐、梅,以烹鱼肉,燀之以薪,宰夫和之,齐之以味,济其不及,以泄其固。君子食之,以平其心。'……"晏子是齐国时期著名的贤相,他的这段话虽然是在论述君臣之间的关系,但却是借用了中国烹饪养生之道进行阐述的,这就从一个侧面揭示了中国烹饪调味的"和"。而这种表现在烹调技术上的"味之和"又恰恰与儒家文化的"中和"思想相吻合。其实,这种"和"的理念在中国烹饪的作业中除了调味以外,还表现在很多方面,比如配菜要讲究原料的质地、色形的"和"谐,用火要讲究轻重缓急与所烹制的原料相适"和",宴席中则要讲究菜肴与菜肴之间的搭配之"和"等。

中国烹饪讲究烹调之"和",可以说这是中国烹饪文化的最高水准。而"和"又是中国儒家文化的最高精神境界。正是因为中国烹饪的调"和"之美,使中国烹饪具有了"平和适中,受众广泛"的菜系属性与特质。可以毫不夸张地讲,中国烹饪不仅在中国,乃至世界上的任何地区,没有人会拒绝接受中国烹饪,也没有人会不适应中国烹饪的饮食口味。因为,它是"中和"的,不偏激、不猎奇、不走偏锋、不含混不清。而这与中华民族传统的养生思想是完全一致的。所以说,中国烹饪的灵魂是中国烹饪的养生之道。

三、"大味必淡"的烹饪养生主张

西汉儒学大师扬雄在《解难》一文中有:"大味必淡,大音必希"之语。古人把"大味必淡"解释为"美味必淡而无味"，由此，"大味必淡"的表面意义显而易见。

"大味必淡"的观念虽然是一种哲学层面的说教，但中国烹饪在菜肴烹调的实践中却是一贯遵循的主张。当然，这里的"大味必淡"不是指菜肴烹调没有味道，而是恰当的调味，才符合养生之道。《管子·水地》说："淡也者，五味之中也。"因为水味极淡，才能融合众味，从而起到调和得宜的效果，所以淡味是大味，是至味。而厚味、浓味本身已经没有办法融合其他的味，因而老子有"五味令人口爽"之语，所谓"口爽"就是导致口腔味觉失真，引申为疾病的意思。《吕氏春秋》也说："凡食，无强厚味，无以烈味重酒，是以谓之疾首。"说得更加明白。我国古代的养生家都强调饮食"厚不如薄，多不如少。""茹淡者安，茹厚者危。""若人之所为者，皆烹饪偏厚之味，有致疾伤命之虞。"讲的都是清淡饮食养生的道理。

本来，调味艺术是中国菜肴烹饪技艺的精华所在，但过多地使用大量调味品，使菜肴口味浓重，不仅不能够达到品味艺术的境界，也不符合菜肴饮食养生的原则。现代营养学证明清淡的菜肴、饭食有益于人体的健康。比如烹调用油的过量使用，菜肴味道虽然浓香馥郁，但却容易因为脂肪的过量摄取导致心血管疾病的发生；而过量钠盐的食用，会增加高血压发病的机会等。中国传统中医养生学在实践中已经认识到了这一点，主张粗茶淡饭、淡薄滋味的养生观念。两千多年前的《黄帝内经》就有"味厚者为阴，薄为阴之阳""味厚则泄，薄则通"的理论。清人在《老老恒言》一书中更是清楚地说："血与咸相得则凝，凝则血燥。"因此说，菜肴、饭食口味过咸、过香、过甜、过辣、过酸等，都是不符合饮食养生原则的。

首先，中国菜肴好吃是因为能够品出美好的味道，而在过于浓重的、强刺激性菜肴味道中是达不到品味艺术境界的，也就没有美味可言。在从事中国烹饪制作的厨师传承中，历来就有"咸了出味淡了鲜"的说法，中国烹饪的制作对此是遵守不悖的。下饭的菜肴，味道要浓重一点，因为一般的饭是无味的，所以配合浓重口味的饭菜进食，可以起到平衡的效果，而实际上口味仍然处于较清淡的水平上。宴席用来下酒的菜肴，则要求以鲜味为主，所以在菜肴烹调中使用少量的盐起到提鲜效果即可。这在鲁菜、淮扬菜、粤菜的汤类菜肴制作中表现得尤其突出，充分体现了中国烹饪这一养生原则。

其次，保持菜肴味道的纯正，也是"大味必淡"这一养生原则的具体表现。中国菜肴调味讲究章法，讲究艺术效果，一方面重视菜肴原料的本味，一方面重视突出菜肴的主味。因此，中国烹饪中，杂乱无章、莫名其妙、含糊不清类型的口味是很少有的。一道菜肴，甜就是甜，鲜就是鲜，咸就是咸，辣就是辣，体现的是菜肴口味的纯正。即使有的菜肴也运用复合味进行调味，但仍然遵循口味纯正的调味原则，如甜酸、酸辣、咸鲜等，也是一品便知，传给味蕾的信息是清晰可感的。这也是符合饮食养生的原理。我国古人也早就认识到了这一点。《管子·揆度》曰："其在味者，酸、辛、咸、苦、甘也。味者，所以守民口也。"纯正味道的菜肴、饭食可以使人保持清醒的品味状态，而过于偏嗜、过于刺激、过于混杂的味道可能使人失去对美味的控制能力。而食用口味纯正、清淡菜肴的人们就能够辨别五味，其目的就是为了让人们自觉地控制食欲。因为，不能够控制对美味的适度享受，就会导致饮食失控，于健康、养生是不利的。所以，《管子·内业》说："凡食之道：大充，形伤而不藏；大摄，骨枯而血沍。充摄之间，此谓和成。"意思是说，饮食的规律在于适度，过于饱食，会使人体受损而没有好处，过于饥饿，会使骨骼萎缩而血气不和。所以，《管子·禁藏》提醒人们："食欲足以和血气，衣服足以适寒温。"也就是说，生活的享受要有所节制，饮食只要能保证营养健康的需要就行。

四、"顺应四季"的烹饪养生基础

中国传统的饮食养生之道，讲求的是从阴阳、应四时、致中和。所以，《黄帝内经·素问》说："故阴阳四时者，万物之终始也，死生之本也，逆之则灾害生，从之则苛疾不起，是谓得道。"这就是中华民族"四季养生"的理论根据，菜肴饮食也是如此。

先哲孔子有"不时不食"的言论，其主要的意思就是不到成熟季节的食物不能食用。许多植物的果实不完全成熟时，含有许多对人体有害的成分，对人体的健康不利，不符合饮食养生之道。所以《吕氏春秋》有"食能以时，身必无灾"的论断，这可以说是对"不时不食"的最好诠释。

中国烹饪的菜肴配伍，最重视应时应节，什么样的时节使用什么样的原料，食用什么样的菜肴，皆以顺应四季为原则。尤其是在我国的黄河流域，四季分明，食物出产也应时应节，如春季菜肴配料多用韭菜、香菜、香椿、荠菜、春笋之类，而宴席菜肴也多以平和润滑、清爽菜肴见长。夏天则以清淡的汤菜、凉菜、蔬菜类菜肴为主，但在烹调肉类、海鲜类菜肴时一定要用姜、大蒜等调味，生姜温暖脾胃，大蒜的消毒杀菌功效尽人皆知。而冬季菜肴则以口味厚实，热量丰富之品居多，羊肉等动物肉类、火锅类菜肴成为冬季宴席上的主打品种，目的就是为了适应季节性的变化，以起到菜肴饮食养生的效果。

即便是一种菜肴，有时也要根据不同的季节采用不同的烹调方法，以适应季节性的变化。如中国鲁菜中有一道著名的"肘子"菜肴，可以充当大件菜肴使用。而此菜在宴席中运用的原则，是要根据不同季节有所变通的。一般说来，"红烧肘子"适合于冬季宴席之用，味美肥厚，热量丰富。夏天如果吃肘子则以"水晶肘子"见长，由于加工方法不同，"水晶肘子"中的脂肪含量大大降低，菜肴凉爽可口，清淡不腻，且有利水解热之效。春季则以"清炖肘子""白扒肘子"为佳，而秋天需要滋阴润燥的菜肴食品，"冰糖肘子"则是最佳选择。一道菜肴如此讲究，目的只有一个，就是菜肴搭配要符合饮食养生的原理。类似的例子在我国各大菜肴体系中都有，如淮扬菜中"狮子头"的运用等。

《周礼》说："凡食齐视春时，羹齐视夏时，酱齐视秋时，饮齐视冬时。"意思是说，食用饭菜要像春天一样温，食用汤羹要像夏天一样热，酱食要像秋天一样凉，饮料要像冬天一样寒。这是中国烹饪一贯遵循的养生之道。饭菜、汤羹、粥品要热食，益于养护脾胃，且味道美好，所以中国烹饪中有"一热胜三鲜"的说法。为此，冬季菜肴为了保温在有条件的情况下使用保温餐具，如孔府就有一套水暖的银制餐具，即使在没有取暖设施的年代也可以使菜肴得到良好的保温效果。传统的中国宴席中，不仅热菜酒肴要热，冬季饮用白酒都要温热，也是为了养生之需。

🔗 【知识链接】

阴阳五行学说与五味

中国传统文化中的阴阳五行学说是饮食文化中"五味"产生的理论根据。人体以生理结构为基础，"依合阴阳，调节饮食"，李时珍有"肝欲酸，心欲苦、脾欲甘、肺欲辛、肾欲咸"五味合五脏原则，详细地阐明了阴阳五行饮食对人体的影响。五味的调和是饮食烹饪的最高标准，是哲学与美学的结合。中国饮食文化中的调和，使食馔不仅供人充饥，美味佳肴也是人类的美的享受，从而造就了中国饮食"甘而不浓、酸而不酷、咸而不减、辛而不烈、淡而不薄、肥而不腻"，五味调和百味鲜的特色。中国饮食崇尚朴素自然，讲究原物、原味、原形、原质、原汤，以自然食品为主，以素食为主。

第三节　中国宴席文化

一、宴席的形成与发展

现在的宴席，古代称作筵席、燕会等。我国的宴席植根于中华文明的肥沃土壤中，它是经济、政治文化、饮食诸因素综合作用的产物。从中国宴席的滥觞和变迁，可以看出它的文化遗产属性。

1．中国宴席的形成

宴席萌芽于虞舜时代，距今有4000多年的历史。经过夏、商、周三代的孕育，到春秋战国时期，就已初具规模了。如果探寻中国宴席形成的原因，则与古代先民的祭祀活动、礼俗活动和宫室起居有着密切的相关。

（1）先民祭祀与宴席形成　新石器时代，生产水平低下，缺乏科学常识，先民对许多自然现象和社会现象无法理解，认为周围的一切好像有种无形的力量在支配。于是，天神旨意、祖宗魂灵等观念就逐步在头脑中形成。为了五谷丰登，老少康泰，战胜外侮，安居乐业，先民顶礼神明，虔敬考妣，产生原始的祭祀活动。嗣后，奴隶主为了巩固地位，极力宣扬"君权神授"，加剧了先民对神鬼的崇拜，祭祀活动逐步升级，日渐成习。

《周礼》疏曰："天神称祀，地祇称祭，宗庙称享。"《孝经》疏曰："祭者，际也，人神相接，故曰际也；祀者，似也，谓祀者似将见先人也。"这两段话解释了祭祀的由来及作用。既然通过敬神祭祖，可使人神接触，重见死去的亲人，那么，自然就应恭恭敬敬、认真从事了。

要祭祀，先得有物品表示心意，祭品和陈列祭品的礼器应运而生，于是出现木制的豆，陶制的釜。古代最隆重的祭品是牛、羊、猪三牲组成的"太牢"，其次是羊和猪组成的"少牢"，这都是祭祀天神或祖宗用的。如果单祭田神，求赐丰收，一只猪蹄便可以；如果单祭战神，保佑胜利，杀条狗也就行了。至于礼器，有豆、釜、尊、俎、笾、盘。每逢大祀，还要击鼓奏乐，吟诗跳舞，宾朋云集，礼仪颇为隆重。祭仪完毕，若是国祭，君王则将祭品分赐大臣；若是家祭，亲朋好友就将祭品共享。这都名之为"纳福"。从纳福的形式看，祭品转化为菜品，礼器演变成餐具，已经具有筵宴的特征了。

（2）古代礼俗与宴席形成　除了祭祀活动，古代社会繁杂的礼俗也是宴席的成因。

在国事方面，据《周礼》记载，先秦有敬事鬼神的"吉礼"，有丧葬凶荒的"凶礼"，朝聘过从的"宾礼"，征讨不服的"军礼"，以及婚嫁喜庆的"嘉礼"等。在通常情况下，行礼必奏乐，乐起要摆宴，欢宴须饮酒，饮酒需备菜，备菜则成席。如果没有丰盛的肴馔款待嘉宾，便是礼节上的不恭。

在家事方面，春秋以来，男子成年要举行"冠礼"，女子成年要举行"笄礼"，嫁娶要举行"婚礼"，添丁要举行"洗礼"，寿诞要举行"寿礼"，辞世要举行"丧礼"。这些红白喜庆也都少不了置酒备菜接待至爱亲朋好友，这种聚餐，实质上就是宴席了。

据考证，甲骨文中的"飨"字，就像两人相对跪坐而食。古书对"飨"的解释，也是设置美味佳肴，盛礼迎待贵宾。所有这些都可说明，从直接渊源上讲，宴席是在夏商周三代祭祀和礼俗影响下发展演变而来的。

（3）古人宫室起居与宴席形成　我国先秦时期，无论何种房屋，不分贵贱，一律称"宫"。先民修筑住所，大多坐北朝南。前面是行礼的"堂"，后面是住人的"室"，两侧是堆放杂物的"房"。由于宫室一般建在高台之上，所以屋前有阶，于是就有了古时宴席中"降阶而迎""登堂入室"等礼节的出现，与这种房屋设计是不无关联的。夏、商、周三代还秉承石器时代的穴居遗风，把芦苇或竹片编织的席子铺在地上，供人就座。"堂"上的座位以南为尊，"室"内的座位以东为上。因而古书中常有"面南""东向"设座位待客的提法。后世宴席安排主宾席位，不是东向，便是朝南，根源即在于此。

古人席地而坐，登堂必先脱鞋。那时的席大小不一，有的可坐数人，有的仅坐一人。一般人家短席为多，所以先民治宴，最早为一人一席，也是取决于起居条件。这种宴客情况，《梁鸿传》《项羽本纪》《魏其武安侯列传》均有记载，京剧《黄鹤楼》《金沙滩》《鸿门宴》等亦有反映。

除了席子之外，古时还有筵。《周礼》说："设筵之法，先设者皆言筵，后加者曰席"。《周礼》注疏说："铺陈曰筵，藉之曰席"。由是观之，筵与席是同义词。二者区别是：筵长席短，筵粗席细，筵铺地面，席铺筵上。时间长了，筵席两字便合为一词。究其本义，乃是最早的坐垫之类。

我国先秦时期，还没有类似今天的桌椅出现，只有床、几。那时的"床"很矮，信阳长台关楚墓出土的木床，长2.18米，宽1.39米，高仅0.19米，可卧可坐。古人的坐有三种姿势：一是两脚向前伸平而坐，舒展自如，叫做"箕踞"；二是盘腿大坐，如同和尚参禅，称为"跏趺坐"；三是双膝着地，臀部落在脚跟，显得庄重，名曰"跪"，这是会客赴宴时的礼貌坐法。甲骨文中的"人"字就是按照人跪坐形态而创造的象形字。那时的"几"类似今天的茶几，也较矮小，仅供老人跪坐时依凭。由此所制约，古代吃饭的场所，就得另找出路了。出路在哪里呢？就在筵和席上。先秦的餐具往往又是炊具，多为陶罐铜鼎，形似香炉，体积颇大，很占位置。古时端放食物的托盘叫"案"，一般为长方形，案下有足，搁放地上，一案只能放一鼎。因此，古人吃饭，就是"跪"坐在"席"上，对"案"面"鼎"而食。那时的宴会受这种餐具制约，菜点不可能很多，而且还需要分席，较之今天的分餐还要麻烦。只有大奴隶主才能"陈馈八簋""食前方丈"的。对于这种设席情况，许多古书有大量的记录与描述。

汉代，西域有一种坐具——"马扎子"传入中原。马扎子是一种两木相交，中间穿绳，可张可合，现今各地民间仍有使用。汉代人就是在马扎子的启发下，改进制成桌椅，将人从跪坐中解放出来。从此，宴席失去铺陈的作用，便充当酒宴的专有名词。《清稗类钞》说："古人席地而坐，食品咸置之筵间，后人因有筵席之称。"这便是"席次""席面""席位""席菜"等称谓的来龙去脉。

由此，从宴席含义的演变上看，它先由竹草编成的坐具引申为饮宴场所，再由饮宴场所转化成酒菜的代称，最后专指宴席。故而可以说，在间接渊源上，宴席又是由古人宫室和起居条件发展演化而来的饮食形式。

2．中国宴席的发展

据反映我国先秦时期的典籍《礼记·王制》记述，虞舜时代已有"养老之礼"——敬老席。我国第一部诗歌总集《诗经》描写过早期筵宴的概况。像《良耜》写祭祀的历史："杀时犉牡，有捄其角，以似以续，续古之人。"《载芟》描写祭祀的祝愿："有飶其香，邦家之光，有椒其馨，胡考之宁。"《公刘》写聚宴的原因："执豕于牢，酌之用匏，食之饮之，君子宗之。"《宾之初筵》写聚宴的欢乐："酒既合旨，饮酒孔偕，钟鼓既设，举酬逸逸。"《周礼·春官·大司乐》还记有筵宴"侑食"的乐章；《礼记·乐记》也说："铺筵席，陈尊俎，列笾豆，以升降为礼者，礼之末节也。"这便把早期燕饮中餐具、食品和礼乐、仪典的关系说得更明白了。

宴席诞生以后，经过几千年的丰富、完善，逐渐形成了现今景象万千宴席活动与宴饮场面。关于它的发展变化，主要表现在席位、陈设、规模和饮食礼节方面。

（1）宴席座位在发展中不断得到递增　先秦时期是一人一席，间或也有两三人一席，罗列几样菜品蹲着或围坐就餐。这可从龙山文化遗址的出土文物中得到证实。当时的餐具除了个人专用的碗、勺、杯之外，多为共用。其大小与组合，也是按1～3人进餐要求来设计；并且盘、豆、盆、钵的圈足与器座高度，正同席地而坐或蹲着就餐的位置相适应。餐具装饰还采用对称手法，从任何角度都可欣赏，花纹带的位置亦与视线平行。显然，这都是服从设置席位的需要。此后，座席变成座椅，低案改为高台，方桌扩成圆桌，碗碟替代鼎罐。为了便于攀谈叙话，祝酒布菜，也为了充实席面和减少浪费，每桌坐客相应增加到3～6人。这从历代画家所画的《韩熙载夜宴图》《清明上河图》《春夜宴桃李园图》《水浒传》《金瓶梅》《儒林外史》等古代书画中，是可以看出从汉唐到明清的席位变化情况。清末民初，宴客多用八仙桌，常坐四人或八人。除了热闹和亲近，它似乎还与"四喜四全""要得发，不离八"等吉祥俚语有关。新中国成立以后，圆桌用得较多，一般都坐10人，这又是"十全十美""满堂红"宴席的规模了。近年来，各地的豪华餐厅出现20人，乃至30人一桌的席面。至于国宴的主宾席，则可坐16人，乃至20人以上。但在这种情况下，得配用特制的大转台或组合式长台，而且台面中央常有花卉果品装饰，以填充部分空间。席位的变化，对宴席格局有直接影响。

（2）宴席陈设在发展中不断得到美化　我国春秋时期，统治机构有专门负责宴席筹备和服务的机构与官员，其职责就是"司几筵，掌五几（即王和神所凭的玉几，以及雕几、彤几、漆几、素几五几）、五席（即莞席、藻席、次席、蒲席和熊席）之名物，辨其用与其位"。先秦时期在宴席上体现出的等级界线是非常分明的，任何人不能够僭越。唐宋时期，宴席又在餐厅装潢、餐桌布局、台面装饰和餐具组合的方面发生了巨大的变化，形成了全新的格局。如北宋的皇帝寿宴在集英殿举行，皇帝、权臣和外国使节坐殿上，其他官员坐两廊。红木桌面围着青色桌布，配上黑漆坐凳。皇帝用形似菜盘、带有弯柄的玉杯，高级官员用金杯，其他人等用银杯。餐桌的陈放是以御座为中心，由高而低呈扇面展开，很有气势。到了清代，乾隆的除夕家宴陈设就更讲究了。它共分八路：头路是迎春牙牌松棚果罩四座，花瓶一对，青白玉盘点心五品；二路是青白玉碗一字高头点心九品；三路是青白玉碗圆肩高头点心九品；四路是红色雕漆看果盒二副，小青白玉碗装苏糕鲍螺四座；五、六、七、八路则用青白玉碗摆设膳食四十品。此外，有些大筵还附设专供观赏的"看席"或"香盘"，配置花碟彩拼、造型点心和工艺大菜，流光溢彩，富丽堂皇。这都是通过陈设展现宴席规格和礼仪。

（3）宴席规模在发展中不断扩大　宴席的规模也是在发展中不断地扩大，至清代发展到顶峰，进入民国逐步缩减，现在稳定到一个较为合适的水平上。最早的祭筵，高级的只有牛、羊、猪三牲，有名的"周代八珍"，也不过六菜二饭而已。春秋时期"礼崩乐坏"，士大夫搞起"味列九鼎"。发展到动荡的战国时候，楚王的大宴就增加到了20多种佳肴、食品。秦汉时期，规模渐大，翦伯赞教授考证说："当其宴享群臣之时，则庭实千品，旨酒万锺，列金罍，班玉觞，御以嘉珍，饷以太牢。管弦钟鼓，异音齐鸣，九功八佾，同时并舞。"降及隋唐，继续升级。唐中宗时期韦巨源的"烧尾宴"，主要菜品就有58道。有宋一代，更加扩展，南宋佞臣张俊为了接驾，居然创造出一天摆宴250多种菜点的豪华宴席记录。唐宋御筵，不仅菜多，桌次也多，赴宴者常是数百，还有多种大型歌舞杂技助兴，服务人员往往数百乃至数千。元朝时期，相对来说，宴席要简单些，但这只是暂时现象。明朝朱元璋一统天下，歌舞升平，宴席再度膨胀。《明史·食货》记载：帝王专用餐具便是三十万零七千件，58座御窑日夜生产餐饮酒具等，其燕饮规模不言而喻了。清太祖登基后，"继承"并大大地"发扬"了历代王室的享乐传统。畅游江南的乾隆不论走到哪里，每餐都是百十道珍馐恭候圣驾。慈禧太后更是个珍爱口福之人，生鲜制美，异名巧样，把中国的名菜美点都尝遍了。当时"计酒席之丰俭，更以碗碟之多寡别之"。所以全龙席、全凤席、全虎席、全麟席多为三五十道菜肴，而号称屠龙之技的"全牛席""全羊席"则有七八十道不同风格的菜肴。在各种名贵宴席之中，有一种大烧烤跃居首位，燕参鲍翅一应俱全的大席，这便是名贯中西的满汉燕翅烧烤全席，也被后人称为"满汉全席"。一百多道菜肴、面点精粹须分三日九餐方能吃完，令人瞠目咋舌。至于末代皇帝宣统，也不因其年仅五岁而降低食饮要求，他每月用肉八百一十斤，禽品两百四十只。全家一年的伙食花销，接近20万两白银。新中国成立以后，在周总理的指导下，对国宴进行了大胆改革。一方面减少数量，缩短时间，一方面改进工艺，提高质量，做到了精致典雅，形质并茂，确切表现出中国筵宴的精华所在。

（4）宴席的食序在发展中日益完备　古今宴席虽然都是一酒二菜三汤四饭的饮食程序，但也是在历代的发展中完善起来的。正规宴席中，荤素菜式的组合，走菜程序的编排，以及进餐节奏的掌握，可谓变化万千。既有官场上的十六碟八簋四点心，也有民间的三蒸九扣十大件，还有令人眼花缭乱的各式豪华全席、各地名席、各族酒宴和四时田席等。其类别之多、拼配之巧、变化之奇，完全可与乐曲、绘画、服饰、建筑等艺术门类相媲美。在我国的传统宴席中，不论如何变化，都要突出酒的地位，形成了"无酒不成席"的传统，"菜跟酒走"也被奉为宴席制作的规矩，"酒宴"也因此得名。聪明的厨师深深懂得酒在宴席中的妙用，安排菜单也总是围绕着酒品巧做文章。先上冷碟是劝酒，再上大菜以佐酒，次上热菜是下酒，辅以甜食是解酒，配备茶果是醒酒。考虑到饮酒吃菜较多，宴席调味一般偏淡，而且松脆香酥的菜肴和清淡的素食、汤品均占有一定比例。至于饭点，更是少而精，仅仅起到"压酒"的作用而已。

中国名酒甚多，酿造方法和风味特色不一。宴席上菜肴必须与酒品配合，故而款式也多。还由于各地乡风民俗有别，因此宴席吃法也多种多样。再加上各地烹调风味的差异，所以一个地方菜系往往就是一种宴席体系。即使是在同一菜系之中，由于流派和帮口众多，宴席的款式也是色彩缤纷。凡此种种，便构成中国宴席丰富多彩的鲜明特征。

二、宴席的种类与礼仪

1. 宴席种类

我国的宴席、宴会经过几千年的发展积累，形成了种类复杂、名目繁多的庞大体系。从规格上可以将其分为：国宴、正式宴会、便宴、家宴；从餐别上分则有中餐宴会、西餐宴会、中西合餐宴会；按进餐时间分则有早宴、午宴和晚宴；如果按照礼仪形式分，则有欢迎宴、答谢宴会；如果按宴席的应用性质分，则有鸡尾酒会、冷餐酒会、茶会、招待会等。下面是从规格上分类的常见宴席种类。

（1）国宴　国宴是国家元首或政府首脑欢迎外国元首、政府首脑来访或庆祝重要节日而举办的宴会。宴会厅内悬挂国旗，设乐队，奏国歌，席间致词，菜单和席位卡上印有国徽。宴会的规格最高，盛大隆重，礼仪严格。

（2）正式宴会　通常是政府和人民团体有关部门，为欢迎邀请来访的宾客，或来访宾客为答谢主人而举行的宴会。这种宴会无论是规格和标准都稍低于国宴，不挂国旗，不演奏国歌。其安排与服务程序大体与国宴相同。

（3）便宴　即便餐宴会，用于非正式的宴请。一般规模较小，菜式有多有少，质量可高可低，不拘严格的礼仪、程序，随便、亲切，多用于招待熟悉的宾朋好友。

（4）家宴　是在家庭中以私人名义举行的宴请形式。一般人数较少，不讲严格的礼仪，菜式多少不限，宾主席间随意交谈，轻松活泼、自由。

（5）晚宴　是国宴的另一种表现形式，时间在晚上举行，其规格和标准与国宴相同，隆重、热烈。有时普通的外交往来，也在晚上举行宴请活动，人们习惯上也称之为晚宴，但这是较低一级的晚宴。

（6）招待宴会　是一种规模可大可小、经济实惠的宴请形式。有时用于隆重的宴请，如国庆招待会。有的规模较小，如各地方政府和企事业单位举办的招待会。

（7）茶会　又称为茶话会。是一种比较简单的招待方式。多为人民团体举行纪念和庆祝活动所采用。席间一般只摆放茶点、水果和一些风味小吃。宾主共聚一堂，饮茶尝点，漫话细叙，形式比较随便自由。有时席间还安排一些短小的文艺节目助兴，使气氛更加喜庆、热烈。

（8）西餐宴会　是采用西方国家举行宴会的布置形式、用餐方式、风味菜点而举办的宴请活动。其主要特点是：西餐台面，吃西式菜点，多用刀、叉、匙进食，采取分食制，常在席间播放音乐。

（9）鸡尾酒会　是西方传统的集会交往的一种宴请形式，它盛行于欧美等国家和地区。鸡尾酒会规模不限，灵活、轻松、自由。一般不设主宾席和座位，绝大多数客人都站着进食。各界人士可互相倾谈、敬酒。鸡尾酒会有时与舞会同时举行。

（10）冷餐酒会　是西方国家较为流行的一种宴会形式。其特点是用冷菜、酒水、点心、水果来招待客人。它可分为立餐和座餐两种形式。菜点和餐具分别摆在菜台上，由宾客随意取用。酒会进行中，宾主均可自由走动、敬酒、交谈。

2. 宴饮礼仪

有主有宾的宴饮是一种社会活动。为使这种社会活动有秩序有条理地进行，达到预定的目的，必须有一定的礼仪规范来指导和约束。中华民族在长期的实践中积累形成了一套规范化的饮食礼仪，在古代社会是作为每个社会成员的行为准则。

我国传统的古代宴饮礼仪，一般的程序是，主人持束相邀，到期迎客于门外；客至，互致问候，延入客厅小坐，敬以茶点；导客入席，以左为上，是为首席。席中座次，以左为首座，相对者为二座，首座之下为三座，二座之下为四座。客人坐定，由主人敬酒让菜，客人以礼相谢。宴毕，导客入客厅小坐，上茶，饮毕辞别。席间斟酒上菜，也有一定的规程。

现代的标准规程是：斟酒由宾客左侧进行，先主宾，后主人；先女宾，后男宾。酒斟八分，不得过满。上菜先冷后热，热菜应从主宾对面席位的左侧上；上单份菜或配菜席点和小吃先宾后主；上全鸡、全鸭、全鱼等整形菜，不能把头尾朝向第一主位。

这类宴礼的形成，有比较长的历史过程，在清末民初，就已有现代所具备的这些程式了。清代时西餐已传入，西餐食礼也随着传入，这对我们固有的饮食礼俗带来了一些冲击。东西方文化有异也有同，饮食文化亦不例外。西餐传入后，它的合理卫生的食法已被引入到中餐宴会中。例如分食共餐制，在中餐较高等级的宴会上已广为采用。虽然这种饮食礼制在中国古代就很盛行，但我们现在的做法确实是受到了西餐的启发，中西饮食文化的交流，于此得到最好的体现。

在古代正式的宴席中，座次的排定及宴饮仪礼是非常认真的，有时显得相当严肃，有的朝代，皇帝还曾下诏整肃，不容许随便行事。汉代初年的一次礼制改革，主要便是围绕宴礼进行的。我们现在的盛大国宴，则是在请束上注明应邀者的姓名和席位号码，简单明了。与宴者只要按照席号入位，一般是不会发生差错的。

三、宴席中的菜肴文化

无论宴席种类如何变化，其菜肴食品内容一般都是由冷菜、大件、行件、饭菜、点心、水果、饮品等类所组成。而且，每一组菜肴食品的应用都有一定的文化含义。

1. 冷菜

冷菜又称冷盘、凉菜、冷荤，是整个宴席菜式中第一道同宾主见面的菜，素有开场菜"脸面"之称。冷菜做得好与坏，直接关系到整个宴席的质量。因此在制作上要求刀工细致，颜色新鲜，口味纯正，造型美观，做到色、香、味、形俱佳。冷菜的格式一般为四双拼（四荤四素）、四三拼（每一盘两荤一素）、一大花盘外带六个或八个小围碟。

大花盘是宴席主题的象征，可拼摆成各种吉祥图案，一般根据宴席的性质而定，如是奠基、开业宴席，则用孔雀开屏、凤凰展翅等；如果是喜庆婚宴，可用龙凤呈祥、蝶恋花等；如果是寿宴则用寿比南山、松鹤延年等。围碟也可拼摆成图案形或双拼及单拼，与大拼盘相配合。

2. 大件

大件有的称大菜、头菜、正菜，是由高档、珍稀或完整的原料，经烹调后装在大盘（或大汤碗）内上席的菜肴。大件在上菜顺序上是紧跟在冷菜后面的第一道热菜，也叫领头菜。我国有很多宴席的名字就是用第一道大件的名字所命名的，如"燕菜席""鱼翅席""海参席"等。大件菜肴在宴席中有二大件、三大件、四大件之分。大件菜肴在宴席中也有很多讲究，民间喜庆筵席大件常见为整鸡、整鱼、整鸭等，而且许多地方鸡和鱼是必不可少的大件菜肴，因为有"吉庆有余、完完整整、十全十美"的美好寓意在里面。

3. 行件

行件就是通俗说的热炒菜，行件是跟随大件上的热菜，一般上一个大件，跟上两个行件，如是三大件的席便有六个行件。一桌席中，行件所用的原料不能重复。排菜时，相同颜色的菜要间隔上席。六个行件中必须有一道汤菜和一道甜菜。汤菜用料讲究，制作精细，一般是跟在第一个大件后面上席。甜菜则是最后上席的行件，尤其在婚宴中，一道"拔丝苹果"具有甜甜蜜蜜、福寿绵长、长久平安的寓意。行件要与大件搭配协调，使宾主感到宴席丰富多彩。

4．饭菜

饭菜是在大件和行件之后，吃饭时所上的菜，也叫收尾菜。饭菜的数量一般为二菜二汤（两荤两素），或一菜一汤。冬季也可以只上一个火锅。饭菜要求以清淡、素雅为主，但也可以加进些带有刺激性口味的原料，如辣、酸等。饭菜要比酒菜在口味上略重些。目的是让宾客增加食欲。传统宴席饭菜特别讲究，一般有八大碗、九大碗汤菜，多用"四喜丸子""八仙过海"等吉祥名命的菜肴，以增加宴席吉庆有余、欢快喜乐的寓意。

5．点心

点心是指酒席上的各种面点。在宴席中面点是配合菜肴进行的，有迎门点心、拴腰点心、扫尾点心。迎门点心是指客人在吃酒之前先吃的一道点心，然后再饮酒，就会感到舒服，也不易喝醉，也表达对客人诚信欢迎之意。拴腰点心是指在宴席上菜进行到一半时上的一道点心，既有调节宴席氛围的效果，更是主家意欲留住客人的意思。扫尾点心就是酒菜上完后，吃饭时所用的点心，多为甜味馅料制作，意为甜甜蜜蜜，友情绵绵之意。

6．水果

水果一般都是在饭后上席。水果四季有别，讲究时令，如夏天饭后上冰镇西瓜，春天可上草莓、樱桃之类，秋天和冬天可上苹果、橘子、鸭梨、香蕉等。但不同的宴席，水果的选用也有讲究，如寿宴多用苹果、佛手、鲜桃、龙眼之类，有祝愿长寿平安之意，如果是喜庆的婚宴，多选用樱桃、柑橘、香梨、荔枝之类，寓意甜甜蜜蜜、早生贵子。

7．饮品

中国筵席中的饮品，包括酒、茶等。其中以酒为主，所以宴席又有"酒宴"的称谓。在中国，无论何种宴席，几乎都有饮酒的习俗，民间流传所谓"无酒不成席"，就是这个意思。茶也是宴席不可缺少的饮品。

🔗【知识链接】

正式宴会中的敬酒、饮酒礼仪

主人敬酒时，上身挺直，以双手举起酒杯，待对方饮酒时，再跟着饮，敬酒的态度要热情而大方。敬酒要适可而止，会饮酒的人应当回敬一杯。在国外正式的宴会上，通常应由男主人首先举杯，并请客人们共同举杯。同外宾干杯时，应按礼宾顺序由主人与主宾首先干杯。与人敬酒或干杯时，应起立举杯，并目视对方。在干杯时，可说一两句简短友好的祝酒词，干杯要避免与其他人交叉碰杯，此乃大忌。女士接受他人祝酒时，不一定要举起自己的酒杯，以微笑表示感谢即可，自然是稍微喝上一点更好。当为尊贵人物的健康而干杯时，酒杯中的酒最好一饮而尽。若酒量不行的话，事先应只斟少许酒即可。

参加外方宴请，应事先了解对方饮酒习俗和祝酒的讲究。在宾主双方致词祝酒时，应停止饮酒和交谈。奏国歌时更不能饮酒。有的国家讲究拿酒杯应以整个手掌握住，如系高脚杯，则应以手指捏住杯脚。喝啤酒不要碰杯，但可以互祝健康。

宴会上相互敬酒，表示友好，但切忌喝酒过量。不能喝酒时可以声明，但不要把酒杯倒置，应轻轻按着杯缘。正式敬酒是在上香槟酒时，这时即使不会喝也要多少饮一点表示敬意，不想再喝时可轻轻与对方碰一下杯缘，即表示已经够了。一般倒入杯中的酒要喝完，不然就失礼了。

· 本章小结 ·

本章的主题内容是中国烹饪文化，由于中国饮食文化内容丰富多样，因而有选择性地从中国烹饪典籍文化、中国烹饪养生文化、中国宴席菜肴文化等方面进行了介绍。烹饪典籍文化包括烹饪典籍的分类与常见烹饪典籍简介，并着重介绍了《齐民要术》中有关烹饪的资料；烹饪养生文化主要从孔子饮食养生观在烹饪中的运用，以及"五味调和""大味必淡""四季养生"等方面的理论与实践运用进行了介绍；中国宴席菜肴文化包括中国宴席的形成、宴席的种类，以及宴席中菜肴食品的文化组成等，是系统了解中国饮食文化必须涉及的内容，也是传承和弘扬中国传统文化的重要组成部分。

· 延伸阅读 ·

1. 邱庞同著. 中国烹饪古籍概述. 北京：中国商业出版社，1989.
2. 姚伟钧等著. 中国饮食典籍史. 上海：上海古籍出版社，2011.
3. 鲁克才主编. 中华民族饮食风俗大观. 北京：世界知识出版社，1991.
4. 陈光新编著. 中国宴会筵席大典. 青岛：青岛出版社，1995.
5. 路新国著. 中国饮食保健学. 北京：中国轻工业出版社，2011.

· 讨论与应用 ·

一、讨论题

1. 中国烹饪典籍对于了解中国烹饪的发展有什么意义？
2. 为什么说传统的饮食养生理论对于后世中国烹饪的发展具有重要意义？
3. 宴席中的礼仪程序重要吗？
4. 宴席中的菜肴文化内容丰富，是中国传统文化的一部分。

二、应用题

1. 请举出三部清代饮食文化方面的专著，并说出它们的作者。
2. 通过学习《齐民要术》一书，结合现代饮食烹饪的发展趋势，总结一下现代我国烹饪发展的特点。
3. 把你自己参加过宴席的过程与感想写出来。
4. 以自己的理解，列举一些与宴席菜肴文化有关的内容。

第七章 中国烹饪艺术

CHAPTER 7

学习目标： 学习、了解、掌握中国烹饪艺术的内容与表现形式。中国烹饪艺术范围包括工艺之美、菜肴的美化艺术、菜肴的审美鉴赏、菜肴的命名艺术等内容，了解和掌握中国烹饪的艺术内容与表现形式，对于全面掌握中国烹饪学科体系的全部内容，理解大国工匠精神的内涵，具有至关重要的意义。

内容导引： 很多人都知道"中国烹饪是科学、是文化、是艺术"的命题，甚至有人把烹饪工作者，即厨师称为"烹饪艺术大师"。但如何理解中国烹饪是艺术的意义呢？这需要对中国烹饪艺术的内容与表现形式进行系统的学习与了解。工艺之美体现的是大国工匠精神的境界，而工艺之美本是跨向艺术美的必然。本课程的内容就引导我们走进中国烹饪艺术的殿堂，去领略中国烹饪艺术的内涵。

第一节 中国烹饪的工艺之美

中国烹饪之所以被称为烹饪艺术，不仅在调味技艺的表现上有独到之处，还在于中国厨师在长期的专业积累中，把烹饪技艺进行了升华，上升到审美艺术的境界，创造了一种特殊的技艺美学。特别是在刀工的运用、翻勺工艺等方面，具有很高的艺术审美价值。

一、刀工艺术

从用于切割食品原料发展到刀工艺术，是中国烹饪一个很大的特色。

1. 炫技之美

近几年来，经常有媒体报道：厨师在吹胀的气球上挥刀切肉丝，也有蒙着眼睛将豆腐切丝的，更有蒙着眼睛双手在背后把一个小小的萝卜切成几十米长的萝卜丝，拉开来可以绕着大堂好几圈，等等，不一而足。这些都属于烹饪刀工艺术的"炫技"之美，就是一种招徕客人关注的"作秀"形式。

由于中国烹饪的刀工技艺发展到精益求精的时候，就到达了艺术审美的境界，所以刀工的炫技表演，古人早已有之。在先秦著作中，有《庄子·养生主》一篇，其中就描述了一位"庖丁"高超的刀工技艺。云："庖丁为文惠君解牛，手之所触，肩之所倚，足之所履，膝之所踦，砉然响然，奏刀騞然，莫不中音。合于桑林之舞，乃中经首之会。"后来庖丁自述说："良庖岁更刀，割也，族庖月更刀，折也。今臣之刀十九年矣，所解数千牛，而刀刃若新发于硎，彼节有间，而刀刃无厚，以无厚入有间，恢恢乎其于游刃必有余地矣。"这一段绘声绘色、极其生动地描述了当时厨师刀工技术水平之高超，已经达到了出神入化的境地。到了唐代，烹饪刀工的操作就开始有了表演的成分。唐段成式《酉阳杂俎》记载："进士段硕尝识南孝廉者，善斫脍，索薄丝缕，轻可吹起，操刀响捷，若合节奏，因会客炫技。"持刀斫脍人的动作如此熟练轻捷，所切的肉丝轻风可以吹得起，可见肉丝之细，刀技之精。而且明确是为了在客人面前用来表演（炫技）的。宋元以后，进一步发展，宋人所撰的《同话录》中，记载了山东厨师在泰山庙会上的刀工表演。云："有一庖人，令一人袒背俯偻于地，以其背为刀几，取肉一斤，运刀细缕之，撤肉而拭，兵背无丝毫之伤。"这种刀工技艺，和现今厨师垫稠布切肉丝、在气球上切肉丝的表演同出一辙，均堪称绝妙的刀工艺术。

2．花刀之美

当然，中国烹饪的刀工技艺不仅仅是为了表演和作秀，更重要的在于烹饪作业中的实际应用。其中，最能展示中国烹饪刀工技艺之美的是各种各样的花刀刀法，专业术语也称为"剞刀法"，也叫花刀。

所谓花刀刀法，就是指厨师在各种原料上运用特殊的刀工技艺，使其成熟后形成美丽的花纹或花形。花刀刀法具有使菜肴造型美观、易于入味、易于成熟而保持鲜嫩等作用。常见的花刀可分为块形花刀和整鱼花刀两大类。

（1）块形花刀　就是在不同的小型原料上切出不同的刀纹，或是将整形原料剞上不同的刀纹后改成小型料块。常见的有：麦穗形花刀、球形花刀、梳子形花刀、荔枝形花刀、菊花形花刀、松果形花刀、麻花形花刀、鱼鳃（包括佛手形、眉毛形）形花刀、灯笼形花刀、竹节形花刀、锯齿（包括鸡冠形、蜈蚣丝）形花刀、卷筒形花刀、绣球形花刀、兰花形花刀、蓑衣形花刀、葡萄形花刀、螺旋形花刀、蜈蚣形花刀、刀形（包括回字形、棋格形）花刀、金鱼形花刀、鱼翅形花刀、蓑衣形花刀、鱼网形花刀等20余种，令人眼花缭乱。丰富多彩的花刀技艺，成就了中国烹饪丰富多彩的菜肴艺术形态。

花刀操作时一般要求刀纹深浅一致，距离相同，整齐匀称，料形规格大小一致等。这样，便于在加热时受热均匀，卷曲效果明显，但由于原料不同花刀方法也不尽相同。

（2）整鱼花刀　是以整条鱼为加工对象，在鱼身两侧或整扇鱼肉上分别切割出某种图案或花纹，使其在加工受热时，有利于缩短烹制时间和入味，并增加鱼肴外形的美观。常见的整鱼花刀如下。

①兰草花刀：就是刀距很近，像兰草叶子一样的细，目的是把厚实的鱼肉切成便于入味的食材，在干烧鱼中，经常采用这种刀法，干烧需要过油，鱼要变得干酥，刀距密集，水分容易蒸发，成品成熟较快。

②一指花刀：间距为一指宽，这是一种很平常的花刀方法，在家常菜中，也很常见。适用面较广，对于那些肉质比较嫩的鱼及需要长时间烹饪的鱼，不易将鱼肉炖脱落。

③半指花刀：一半手指宽的刀距，适用于较大的鱼类，烹饪技法与一指花刀相同。

④正一字花刀：这种刀法需要在直切至鱼骨的时候，再横刀向里切，把鱼肉暴露的面积加大，在烹饪中，能在短时间内，溶出鱼肉的味道及成分。

⑤柳叶形花刀：是烹饪中常用的刀法之一，适合各种鱼类清蒸时应用，尤其适合肉质紧密坚实的鱼类。

⑥双十字花刀：这种刀法在比目鱼科中形体较小的鱼应用广泛，鱼身面积小，交叉直切即可，方便操作，便于入味。

⑦多十字花刀：与双十字花刀的刀法相同，同样是直刀交叉切，但这种花刀适用于比较大的比目科鱼类。

⑧竹叶形花刀：是属于刀工美化，在鱼体表面以较浅的刀纹切成竹叶的形状，其作用主要是为了美化效果。

⑨牡丹形花刀：这种刀法，需要从鱼鳃后直刀切入，再把刀横过来，再平片到鱼眼处，要相连，不要切断，然后再向后直刀切入，刀横过来平片，肉同样要相连。反复动作切至鱼尾部。糖醋黄花鱼、糖醋鲤鱼就是运用此刀法。烹饪前需要挂上面糊，下油锅炸至表面脆硬，并保持一定的形态。

⑩鳞毛形花刀：应用于松鼠鱼的制作，在整片鱼肉上，先用斜刀法片鱼肉至皮层，再用直刀切，挂糊油炸像蓬松的松鼠毛一样。

⑪狮子形花刀：操作方法与鳞毛形花刀基本相同，只是要求刀法更加细腻密集，像狮子毛一样的感觉。

⑫月牙形花刀：在鱼体表明均匀地切成月牙形的花纹。

⑬人字形花刀：在鱼体表明均匀地切成人字形的花纹。

⑭波浪形花刀：在鱼体表明均匀地切成波浪形的花纹。

用于整鱼的花刀还有许多，仅上面所列举的花样已经多达10余种。如此多样的花刀技艺，为中国烹饪菜肴的造型审美增加了无限的艺术情趣。

3. 食雕之美

我国在食品上运用雕刻技术，历史悠久，大约在春秋时已有。《管子》一书中曾提到"雕卵"，即在鸡蛋上进行雕画，可能是世界上最早的食品雕刻。南朝梁宗懔《荆楚岁时记》："寒食……镂鸡子。"隋杜公瞻注云："古之豪家，食称画卵。今代犹染蓝茜杂色，仍加雕镂，递相饷遗，或置盘俎"。发展到隋唐时期，人们又在酥酪、鸡蛋、脂油上进行雕镂，装饰在饭的上面。宋代，宴席席面上雕刻食品成为风尚，所雕的食品有果品、姜、笋制成的蜜饯，造型为千姿百态的鸟兽虫鱼与亭台楼阁。宋孟元老《东京梦华录·七夕》说："又以瓜雕刻成花样，谓之花瓜。"虽然反映的是贵族官僚豪奢的生活方式，但也表现了当时厨师手艺的精妙。至清代乾、嘉年间，扬州的宴席上，厨师雕有"西瓜灯"，专供欣赏，不供食用。清李斗《扬州画舫录》记载说："取西瓜，皮镂刻人物、花卉、虫、鱼之戏，谓之西瓜灯。"陶文台《江苏名馔古今谈》说："清代扬州有西瓜灯，在西瓜皮外镂刻若干花纹，作为筵席点缀，其瓤是掏去不食的。到了近代，扬州瓜刻瓜雕技艺有了发展，席上出现了瓜皮雕花、瓜内瓤馅的新品种（凡香瓜、冬瓜、西瓜均有之），作为一种特殊风味，进入名馔佳肴行列。西瓜皮外刻花，瓤内加什锦，又名玉果园，是在'西瓜灯'的基础上创新的品种。"北京中秋赏月时，往往雕西瓜为莲瓣，也有雕成冬瓜盅、西瓜盅者。"瓜灯"的雕刻首推淮扬，但冬瓜盅的雕刻以广东最为著名，瓜皮上雕有花纹，瓤内装有美味，赏瓜食馔，独具风味。这些，都体现了中国厨师高超的技艺与巧思，与工艺美术中的玉雕、石雕一样，是一门充满诗情画意的艺术，至今被外国朋友赞誉为"中国厨师的绝技"和"东方饮食艺术的明珠"。

烹饪中食品雕刻技艺的应用，非常广泛，包括煮熟的鸡蛋，用鸡蛋蒸制的各类蛋糕、肉糕，以及肉肠制品、豆制品等，还有一大宗可以用于雕刻的就是瓜果蔬菜。另外还经常使用一些如奶油、冰块、巧克力等原料。

食品雕刻的种类很多，从表现形式上看均是借鉴其他雕刻艺术手法，可分为以下九大类。

（1）整雕　整雕就是用一大块原料，刻成一个具有完整形体的作品，如龙、凤、孔雀等。它不需其他物体的支持和陪衬，具有独立性和完整性，单独摆设，具有高度的欣赏价值，如菊花、牡丹花等整雕。

（2）组装雕刻　它是用不同颜色的原料，雕刻成某一物体的各个部位，然后集中组成完整的物体形象。特点是色调鲜明，形象逼真，多适用于大型的雕刻作品，如"孔雀开屏""雄鹰展翅"等。

（3）浮雕　浮雕也称凸凹的花纹或图案，适用于西瓜盅、冬瓜盅等。凸雕就是将有用的凸线条留下，无用的空白部分去掉。凹雕正相反，就是凹进去的线条留下，皮的部分去掉。凸雕费功，速度慢，但成品效果逼真。

（4）镂空雕　镂空雕就是将原料刻穿成各种透空花纹的雕刻方法，适用于各种瓜果类原料造型。

（5）混合雕刻　混合雕刻即大型组装，它是指制作某一大型作品时，使用多种表现形式，最后组装完成，如"百鸟朝凤""骏马图""松鹤延年""孔雀迎宾"等，都属于混合雕刻大型组装作品。制作这一类作品，有整雕的，有浮雕的，有组装雕刻的，还有背景衬托植物（如松枝、绿叶等）的，最后组装在一起，成为一幅完整的立体图案。这种作品只适宜大型的宴会，由于技术复杂，要求艺术性高，故不易大量制作。

（6）奶油雕　奶油雕也称黄油雕，黄油雕最早是源于西方的一种食品雕塑，常见于大型自助餐酒会及各种美食节的展台。推出这种艺术表现形式，可以增加就餐气氛，提高宴会的档次，营造出一种高雅的就餐环境。黄油雕并非是天然黄油，而是一种人造黄油。人造黄油的品种很多，当然不是每一种黄油都适合黄油雕，因为它们各自的含水量不同。一般来说，做食雕要选用硬度大一些、可塑性强一些的黄油，如专门用于制作酥皮点心及牛角面包的酥皮麦淇淋，这种黄油的可塑性较强，熔点也比较高，加之含水很少，故较容易操作。

（7）巧克力雕　小型巧克力雕，是用巧克力块雕刻出各种花、鸟、鱼、虫等形象，逗人喜爱，形态逼真。若是大型巧克力雕，应先做好骨架，然后抹上巧克力，凝固后再进行雕刻。

（8）糖雕　糖雕是西点中的一项基本功，是用糖粉、葡萄糖、蛋清或白砂糖等经加工后雕刻而成的各种惹人喜爱的象形物。造型以自然山水、园林景观、特色建筑等为主，气势宏伟，大气磅礴，尤其是浮翠、流丹的色彩，令人耳目一新。

（9）冰雕　冰是水在0℃以下结冻而成的，具有一定的硬度，清澈透明。用冰雕塑堆砌成的各种动物、人物及建筑，极为美丽、壮观。当用冰雕塑成小型花鸟、动物、人物形象装饰餐桌时，要注意冰的融化时间。

由于食品雕刻的工艺性较强，所以制作时要根据不同需要精心构思、精心制作。制作者不能只求过得去，而应以"美"为准则。和其他工艺美术品一样，它在艺术上和技术上的标准是没有极限的。雕刻出的作品，有的是以观赏为主不能食用，有的既能观赏又能食用。食品雕刻是一种充满诗情画意的艺术，它需要主题正确、结构完整、形态逼真，切忌粗制滥造或雕刻庸俗形象的作品。

以食用为主的食品雕刻作品，必须选用可食性的原料，把食用放在首位，其次要求美观。把品种繁多、奇香异彩的冷荤原料按其自然特色、自然形态加以巧妙地雕刻，做成一定的造型，做到不失食用价值，又能显示自然和谐美的食品雕刻作品。

另一种是用食品雕刻制作的大型展台，如奶油制作的"二龙戏珠"或巧克力制作的"雄鹰"、糖粉制作的"糖花""冰雕长城"等，这些作品主要是烘托气氛，给人以较高的艺术欣赏性，而不作食用。

二、勺工艺术

中国烹饪的翻勺技艺，被西方誉为类似玩杂技的艺术，实际上也正是如此。一把不起眼的炒勺（现在流行炒锅），在中国厨师的手里可以上下飞舞，可以前后翻滚，可以左右跳跃，似舞台上的杂技表演，可谓出神入化，达到了艺术境界。烹饪的运勺技艺花样众多，常见的有如下几种。

1. 晃勺

晃勺也称晃锅、转菜，是指将原料在炒勺内旋转的一种勺工技艺。晃勺可以防止粘锅，可以使原料在炒勺内受热均匀，成熟一致。对一些烧菜、扒菜，勾芡时往往都是边晃勺边淋芡，使勾出的芡均匀而不会局部太稠或太稀。此外，晃勺可以调整原料在炒勺内的位置，以保证翻勺或出菜装盘的顺利进行。

晃动炒勺时，主要是通过手腕的转动及小臂的摆动，加大炒勺内原料旋转的幅度，力量的大小要适中。力量过大，原料易转出炒勺外；力量不足，原料旋转不充分。

晃勺时锅中原料数量必须有一定的限制。如果原料过多，它在锅内翻动的范围小，也就是说原料在锅中的运动距离减短，这样原料就难以达到抛起的速度，锅中的菜肴难以翻转，因此用于晃勺的原料不宜过多。

娴熟优美的晃勺技艺也是一种值得观赏的艺术表演。

2. 翻勺

在烹调工艺中，要使原料在炒勺中受热均匀、成熟一致、入味均匀、着色均匀、挂浆均匀，除了用手勺搅拌以外，还要用翻勺的方法达到上述要求。翻勺是勺工的重要内容，是烹调操作中重要的基本功之一，厨师翻勺技术功底的深浅可直接影响到菜肴的出品质量。因为炒勺置火上，料入炒勺中，原料由生到熟，只不过是瞬间变化，稍有不慎就会影响菜肴的质量。因此，翻勺对菜肴的烹调至关重要。

翻勺的技法很多，通常按翻勺运动方向的不同，可分为前翻、后翻、左翻、右翻。前翻，也称顺翻、正翻，是将原料由炒勺的前端向勺柄方向翻动，其方法分拉翻勺和悬翻勺两种。后翻，也叫倒翻，是指将原料由勺柄方向向炒勺的前端翻转的一种翻勺方法，可防止勺内汤汁和热油溅在身上引起烧烫伤，有人形象地比喻为"珍珠倒卷帘"。左翻和右翻，也叫侧翻。左翻就是将炒勺端离火口后，向左运动，勺口朝右，手腕肘臂用力向左上方一扭一抛扬，原料翻个身即可落入勺内；右翻则是将原料从炒勺的右侧向左翻回勺内即可。

根据翻勺的幅度大小，翻勺可分为小翻勺和大翻勺。小翻又叫颠翻、叠翻，即将炒勺连续向上颠动（每次翻勺只有部分原料作180°翻转，食料翻起的部分与另一部分相重叠），使锅内菜肴松动移位，避免粘锅或烧焦，使原料受热均匀，调料入味，卤汁紧包。因翻动时的动作幅度较小，锅中原料不颠出勺口，故称"小翻勺"。大翻勺是指把炒锅（勺）中的原料一次性作180°翻转，因翻勺的动作及原料在勺中翻转的幅度较大，故名。大翻勺的方法也有多种多样，讲究上下翻飞，左右开弓。按方向分为顺翻、倒翻、左翻、右翻，一般采用顺翻和左侧翻居多，以顺翻较为保险，按其位置分为灶上翻、灶边翻。当然，采用什么翻法主要随各人的习惯及实际效果而定。

大翻勺，由于动作幅度较大，加上翻勺的姿态优美，无论前翻后拉，还是上下翻舞，足可令观者得到一种艺术享受。

🔗【知识链接】

面点制作的造型艺术

面点的造型艺术是一门比较特殊的艺术种类，它是通过面点原料、制作手段和专业手工技巧实现的艺术，是食用价值与审美价值的统一，也是物质享受与精神享受的统一。它体现了原料美、技艺美和组合装饰美，是面点形、色的配合，色、形、器的统一。它也是艺术造型与食品原料相结合，充分体先了中国烹饪艺术的审美境界与艺术水准。

最能体现面点造型艺术的民间制作的节日面点，丰富多彩的仿生造型令人眼花缭乱。常见的如圣虫（又叫神虫，蛇形）、盘龙、圣鸡、刺猬、元宝、枣花饽饽、团圆饼、花斑马馒头、大枣饽饽、四季面灯、生肖灯、鱼灯、春燕（又叫子推燕，造型千姿百态，有展翅独飞、双燕齐舞、老燕背雏等），以及各种巧粿（又叫小粿子，品种繁多，造型精美，如金鱼、金蝉、莲蓬、莲叶、佛手、如意、宝葫芦等），还有用于婚娶寿庆的各种礼馍（各种花饽饽、喜饽饽、喜饼、龙凤饼、炸面花等）与各种象形的吉祥礼馍（有金鱼、鲤鱼、莲子、石榴、如意、寿桃、玉叶等）。

第二节　中国菜肴的美化艺术

一、菜肴造型艺术

在中国烹饪菜肴的装配中，为了审美需要，往往把菜肴加工、拼摆、整理、修饰成为各种各样的艺术形态，以增加菜肴的艺术感染力。常见的菜肴造型有如下几种形式。

1．动物艺术造型

艺术菜肴中的动物造型，既供欣赏助兴，又是美味佳肴。在冷拼艺术菜肴的设计中，厨师可用蛋卷、红肠、辣黄瓜、大虾、松花蛋、肉松、酱肚、烤鸭、五香牛肉、熏鱼等原料，经刀工处理后，拼摆出龙凤、天鹅、松鹤、喜鹊、彩蝶、金鱼、飞燕等形象。在热食艺术菜肴的设计中，厨师可用动植物性原料，制出金鱼、彩蝶、熊猫、松鼠、鸳鸯等造型，经加热处理，使其成为悦目而美味的艺术菜肴。如"乐在其中"一菜中的熊猫造型，熊猫力求质嫩逼真，竹笋力求清脆，菜肴突出了熊猫喜竹的特点。

2．花卉器物造型

在菜肴的艺术造型设计中，除动物造型外，采用最多的是花卉造型。花是美的象征，它给人以美好、轻松和愉快的感觉。在仿花卉型艺术菜肴的设计中，常见的有牡丹、月季、玉兰、睡莲等瓣大而便于塑造的品种，一般采用简化、夸张、变形等手法，使其适合烹调和口味的需要。有的花卉造型可与动物造型结合出现。例如，山东的冷拼艺术菜"蝶恋花"，白盘中四只彩蝶双双成对，围逐在一朵艳丽怒放的五瓣花朵上，寓意合理，构思巧妙，突出了菜肴的装饰格调。

器物造型是艺术菜肴所采用的又一种设计形式，如"琵琶""扇面""金杯""花盅"等。这类菜肴都是选用精美的动、植物原料，模拟人们喜爱的器物形状，烹制或拼摆而成。像"扇面豆腐""立体花篮""琵琶虾仁""古瓶月季"等，都是从食用角度塑造出的具有较高水平的器物形象艺术菜肴。

3．优美风景造型

风光造型菜肴设计是选取自然和人文风景中的美好画面，经加工提炼后，形象地搬到菜肴中，使人们在食用菜肴的同时，又得到艺术美的享受。青岛的"栈桥海滨"和"湛山风光"两款菜肴，具有独特的地域文化特色，在宴会上具有非常好的艺术效果。

"栈桥海滨"一菜，是以青岛的前海栈桥为造型，突出表现长堤、亭阁与海水交融的景象。"湛山风光"是以青岛湛山的"药师宝塔"为造型，以20余种原料，拼接组合成八角七层宝塔、阶梯、山石、草木、花卉等物景的冷拼艺术菜。高耸的宝塔，分层食用，每人一层；"奇花异宝"每人一枚，继而拆"梯"开"山"，调拌食之，吃法独特，新颖风趣。

4．一般图案造型

除上述动物、花卉、器具、风光等艺术造型设计外，有些厨师还有做工精细、选料丰富、造型讲究并带象征性图案造型设计的冷热菜肴，属于一般图案造型艺术菜，如山东的"绣球全鱼"、江苏的"松鼠鳜鱼"等菜。虽然造型设计不具有生动逼真的艺术姿态，但由于选料精细、制作讲究、象征性强，又是综合性大型菜肴，所以也属于艺术菜肴的范畴。

二、菜肴点缀与围边

菜肴的艺术美、形态美，固然取决于菜肴的色彩和造型，但更不可忽视菜肴装盘时的点缀和围边的作用。在一般情况下，厨师是通过这两种装饰方式来体现菜肴的形态美。点缀与围边既可美化菜肴，又省时省料，是比较适用的两种装饰方法。

菜肴的点缀与围边，既吸取了西餐菜肴的装饰手法，又具有独到的特点。其一，中餐菜肴点缀与围边的原料多是可食性的，并具有调剂口味的作用。其二，点缀与围边的原料多属植物性原料，它所装饰的菜肴又多是动物性原料，能够起到合理营养搭配的作用。其三，点缀与围边因菜而异，一些以刀工成形的菜肴，无须任何装饰，同样给人以美的享受。像"芙蓉鸡片""锦绣鱼丝"等，本身就具有配料色彩和刀工技艺的美，如果再把它加以装饰，反而会使人产生太花哨、不实在的感觉。所以，我们应本着"既好看，又好吃"的原则烹制菜肴。在具体的运用中，要注意如下几点。

1. 恰到好处

人们生活中美与丑都是相对而言的，正如老子所说："天下皆知美之为美，斯恶矣。"用今天的话说，就是天下人都知道什么是美，这就有了丑了。意思是美、丑是通过比较而存在的。那么，烹饪艺术也不例外。

特别是在菜肴的外在形态上，显得更为重要。因为可以通过视觉，直接给人以美与不美的感受。而菜肴的点缀与围边，恰恰又能够弥补这种美中的不足。如我们在菜肴的制作过程中，难免要有一些技术上的误差，像烹制"红烧鱼"，在出勺时，由于不慎将鱼的表皮弄破了，这样上桌当然不美观，有经验的烹饪师则会用一些香菜叶加以点缀，这种点缀既起到了"遮丑"的效果，同时又有了美化的作用。再如"扒素什锦""扒全菜"等菜肴，在制作过程中，把各种原料（8种以上）经过初步处理后，在扒盘中心处放一个大香菇，按色彩的不同分别码入扒盘内，下勺烹制，然后大翻勺处理，这样就使得放入盘中心的香菇翻上来，这片香菇不但起到了美化作用，更关键的则是盖住了菜肴中心原料相交处的杂乱，呈现出菜肴外在形态和谐的美感。作为一名优秀的烹饪师，不但要有调味的绝技，还要掌握这种烹饪之中的辩证法，合理运用菜肴点缀和围边的艺术手法。

2. 以动衬静

菜肴的形态，成形于器皿之中，无论是高档菜肴还是普通菜肴，也无论是热菜还是冷菜，处理不当往往存在着一种呆板之感。这种感觉，有时是因原料本身形态所造成的，有时也是由布局不当或其他原因所致。如果厨师能够发挥聪明才智，在呆板的盘中适当进行有动感的点缀，如在一盘"红烧肉"的一侧，放置一点翠绿色的蔬菜或黄白色泽的花瓣等，就能把全盘菜肴带活，使之富有动感，因此也提高了菜肴的艺术性，在给人以美味的同时，又给人以精神和艺术的享受，它不但渲染烘托了宴席的气氛，而且又起到了增进食欲的作用，给人以美的享受。

3. 画龙点睛

一盘普通菜肴，如果我们注意适当装饰，同样会使人产生美感。如鲁菜中的"炒虾片"，如果厨师不给它进行任何点缀，它不过是一盘较好的普通菜肴，没有什么艺术性可言。当烹制时，给它配上几片小菜心、盘边点缀几朵鲜花，效果就截然不同了。洁白如雪的虾片，衬着几点碧绿的菜心，在色彩上有了鲜明的对比，盘边所饰的鲜花，真有万绿丛中一点红、白雪之中春意浓的趣味。通过这简单的点缀，既省时省料，又能提高菜肴的观赏价值，我们何乐而不为呢？

上述菜肴实例还有许多，如"扒鱼脯""油爆鱼芹"等。若点缀上几片小菜心或在盘边处点缀上两片绿色的蔬菜叶或鲜花，都可以改变菜肴整体感官效果。虽然点缀所用之料微小，在菜肴中处于附属地位，但是它确有加深整体菜肴的意境之美和画龙点睛的作用。

4. 衬托平衡

菜肴形态，有时会给人一种头重尾轻的不舒适感，这种感觉多出现在鱼类菜肴中。由于鱼本身形状具有其特征，特别是烹制整条鱼时，是无法改变这种状况的。那么，只有通过适当点缀装饰，才能使其趋于平衡，给人以平衡的美感。这种点缀需要正确地选择合理的位置和点缀物的大小。如果由于点缀饰品摆放位置不当，或形体大小不协调，就适得其反。诸如"红烧鱼"，在点缀时，应把点缀的花朵放置在鱼尾的背部，这样就使鱼趋于平衡了。平衡是菜肴形式美中的规则之一。所以，我们在点缀菜肴时，要本着这一规则，让菜肴更加美观悦目。

三、花色艺术菜肴

所谓花色艺术菜肴，是指烹饪工作者运用优质的食材，根据其加工特点在盘子中拼摆成各种仿植物、动物及其他形状优美的吉祥图案，以增加菜肴形象的艺术美感，提高菜肴的综合价值。花色艺术菜肴在创造加工的过程，一如其他造型艺术，注重色彩的运用、造型艺术设计等方面。

1. 菜肴的色彩艺术

花色菜的设计，只能选用烹饪原料的天然色来进行协调和组合，而不能像艺术家绘画着色那样，任意调配使用，具有一定的局限性。厨师只能遵循色彩对比协调的规律，认真组合色彩，合理而恰当地运用装饰艺术夸张、浓缩、精练、衬托的手法，同样可以收到很好的效果。协调一致多种色彩的形象，在设色上要防止色多而不协调，给人以眼花缭乱之感。比如孔雀开屏，虽然只有使用五颜六色才显得艳丽多彩，但要搭配得当、协调一致才行。而且要由繁变简。由繁变简，不仅仅是指色彩由多变少，而且要在形象上由繁变简，使之成为一个较简单的造型像孔雀，就可只用一个头和一个扇形的尾，组成一幅简单的"孔雀开屏"图案，既形象地再现了孔雀开屏时的美姿，又为色彩的减少创造了条件，带有工艺美术的特色。

色彩对人的心理作用很大，这一点不可忽视。人们常将色彩分为暖色调和冷色调。这是人们在感觉上对色彩的分类，也反映出人们的心理状况。花色艺术菜肴色彩的运用，表现在因季节的变化人们对菜肴色彩的不同心理感受上。顺应消费者这一季节心理变化的要求，十分重要。如夏季，天气炎热，人们普遍喜食清淡爽口、色白汁清的冷色调菜肴。像"熊猫戏竹"，其基本色为白色有黑，盘子背景增加少许绿色配料摆成竹子，就给人一种清爽的感觉。冬季，人们则喜食色重味浓的暖色调菜肴，如那些红烧、炖焖油汁浓厚、酱红浓郁的菜肴。鲜艳自然的色彩在烹调原料中，几乎可以找到绘画中所有的色彩，它们的色泽鲜艳自然。当然烹调原料的色彩不一定都能搭配在一起，这是由菜肴食材本身的特质所决定的，其中主要是口味和形状，色彩虽然能配得上，而口味不符合则不能应用，需要由其他原料来代替，否则就会弄巧成拙。

既要口味统一，又要色彩和谐，这当然要比绘画的调色难得多。尤其突出的是，花色艺术菜的设色一定要与所表现的主题实际色彩完全相吻合。这就要求厨师要考虑到这种形象的代表色，而且还要弄清楚此种形象的色彩所适合的宴席环境与进餐背景，如金龙的黄色、仙鹤的白色、雄鸡的红色、孔雀的绿色、苍鹰的褐色等。只要把握住其主要部位的色彩，其他色彩则可以代替。另外，还可改变形象本身的色彩，使其成为具有民间工艺美术特色的"作品"，即使用夸张的手法来表现对象，像年画设色那样。单一色彩的形象，在花色艺术菜肴中的设色不能单一，单一色给人以单调呆板的感觉。因而应将其升华，将单一色变成双色或多色。如果实在不能，则应采用其他色彩点缀装饰，以增加盘面的活力。如花色拼盘"雄鹰展翅"，如按其本色，鹰多为黑褐色，照此拼摆，整个盘面的色彩就是一团灰色，并且羽毛的线条也不明显，具有昏暗死寂的感觉，这样对客人的食欲只会起反作用。所以在实际拼盘时，就应增加一两种鲜艳的色彩，不仅可增加形象的美感，也可使羽毛的线条清晰、明显，这就是改单一色为多种色的效果。

厨师要学会根据人们季节心理的变化，构思与这一心理变化相符合的花色艺术菜肴，这是花色艺术菜色彩方面的一大学问。菜肴中通常为了突出某种色彩，而少量地采用与主料色彩对比度较大的材料作点缀，以形成鲜明的对比效果，来衬托主料的色彩，可起到非常好的艺术效果。如"清汤燕菜"，有经验的师傅在制作这一名菜时，总要在清汤见底的汤面上，撒上几枝碧绿的豌豆苗。它既能使这盆汤显得更清新透彻，又能使这清一色的汤菜显得不那么单调，这就是利用了色调对比形成的效果。另外，花色艺术菜中，要尽量少用或不用人工合成色素。虽然合成色素具有使用方便、色泽鲜艳、不受季节影响等特点，但现在人们普遍认为在食品中加入人工合成色素是不讲卫生的表现，而且有潜在的安全因素。所以要尽量少用或不用，尽量使用食品原料的天然色彩来配制花色艺术菜肴。

2. 图案设计艺术

花色艺术菜的图案设计，是艺术美的另一种表现手法，一般可分为平面型、浮雕型和立体型三种。

（1）平面型　平面型的创作形式是选用无骨熟制原料，经过精细的刀工处理、造型设色、装拼美化而成的这些艺术性的拼制，通常都在预制好菜肴的平整表面进行，犹如画家在白纸上绘画一样。如"白鹭戏水""雪映红梅"等，图案清晰，造型活泼，构思新颖，皆为上乘之作。

（2）浮雕型　工艺美术运用的浮雕手法被移植到花色艺术菜的创作中，产生了深远的影响。一些象形冷盘、两种以上热菜的艺术组合，都可以运用浮雕的艺术表现手法。初学者似乎都喜欢模仿或借鉴于雕塑艺术，但有的过于为了雕塑而雕塑，失去了烹饪艺术的根本，就适得其反了。浮雕型象形艺术冷盘、艺术热菜的设计，一般是在正面角度上，经过压缩了的立体型像，如"金鸡报晓""雄鹰展翅"就是按照工艺美术的浮雕、低浮雕的手法和创作原理进行拼制的。

（3）立体型　近年来，大型立体造型的理念越来越多地运用到花色艺术菜肴的创造中，收到了不错的效果。立体型的艺术菜肴创造，主要是运用立体雕刻、立体拼摆等手法，巧妙地运用原料的特性，将食材以立体或半立体的形态展示在盘子中，是花色艺术菜肴中感受力最强的一种艺术形式。它要求构思精巧、线条流畅、形象逼真，是花色艺术菜中的佼佼者，如"凤凰虾仁""龙舟鲍鱼""立体仙鹤冷盘"堪称艺术与技术交融的典范。"凤凰虾仁"是用长南瓜雕成的立体凤凰，凤凰尾部羽毛的下端既是物体的底座，又是美化后装入虾仁的盛器。立体仙鹤则傲立于平面冷盘之中，栩栩如生，呼之欲出。一经展示，这些花色艺术菜的风姿便能美化席面，诱发食欲，使人产生丰富的联想，其魅力之大，由此可见。

3．构图法则运用

花色艺术菜的图案设计，来源于制作者的巧妙构思，而合理的图案构思，则必须遵循工艺美术的构图法则与美学规律，常见的有如下几种构图法则。

（1）放射式　此法为制作花色艺术菜肴所常用，尤其是在冷菜的制作运用中较为常见。一般适用于圆盘的配制，以盘的中心点为基点，围绕这个中心点的轴心向外展开。轴心点的原料最好经过特意处理，这样可以突出重点，效果更好。外围的原料要求大小均匀，长短一致，间隔均匀，如"琵琶大虾""锦绣冷盘"等构图精美，技法细腻，都是这种构思方法的生动运用。除围绕一个中心向外展开的一点放射外，还有几个点围绕各自的中心向外展开的多点放射与复点放射。

（2）对比式　对比法以一种原料的两种颜色、两种形状，进行艺术构思后配于盘子左右，在色彩和形状上形成一个鲜明的对照。如曾获得业界好评的"银丝凤尾虾"，就是运用对比的手法进行处理的。此菜选上等对虾为原料，将虾尾劈成两瓣，一页批联片后镶入鱼蓉，成为一排联结着的凤尾，另一页为色拉虾味，分别置于船形盘两边。成菜虾的红色和橙黄色互相烘托，两形比美，前后在头尾的连接下构成一个优美、完整的艺术造型，构思之巧，令人称道。常见的还有如"双色鱼丸""一鱼两吃"等。

（3）对称式　对称法是在整料两旁作对称点缀，常用两种不同颜色、不同形状、不同味道的原料进行拼制，如"红柿绿果"，由红柿瓤八宝及黄瓜切断瓤鸡蓉而成。形态较大的8只瓤西红柿分两行斜30°排于长盘中央，10只瓤黄瓜每头5只放在西红柿两端，中间大，两头小，骨架平衡，形态美观，鲜红的西红柿饰以棕色略带蒂头的香菇，翠绿的黄瓜托起乳白娇嫩的鸡蓉，暖色在中间，温色缀两头，冷热相衬，红绿相印，色彩华丽协调，效果自不待言。

（4）排列式　排列法是将规格一致的食品有顺序地排列盘中，使其显得整齐美观，条理分明。排列的形式不一，有"一"字形、"八"字形等。鸽蛋圆子装盘后，在长方形盘子里排列得疏密有致，毫无简单、呆板之感，反而觉得更加均匀美妙，玲珑剔透。

（5）渐变式　渐变法是对原料形态和排列方法逐步加以变化的一种构思方法。飞禽的羽毛一般都由细小渐变宽粗，由整齐的规律性排列渐变为交叉式紊乱的非规律性排列，当然在渐变中还有突变形式的出现。各种物体的形状是多种多样的，图案的构思也要符合物体变化的特征，这样才能使作品逼真传神。

总而言之，要创作味道好、艺术性强的花色艺术菜肴，不但应具备过硬的切配、烹调基本功，还必须加强对美学理论的学习与应用，提高美术素养，用美学的理论知识和工艺美术的表现手法，从色彩与造型两个方面提高花色艺术菜肴的美感。

✐【知识链接】

中国意境菜

意境菜就是将普通的菜品，转化为欣赏中国文化的一个路径。意境菜是以菜品为媒介，运用中国绘画的写意技法和中国盆景的拼装技法，反映了中国古典文学的意境之美，抒情地呈现出那种情景交融、虚实相生、活跃着生命律动的韵味和无穷的诗意空间，是色香味形滋养的美食艺术与欣赏者精神世界高度融合，完美统一的新流派。有"一菜一景""一菜一诗""一菜一画"的审美享受。

意境菜，从字面上理解是一种色、香、味、形、器与进食者精神世界的融合，巧妙地呈现情景交融、虚实相生，活跃着生命律动的韵味。许多意境菜的装盘适用大面积的空白，多视领域的构图处理，给客人一个思想遐想空间，有着无限的韵味值得回味与遐想。近年来，以北京"大董烤鸭店"推出的"意境菜"最为成功，在中国烹饪界掀起了一股流行之风。

第三节　中国菜肴的审美鉴赏

中国烹饪是科学、是文化、是艺术。因此，要全面充分了解中国饮食文化的内涵，就必须从美学审美的角度来对菜点进行鉴赏。所谓菜点鉴赏就是进餐者运用美学的原理，从饮食艺术的角度对中国菜点进行的审美评价。中国菜点的审美内容应该从两个方面进行：一是从传统烹饪的审美意义来看，包括菜肴的色、香、味、形、器、质等方面进行鉴赏；二是从文学艺术的审美角度来看，包括诗词歌赋等文学作品中的描述。

一、烹饪专业的审美鉴赏

1. 菜肴的色彩之美

菜肴在入口之前，闻香、观色是最基本的感官鉴赏过程，理想的菜肴的色质，应是悦目爽神、明丽润泽的，能给人一种美的体验和感受。现代心理学的研究成果也表明，某些颜色对人们的情绪、思想和行为确实有着一定的影响，并能引起人们的不同心理反应。因此，菜肴的颜色，对客人的饮食需要也有一定影响，具有"先声夺人"的效应。高质量的菜肴的色泽能给人以所需要的清纯感、名贵感、高雅感、卫生感和豪华感等。如绿色的食物能给人以清新、生机之感，金黄色的食物给人以名贵、豪华感，乳白色的食物则能给人以高雅卫生的感觉，红色的食物具有喜庆、热烈、引人注目的作用。科学家们还发现，色彩与人的食欲有密切关系。如红、橙等偏暖的色调能增进人的食欲；紫红、蓝等偏冷的色调能令人减少食欲。所以，在菜肴的制作过程中，应根据不同菜肴的原料特点，配以不同的颜色。

菜肴的色泽还是衡量菜肴质量好坏的一个重要指标。许多客人往往通过视觉对菜肴初步判断其优劣。各种菜肴的颜色应以自然清新、适应季节变化、适合地域跨度不同、适合审美标准不同、合乎时宜、搭配和谐悦目、色彩鲜明、能给就餐者美感为佳。那些用料搭配不合理，或烹饪加工不当，成品色彩混乱，色泽不佳的菜肴，不仅表明营养方面的质量欠佳，而且还会影响就餐者的胃口和情绪。

2. 菜肴的闻香之美

古人云"闻其臭者，十步以外，无不颐逐逐然"。菜肴的香气自古以来就成为中国饮食美的一个重要鉴赏标准了。有时，人们在进餐时，还未见到菜肴的形，就已闻其香，并被菜肴浓郁的芳香所吸引，大有"未见其人，已闻其香"的意境，在没有品尝佳肴之前已经得到了一种美的享受。这就是香气的艺术魅力所在。清人袁枚有《品味》诗一首。云："平生品味似评诗，别有酸咸也不知。第一要看香色好，明珠仙霞上盘时。"说的就是这样的道理。

菜肴的香气是指菜肴和饮品自身所散发飘逸出的芳香气味。人们在进餐时，首先感受到的是菜肴的香气，并通过对气味的分辨来判断菜肴质量的优劣。一般来说，菜肴的温度越高，所散发的香气就越强烈，就易于被食者所感受。因此，热制的菜肴一定要趁热食用。如吃北京烤鸭，烫热的时候，浓香馥郁，诱人食欲，如果放凉后再吃，则浓香尽失，品质大为逊色，从而影响食者对菜肴的审美感受，对其质量的评价自然也就不会高。

3. 菜肴的味道之美

菜肴的味道是指菜肴入口后，对人的口腔、舌头上的味觉系统所产生的综合作用而给人留下的感受。对于中国菜肴来说，味道是构成菜肴审美内容的核心。人们到酒店去进餐，除了为获取人体所需的营养素外，还有一个重要的内容，就是品尝菜肴的美味给人们所带来的美感。因此，对中国厨师来说，调味是一种艺术活动，通过运用众多调味品的综合效果，使菜肴的味道丰富多彩，诱人食欲。追求味道美，可以说是中国菜肴的精华所在，无论是调味品的种类还是调味的手法，可以说是世界上任何一个菜肴体系无法与之相比的。"吃在广州，味在四川"，其实吃的都是味。因为四川菜有"一菜一格，百菜百味"之美誉，反映了川菜调味艺术的水平。在中国，调味理论也自成体系，诸如"有味使之出，无味使之入""大味必淡""适口者珍""无物不堪食，唯在火候，善均五味""五味调和百味香"等，都反映了中国菜肴对"味"的审美标准和重视程度。

4. 菜肴的形态之美

菜肴的形态是指菜肴的成形、造型。它包括菜肴原料的形态、加工处理后的形状以及加工成熟后的形态。菜肴形态的标准，主要看它能否给进餐客人带来视觉上的审美感受。一个造型优美、富于艺术价值的菜肴，能给就餐者以美的享受。这些效果的取得，要靠菜肴加工者的艺术设计和加工制作。菜肴的造型应以快捷、饱满、流畅为主，再辅以必要的美化手法，使其达到一定的艺术效果，从而增加菜肴美的成分。

从某种意义上说，中国菜肴不仅仅是一种美味佳肴，而且还应是一件艺术佳作。各种食品原料经过厨师的艺术加工，形成优美的造型、逼真的形象和适度的色泽，就能对客人产生强烈的感官刺激，给人以视觉、味觉、嗅觉上美的享受和快感，使其增长食欲。在各种菜肴的造型上，既可利用色、形、技巧创造适宜的型体，也可利用引人遐想、趣味横生的几何图案等，都会给客人美的享受。同时也能满足客人邀请宾朋时自尊、求胜、争美的心理需要。餐桌上的造型艺术越来越丰富，饭店客人对菜肴形美的要求也越来越高，但无论怎样的造型都必须以食用为基本前提。另外，即使普通的大众点菜，也同样应讲究造型，使客人一见则喜，一见则奇，一食则悦，百吃不厌。

5. 菜肴的盛器之美

传统评定中国菜肴优劣的标准，是把菜肴的盛器包括在内的，也就是说饮食器具是组成一个完整菜肴不可分割的部分。这是中国饮食文化审美的一个重要内容，其原则就是雅致与实用的统一。清代著名的文学家兼美食家袁枚在《随园食单》中说"美食不如美器"，就可以看出古人是如何把菜肴的盛器视为重要的饮食审美范畴的。菜肴的盛器之美主要表现在盛器与菜肴之间的搭配关系，如一般质量的菜肴用一般质地的器具盛放，而那些山珍海味的高档菜肴，则必须用精致讲究的器具盛装。其中，包括器具的色泽与菜肴色泽的搭配，菜肴的形态与盛器的形态相一致，器具的花纹与菜肴的色调相协调等。因为器具的美对于中国菜肴的整体美显得极其重要，因而器具的设计制作等工艺水平也得到了相应的发展，并有独特的鉴赏标准。仅以制作盛器的材料而言，就有铜、青铜、铁、锡、金、银、钢、陶、瓷、琥珀、玛瑙、琉璃、玻璃、水晶、翡翠、骨、螺、竹、木、漆器等。以陶瓷来说，要名窑名家制作为佳。在中国人的心目中，美食只有得配美器盛装，才能尽显美食的风采，才能相得益彰，给进餐带者来美的享受和艺术的熏陶。

6. 菜肴的质地之美

中国菜肴的优劣，一个重要的方面是从鉴赏菜肴入口的质感来进行品鉴的。因为，菜肴的美味之外，还有一种与味觉紧密联系在一起的审美感觉，叫作质感。质感是指菜肴进食时给食者留在口腔触觉方面的综合感受。质感通常包括菜肴的脆、嫩、滑、软、酥、烂、硬、爽、韧、柔、富有弹性、黏着性、胶着性、糯性等属性。菜肴的质感是影响菜肴审美的一个重要内容。古代有人在吃酥脆的菜肴时所发出的响声，能在十里之外听得到。这虽然有些夸张，但人们在进餐时对菜肴质感美的追求，却是显而易见的。一个酥嫩爽脆恰到好处的菜肴，才能使人在进食过程中得到惬意的快感与美感，从而获得愉悦的享受。

二、文学艺术的审美鉴赏

我国古代的骚人墨客中有无数的美食家，他们不仅是品鉴美食的高手，而且还用他们的生花妙笔，借助诗词歌赋来歌颂、赞美、描述所品尝过的美馔佳肴。可以毫不夸张地说，我国历代文人留存下来的用以鉴赏各种美食的诗词歌赋，由于数量巨大，几乎无法进行准确的统计。由熊四智先生主编的《中国饮食诗文大典》，选编了具有代表性的美食诗文就有1500多篇。有人进行过大略的统计说，此类诗文在我国数以万计，是我国珍贵文化遗产的重要组成部分。鉴于此类文学作品数量巨大，不能一一展示，本书仅选取极其少量的具有一定代表意义的作品。

1. 楚辞汉赋

楚辞又称"楚词"，是战国时代的伟大诗人屈原创造的一种诗体。作品运用楚地（今两湖一带）的文学样式、方言声韵，叙写楚地的山川人物、历史风情，具有浓厚的地方特色。汉代时，刘向把屈原的作品及宋玉等人"承袭屈赋"的作品编辑成集，名为《楚辞》。并成为继《诗经》以后，对我国文学具有深远影响的一部诗歌总集，并且是中国汉族文学史上第一部具有浪漫主义色彩的诗歌总集。《楚辞》中有不少篇章谈及烹饪饮食，如"怀椒糈而要之""折琼枝以为羞兮，精琼靡以为粮"（《离骚》），"蕙肴蒸兮兰藉，奠桂酒兮椒浆"（《东皇太一》），"梼木兰以矫蕙兮，糳申椒以为糧"（《惜诵》）等。尤其《招魂》《大招》两篇，描绘了丰富多彩的楚宫饮馔，展现了具有鲜明楚地特色的饮食文化。如《大招》："五谷六仞，设菰粱只。鼎臑盈望，和致芳只。内鸧鸽鹄，味豺羹只。魂乎归徕！恣所尝只。鲜蠵甘鸡，和楚酪只。醢豚苦狗，脍苴蒪只。吴酸蒿蒌，不沾薄只。魂兮归徕！恣所择只。炙鸹烝凫，煔鹑敶只。煎鳙臛雀，遽爽存只。魂乎归徕！丽以先只。四酎并孰，不涩嗌只。清馨冻饮，不歠役只。吴醴白蘗，和楚沥只。魂乎归徕！不遽惕只。"这段文字记录了楚地先民食、膳、馐、饮等方面的内容，也涉及当时的烹调方法：醢、脍、炙、烝、黏、煎等。文中还提到一些植物性食物，如菰粱、苴蒪、蒿蒌等。王逸《章句》："芘粱，蒋实，谓雕葫也。"洪兴祖《补注》："菰，芘并音孤。"按：菰粱即菰米。菰本作芘，一名蒋，禾本科，多年生草本，生于浅水中，春天发新芽名茭白，或名茭瓜、茭笋。秋季抽穗结实即雕胡。王逸《章句》："苴蒪，襄荷也"，"蒿，繁草也。蒌，香草也。言吴人善为羹，其菜若蒌，味无沾薄，言其调也。"洪兴祖《补注》："蒌，蒿也，叶似艾，生水中，脆美可食。"蒿蒌亦称蒌蒿、水蒿、柳蒿、黎蒿，可生食，或加佐料拌食，或加肉炒食。清人童岳荐《童氏食规》中就记有"蒌蒿炒豆腐""蒌蒿炒肉"的菜肴，现在南方还有"蒌（黎）蒿炒腊肉"一菜名。

再看《招魂》："室家遂宗，食多方些：稻粢穱麦，挐黄粱些；大苦咸酸，辛甘行些。肥牛之腱，臑若芳些；和酸若苦，陈吴羹些；胹鳖炮羔，有柘浆些；鹄酸臇凫，煎鸿鸧些；露鸡臛蠵，厉而不爽些。粔籹蜜饵，有餦餭些。瑶浆蜜勺，实羽觞些；挫糟冻饮，酎清凉些；华酌既陈，有琼浆些。归来反故室，敬而无妨些。"其展示的饮食之精美，花色品种之繁多，佐料之全备，烹调技术之讲究，让人瞠目。对楚地饮食结构的描述，则以食、膳、馐、饮为类，次第进行。其实，早在春秋战国时期，我国就已把饮食分为两个基本的组成部类了。如《论语·雍也》："子曰：'贤哉，回也！一箪食，一瓢饮，在陋巷，人不堪其忧，回也不改其乐。贤哉，回也！'"这食，是指谷类做的饭；饮，则指的是清水、浆饮。《周礼》中体现的饮食结构也大致为饮、食、膳、馐、珍、酱，如《周礼·天官》："凡王之馈，食用六谷，膳用六牲，饮用六清，馐用百有二十品，珍用八物，酱用百有二十瓮。"可知当时膳夫的职责，就是掌王之食、饮、膳、馐。郑玄注曰"食，饭也；饮，酒浆也；膳，牲肉也；馐，有滋味者。凡养之具，大略有四"。《招魂》所列上述饮食，同样按这食、饮、膳、馐四个部类依次排列，其所反映的楚国饮食风俗，与《周礼》《礼记》所记大体一致。

在中国的文学史上，汉代的最高成就是词赋。而词赋中描述歌颂的主题与内容是十宽泛的，其中就有大量的对宴饮场面、美馔佳肴的记录与描写。虽然这些汉代词赋属于文学作品，对菜肴食品的描写有夸大虚拟之嫌，但任何一个时代的文学作品都是离不开生活基础的。汉赋中对于当时宴饮场面、美味菜肴、食品加工等的记录和描述，也可以从一个侧面展示我国汉代菜肴制作水平之一斑。其中以张衡的《二京赋》《南都赋》最有代表性。

《西京赋》节选："……于是鸟兽殚，目观穷。迁延邪睨，集乎长杨之宫。息行夫，展车马。收禽举胔，数课众寡。置互摆牲，颁赐获卤。割鲜野飨，犒勤赏功。五军六师，千列百重。酒车酌醴，方驾授饟。升觞举燧，既醮鸣钟。膳夫驰骑，察贰廉空。炙炰夥，清酤腥；皇思溥，洪德施；徒御悦，士忘罢……"如果把这段文字翻译成今天的文字，其大意是：于是鸟兽空尽，观赏穷遍。于是边退却边搜索，停集于长杨宫前。休息士卒，展列车马。集中活禽死兽，清查计算多寡。立起木架悬挂死物，猎获的活禽分赏众人。宰割野味单行野宴，犒劳辛苦赏赐有功。五军六师的将士，排成千列百行，酒车往来送酒，车驾并列分授熟肉。高举酒杯燃起烽火，对天干杯击鼓鸣钟。膳夫骑马来回奔跑，巡视检查重菜缺肴。烹烤丰盛，美酒盈多。皇恩普及，洪德遍施；车夫欢悦，士卒忘疲。这是关于军队野炊的一段描述，虽然没有具体的菜肴记录，但宴中烹制烧烤的各种珍禽野兽的芳香似乎已经沁人心脾。

词赋中还诸如"鸣钟列鼎而食"的场面很多，记录描述的各种鱼类、水产、禽鸟、蔬菜瓜果等菜肴原料应有尽有。

下面是《东京赋》节选的部分句子："……命膳夫以大飨，饔饩浃乎家陪。春醴惟醇，燔炙芬芳。君臣欢康，具醉熏熏。……于是春秋改节，四时迭代，蒸蒸之心，感物曾思，躬追养于庙祧，奉蒸尝禴祠。物牲辩省，设其福衡。毛炰豚膊，亦有和羹……"宴饮菜肴如何，用"燔炙芬芳"作代表，不仅君臣宴饮如此，就连祭祀的菜肴也很讲究，所谓"毛炰豚膊，亦有和羹。"看来不仅丰厚，而且烹调也很精致。

再看《南都赋》节选的内容："若其厨膳，则有华芰重秬，滍皋香粳，归雁鸣鵙，黄稻鲜鱼，以为芍药。酸甜滋味，百种千名。春卵夏笋，秋韭冬菁。苏蔱紫姜，拂徹膻腥。酒则九酝甘醴，十旬兼清。醪敷径寸，浮蚁若萍。其甘不爽，醉而不酲。及其纠宗绥族，禴祠蒸尝。以速远朋，嘉宾是将，揖让而升，宴于兰堂，珍羞琅玕，充溢圆方。琢瑂狎猎，金银琳琅。侍者蛊媚，巾鞲鲜明，被服杂错，履蹑华英。儇才齐敏，受爵传觞。献酬既交，率礼无违。弹琴撷篥，六风徘徊。清角发徵，听者增哀。客赋醉言归，主称露未晞。接欢宴于日夜，终恺乐之令仪。"根据《昭明文选译注》一书的译文，这段文字的大意是：说到饮食，尤其美妙。华芰的黑黍，滍水的粳稻，肥美的大雁，肉嫩的鵙鸟，米饭鲜鱼，调味佳肴。酸甜滋味，百种千名。春天的小蒜，夏天的竹笋，秋天的韭菜，冬天的芜菁，调料有苏蔱紫姜，能够除去膻腥。至于美酒，更是出名。九酝甘美，十旬纯清。米酒混浊，浮皮若萍。甜不伤人，醉而不病。团结宗族，四时祭祖。邀请远方朋友，嘉宾纷纷而至。宾主拱手施礼，赴宴登上兰堂。佳肴美味，珍贵如玉，无比丰盛，充满餐具。美器雕饰花纹，满目金银琳琅。侍女妖媚，华服艳妆。每人穿戴，各不一样。小脚作细步，绣鞋生彩光。机灵敏捷，递盏传觞。互相劝酒，彼此谦让，恪守礼节，分寸相当。弹琴吹箫乐声起，乐声起处音回荡。角音徵音多凄清，使人听了增哀伤。客人赋诗"醉言归"，主人和诗"露未晞"。宴饮通宵达旦，狂欢不失尊严。

汉代的扬雄写过一篇《蜀都赋》，也是非常美妙的词赋。张衡《南都赋》的盛况，在扬雄《蜀都赋》中也类似的描述，虽然一个是中原，一个巴蜀，但是可以得到相互证实的，文章中记录的菜肴原料多达近百种，山珍海味、瓜果蔬菜、飞禽走兽无所不包。扬雄在《蜀都赋》说："调夫五味，甘甜之和，芍药之羹，江东鲐鲍，陇西牛羊，籴米肥猪，麕、麃不行，鸿乳，独竹孤鸧，狍被貔之胎，山麕髓脑，水游之胹，蜂豚应雁，被鶬晨凫，戮蜕初乳，山鹤既交，春羔秋鸧，脍鲛龟肴，粃田孺鹜，形不及劳，五肉七菜，艨脄腥腜，可以颐精神养血脉者，莫不毕陈。"可以看出，这些菜肴中，有从辽东和陇西地区贩运来的海产和牛羊肉，有本地用大米催养的肥猪，有容易猎获的麕麃。人们在长期的烹调中，对制作菜肴积累了丰富的经验，鹅要吃大的，猪要吃小的，鸭和鸧要吃未经交配过的，狍鹬和被貔要吃胎儿，山麕要吃脑髓，鱼要吃腹部一段。应时的菜肴有大的野猪，随季节来去的大雁，小的斥鹅，会飞的水鸭，嫩的野鹅和山鹤，春天的羊羔，秋天的竹鼠，刚学起飞的秧鸡等。菜肴用料的搭配也很合宜，制作菜肴时，脍要用娃鲛鱼作材料为好，这是经过了选择的。对牛、羊、鸡、犬、豕肉菜肴的制法，则讲究火候适宜，或大火熟烂，或满火炖焖。调料如葱、蒜、韭、葵、藿、薤、蓴、椒、酱、酒等，也都配备齐全。这些情况，说明在我国的汉代，不仅中原发达地区菜肴烹制水平精美，就连西南地区的巴蜀一带，其制作菜肴的水平也是相当考究的。

张衡和他的《二京赋》

　　张衡，字子平。南阳人氏。他生活在东汉由盛转衰的时代，对当时的社会生活尤其是统治阶级的奢侈生活，有较深的认识。《二京赋》就是他有感于"天下承平日久，自王侯以下莫不逾侈"的历史背景而创作的。"二京"即西京长安和东京洛阳，实际上它反映的是西汉和东汉两个阶段的历史状况。《西京赋》为《二京赋》中的第一篇，其中有关于当时举办宴席的豪华场面。在此节选其中有关菜肴制作和宴饮部分。《东京赋》关于宴饮与菜肴描述较少，但也有一些零散的片段。张衡除了《二京赋》外，还有一篇《南都赋》，其中也有大量的对菜肴品种、食物物产、饮食习俗、宴饮盛况的描述，而且具有一定的真实性。南都，指当时的南阳郡，是张衡的老家，地辖包括今河南南阳与湖北襄阳的大部分地区。这里自古以来就是一个物产丰富、民俗敦厚的地方。

2. 唐宋诗词

　　在中国的文学史上，唐宋诗词的文学成就是不言而喻的。在唐宋诗词中描述歌颂的主题与内容是十分宽泛的，其中就有大量的对宴饮、美馔、佳肴、烹饪、美酒等的记录与描写。因为唐宋诗词太多，仅选取以扬州菜肴烹饪为背景的少量诗词为代表。

　　唐李白《送当涂赵少府赴长芦》："我来扬都市，送客回轻舻。因夸楚太子，便睹广陵涛。仙尉赵家玉，英风凌四豪。维舟至长芦，目送烟云高。摇扇对酒楼，持袂把蟹螯。前途倘相思，登岳一长谣。"

　　宋梅尧臣《前日》诗："前日扬州去，酒熟美蟹蜊。秋风淮阴来，沙暖拾蚌蛳。不言尔贫富，只系其鄙夷。汉重二千石，后世何忽之？"

　　梅尧臣《许待制遗双鳜鱼》诗："（因怀顷在西京于午桥石濑中得此鱼二尾，是时已分饷留台谢秘监，遂作诗与留守，推欧阳永叔酬和，今感而成篇，辄以录上。）昔时三月在西洛，始得午桥双鳜鱼。墨薛点衣鳞细细，红盘铺藻尾舒舒。麟台老监分烹去，莲幕佳宾唱和初。今日扬州使君赠，重思二十九年余。"

　　宋代大文学家苏轼《到官病倦，未尝会客，毛正仲惠茶，乃以端午小集石塔，戏作一诗为谢》："我生亦何须，一饱万想灭。胡为设方，养此肤寸舌。尔来又衰病，过午食辄噎。谬为淮海帅，每愧厨传缺。爨无欲情人，奉使免内热。空烦赤泥印，远致紫玉玦。为君伐羔豚，歌舞菰黍节。禅窗丽午景，蜀井出冰雪。坐客皆可人，鼎器手自洁。金钗候汤眼，鱼虾亦应诀。遂令色香味，一日备三绝。报君不虚受，知我非轻啜。"

　　苏轼《扬州以土物寄少游》诗："鲜鲫经年秘醽醁，团脐紫蟹脂填腹。后春莼苗活如酥，先社姜芽肥胜肉。鸟子累累何足道？点缀盘飧亦时欲。淮南风俗事瓶罂，方法相传竟留蓄。且同千里寄鹅毛，何用孜孜饮麋鹿！"

　　宋人黄庭坚《次韵王定国扬州见寄》诗："清洛思君昼夜流，北归何日片帆收？未生白发犹堪酒，垂上青云却佐州。飞雪堆盘脍鱼腹，明珠论斗煮鸡头。平生行乐自不恶，岂有竹西歌吹愁？"

　　黄庭坚又有《次韵师厚食蟹》诗："海馔糖蟹肥，江醪白蚁醇。每恨腹未厌，夸说齿生津。三岁在河外，霜脐常食新。潮泥看郭索，暮鼎调酸辛。趋跄虽入笑，风味极可人。忆观淮南夜，火攻不及晨。横行葭苇中，不自贵其身。谁怜一网尽，大去河伯民。鼎司费万钱，玉食常罗珍。吾评扬州贡，此物真绝伦。"

宋人戴复古《扬州端午呈赵帅》诗："榴花角黍斗时新，今日谁家不酒樽？堪笑江湖阻风客，却随蒿艾上朱门。"

宋人刘克庄《忆藕》诗："昔过临平邵伯时，小舟买就藕尤奇。如拈玉尘凉双手。似泻金茎咽上池。好事染红无意思。痴人蒸熟减风姿。炎州地狭陂塘少，渴杀相如欠药医。"

3．文学名著

我国自古以来，几乎没有一个文人不是美食家。于是，在他们留下的著作中就有许多烹饪美食与宴饮场面的描述，既生口腹之欲，又秉生花妙笔。在他们笔下的饮食文字活色生香，读者犹如品味到嘴里那回味无穷的感觉。下面简要介绍我国一些名著中的美食文字。

（1）《红楼梦》中的精妙美食　作者曹雪芹生于豪门世家，从小吃的见的都是饮食中的极品，中年落魄后，则将平生所见所食倾注笔端，真是"别有一番滋味在心头"。先不提那道吃不出茄子味的"茄鲞"，光是宝玉丫头芳官吃的虾丸鸡皮汤、酒酿清蒸鸭子、胭脂鹅脯、奶油松瓤卷酥并一大碗热腾腾、碧莹莹绿畦香稻粳米饭，就令人读之口舌生津、馋涎欲滴了。更有风雅的，那莲蓬银模子带出的荷叶儿小莲蓬儿汤，可让宝玉病后思之，观后向往之。也有可人画的，那便是缠丝白玛瑙碟子盛着的鲜荔枝，更有奶油炸的各色各样小面果。曹雪芹一支妙笔，写得如此活灵活现。

（2）《西游记》中的乡野食材　作者吴承恩久居江淮，科举场中屡遭挫折，比较接近农村渔樵、荒观野寺，颇知下层人民生活甘苦。他笔下食物，大多不是珍奇异味。他记叙渔民的菜肴："仙山云水足生涯，摆橹横舟便是家。活剖鲜鳞烹绿鳖，旋蒸紫蟹煮红虾。青芦笋，水荇芽，菱角鸡头更可夸。娇藕老莲芹叶嫩，慈菇菱白鸟英花。"在他笔下，樵夫的饮食是："崔巍峻岭接天涯，草舍茅庵是我家。腌鸭腊鸡鹅蟹鳖，獐狗兔鹿胜鱼虾。香椿叶，黄楝芽，竹笋山茶更可夸。紫红桃，梅杏熟，甜梨酸枣木樨花。"在我国古典文学中有关筵席的资料相当丰富，但绝大多数是荤席，至于斋席素宴，很少看到比较完整的资料。《西游记》最大的特点在于补充了这个方面的缺失。

（3）《水浒传》中的琼林御宴　施耐庵在他的《水浒传》中，对元明年间的饮食情况，有过许多精彩的描写。其中最精彩的是介绍了当时的"琼林御宴"，菜肴有："赤瑛盘内，高堆麟脯鸾肝；紫玉碟中，满钉驼蹄。熊掌桃花汤洁，缕塞北黄羊，银丝烩细，剖江南之赤鲤。"这其中的驼蹄、熊掌、黄羊、赤鲤等，都是现代宴席上的珍馐。《水浒传》还是我国酒文化的集大成者，一百单八将中几乎无一英雄不喜欢酒，无一章节不写饮酒，酒成了刻画典型环境中典型性的需要，成为喜剧美和悲剧美的体现。

（4）《儒林外史》中的南方食馔　吴敬梓的《儒林外史》共56回，每回都涉及饮食内容，光是食品种类就多达200余种。菜品高中低档都有，详细描绘了杭州、扬州、南京等江南古城的饮食习俗及市井饮食业盛况，既反映了上至都市富商大户的钟鸣鼎食、穷奢极欲的饮食场面，又写到了下至引车卖浆者粗茶淡饭的节俭生活状态。就其菜品，有虫草、燕窝、海参、鱿鱼等山珍海味，而记载较丰富的是流行于民间的普通菜肴，如煎肉圆、猪头肉、白切肉、炒腰子、白切肚子、煮鲢头、杂脍、煮牛肉、醉白鱼、盐水虾、焖青鱼、炒面筋、脍腐皮等。

（5）《金瓶梅》中的市井饮食　《金瓶梅》中丰富多彩的饮食文化描写，反映了晚明城市商品经济发达、生活水平较高的状况。书中无论大户人家还是市井百姓，都在饮食中舍得消费。《金瓶梅》书中食品多样化，精巧化，表现了晚明社会烹饪技艺水平的高度发达。如就糕饼点心而言，有荷花、卷饼、寿面、扁食、白面蒸饼、顶皮酥果馅饼、搭穰卷、玉米面鹅油蒸饼、果馅寿字雪花糕、果馅团圆饼、桃花烧卖、乳饼、芝麻象眼等20多种；汤食有银丝汤、点心茶汤、韭菜酸蛤蜊汤、梅汤等10多种；所饮酒更是名目繁多，计有老酒、南酒、药五香酒、金华酒、茉莉花酒、木樨荷花酒等30多种；所饮的茶汁有八宝青豆木樨泡茶、芽茶、六安茶等10多种。

【知识链接】

《史记》中的烹饪篇章

　　《史记》涉及烹饪的内容，主要讲了宴饮的习俗和宴饮的场面，如著名的《鸿门宴》：项王即日因留沛公与饮。……范增数目项王，举所佩玉玦以示之者三，项王默然不应。范增起，出召项庄，谓曰：君王为人不忍，若人前为寿，寿毕，请以剑舞，因击沛公于坐，杀之。不者，若属皆且为所虏。庄则入为寿，寿毕，曰：君王与沛公饮，军中无以为乐，请以剑舞。项王曰：诺。项庄拔剑起舞，项伯亦拔剑起舞，常以身翼蔽沛公，庄不得击。于是，张良至军门见樊哙，樊哙曰："今日之事如何"？良曰："甚急！今者项庄拔剑舞，其意常在沛公也。"……哙即带剑拥盾入军门，交戟之卫士欲止不内，樊哙侧其盾以撞，卫士仆地，哙遂入，披帷西向立，瞋目视项王，头发上指，目眦尽裂。……项王曰："壮士！赐之卮酒。"则与之斗卮酒。哙拜谢，起立而饮之。项王曰："赐之彘肩。"则与之生彘肩。樊哙覆其盾于地，加彘肩上，拔剑切而啖之。项王曰："壮士能复饮乎？"哙曰："臣死且不避，卮酒安足辞……"

　　《史记》中记述了另外一种宴饮，说"淳于髡论饮"，事记于《滑稽列传》：淳于髡对齐威王说：他一斗酒亦醉，一石酒亦醉。齐威王觉得奇怪，淳于髡向齐威王解释了能饮不同量酒时的不同餐饮情况，只有在"日暮酒阑，合尊促坐，男女同席，履舄交错，杯盘狼藉，堂上烛灭，主人留髡而送客，罗襦襟鲜，微闻芗泽，当此之时，髡心最欢，能饮一石"。是真能饮，还是幽默之语，深有余味。

第四节　中国菜肴的命名艺术

　　中国烹饪所创造的美食，给人的美感是多方面的，如果再加上一个美好动听的菜名，可以把人的美感引向新的境界。因而，中国自古以来就非常重视菜肴的命名。从宏观上来说，中国菜肴的命名以讲究典雅好听为主，所谓典雅是说菜肴的名称大多都有一定的含义或寓意，或富有质朴之美，或充满意趣之雅，或奇巧，或诙谐，各得其妙。就以菜肴的意趣之美而言，讲究的是有虚有实，有的以虚为主，有的是以实见称，也有虚实结合的，但都能起到画龙点睛的效果。纪实的菜肴有的是原料加制法，如麻辣仔鸡、醋熘白菜；有的是地名加菜名，如德州扒鸡、北京烤鸭；有的是人名加菜名，如东坡肉、文思豆腐；有的是以菜肴形态命名，如灯影牛肉、蝴蝶海参。而以虚为手法的命名，实际上是把菜肴的名称艺术化，有的借助诗情画意，如白鹭上青天、黄莺穿绿柳；有的掌故翻新，如三阳开泰、春风得意；有的取其异境，如平地一声雷、佛跳墙；有的反语正说，如叫化鸡、怪味鸡；有的巧用俗语，如寿比南山、四海为家；有的妙语谐音，如恭喜发财、一团和气、百年好合等。其目的都是为了顺应心情心理，增加菜肴的艺术感染力，增加菜肴的美感。

一、菜肴命名的分类

我国烹饪文化源远流长，美味佳肴名扬四方，那脍炙人口的美食名吃，都是通过菜肴的名称而得以流传。因此，除了菜肴的色、香、味、形俱佳外，给菜肴起一个好的名称就显得尤其重要，无论是一般的菜肴还是花色艺术菜。菜肴的命名可以从两个方面去探讨。

一是先创造出菜肴而后命名，用这种方法的厨师比较多，它能反映出菜肴创造的灵活性，随机应变，不拘一格。可根据菜肴所用的原料，及其形态、口味等方面的特点来命名，尽量能使菜肴的名称和菜肴的内容相符。这种方法使用起来较为方便，稍有经验的厨师，都比较容易掌握这种命名方法。

二是先命名后再创新制作菜肴品种，这种方法厨师较少运用。这种方法是要求先想一个雅致的名称，然后再根据名称来选料、切配、调味、烹调和造型，使创造制成的菜肴与名称相符。用这种方法制作出的菜肴往往带有诗情画意，有着较高的品位。如菜肴"千里寻凤迹"，这个菜肴是用千里香和鸡脚两种主要原料来制作，加上适当点缀即可。又如菜肴"群虾追月影"，这个菜肴是主要用虾来制作，但点缀起关键作用，使人在餐桌前能够看到一幅海滨晚影，非常自然和贴切，并给人以无限的遐想。用这种方法往往带有一定的难度，需花一定的时间和心思。

中国菜肴命名的方法众多，如果按照菜肴名称虚实的表达方式，可分为三大类。

一是写实手法，其基本方法是烹饪手段+食物原料的名称，如烧鹅、烤鸭、红烧鱼，有时也表现为食物甲+烹饪方法+食物乙，如"韭菜炒鸡蛋""虾米扒蒲菜"等。

二是虚拟手法，此乃中式菜肴命名的主流，充分体现了中国菜肴的美学意境，带有一定的浪漫色彩。常见的如"霸王别姬""半月沉江""推纱望月"之类。此类菜肴命名在粤菜、苏菜中运用尤其普遍。如清代有一份"苏州船菜单"，里面罗列的部分菜名有"珠圆玉润、翠堤春晓、满天星斗、红粉佳人、遍地黄金、桂楫兰桡、花报瑶台、玉楼夜照、玉女晚妆、堆金积玉、江南一品、醉里乾坤、秋风思乡、八宝香车、紫气东来、琉璃世界、鱼跃清溪、八仙过海……"知道的人知是宴席菜单，不知道的还以为是失传已久的姑苏十八景呢。

三是虚实结合手法，此种方法一般是把菜肴的用料和一个有艺术意境的词相结合，形成虚实结合的特色。常见的如"凤尾虾""鲤鱼跳龙门""八宝鸡"等。

如果根据菜肴的类别，一般可以分成两大类：即普通常见菜肴的命名和花色艺术菜肴的命名。

1. 普通常见菜肴的命名

（1）按烹调方法和所用主料命名　如"红烧全鱼""干炸里脊""白灼大虾""清炸鸡

腿""油爆田鸡脚""生炒肚尖""汤汆玻璃肚片""烤乳猪""清炖乳鸽"等。这种类型的命名方法最为普遍，使人一见菜名就可以了解菜肴的整个面貌。这种方法对一些烹调具有特色的菜肴更加适宜。

（2）按调味方法和所用主料命名　如"蚝油牛肉""糖醋排骨""茄汁鱼片""咖喱凤翅""椒盐鹌鹑""酱爆肉"等。这种类型的命名方法也较为普遍，它重点突出了菜肴的口味，对一些确有特色的菜肴尤为适宜。

（3）按烹调方法和原料的某一方面的特征命名　如"烩三丝""油爆双脆""双冬鸡片"等。这种命名方法突出烹调方法以及菜肴的色泽、形态等方面的特点，有的菜肴虽不具体标明所用原料的名称，但能使人对所用原料的性质一目了然。要表明烹调方法和原料的某种特征，可使用这种命名的方法。

（4）按所用的主料和某一突出的辅料命名　如"马蹄鸡球""荔芋扣肉""冬虫草炖乳鸽""辣子鸡""西芹肚球""柠檬鸭""菠萝鸭片"等。这种类别的命名方法，突出地反映菜肴的用料方面的特点，特别对那些辅料的口味在整个菜肴中是起重要作用的菜肴更为适宜。

（5）把主辅料及烹调方法全部在名称中反映出来　如"蚝油烩双冬""凤油扒菜胆""红油拌肚丝""肉丝烧豆腐""三色炒肉丝""栗子烧鸡件""五柳熘全鱼"等。这类命名方法非常普遍，为制作一般菜肴所应用，这种命名方法可以从菜名中看出菜肴的用料和烹调方法。使人看到菜名后觉得比较朴实可信，显得比较贴切。

（6）按色彩、形态和所用主料命名　如："金钩爪脯""八宝葫芦鸭""松鼠全鱼""脆皮大虾""金针虎皮蛋""碧绿鱼丸""菊花肚"等。这种命名方法反映出菜肴的某一显著的突出之处，比较适用于花色艺术菜肴的命名。

（7）在主要用料前加上人名或地名　如："麻婆豆腐""北京烤鸭""东坡肉""梧州纸包鸡""桂南醉鸭""南宁泡皮鸡""桂林板栗鸭""玉林牛肉丸"等。这类命名方法可以说明菜肴的起源与特色，适用于有烹调特色并具地方色彩的菜肴。

（8）单纯用形象寓意来命名　如"花好月圆""珍珠丸子""如意腰卷""鸳鸯鸡""恭喜发财""龙凤汤""龙凤呈祥""雪里藏珍"等。这种命名方法从字面上看比较难理解。一般用于花色艺术菜。但在应用此方法命名菜肴时要注意确切自然，不能生搬硬套，牵强附会，使人觉得难以理解。

2.花色艺术菜肴的命名

我国花色艺术菜肴品种繁多，其命名方法较之普通常见菜肴虽有某些不同之处，但总离不开菜肴的用料、色彩、形状、口味等方面的内容。根据对我国已有的花色艺术菜肴名称的分析，其命名方法可归纳为以下几种。

（1）根据"色"来命名　如用"碧绿""翡翠""珊瑚""黄金""白玉"等来形容菜肴的色彩之美。如"碧绿穿鱼丸""翡翠鱼米""珊瑚虾球""富贵黄金卷""白玉双脆"等，都属于这种方法命名的菜肴。

（2）根据"味"来命名　如用"陈皮""芝麻""面包糠""五香"等来表明菜肴的口味特征。如"陈皮炖鸭""芝麻鱼蓉卷""五香猪排""怪味鸡"等菜肴，属于这种命名方法。

（3）根据"形"来命名　如以"麦穗""菊花""灯笼""葵花""玉兰""蝴蝶"等形状给菜肴命名。如"麦穗鱿鱼""菊花鱼""灯笼鱿鱼""葵花鸡""玉兰鱿鱼""蝴蝶海参"等，都是这种以"形"的方法来命名的。在传统素菜中，以精致的手工制成的"鸡""鸭""鱼""虾""鱼翅""熊猫""海参""青竹"等也属于这一类。

（4）根据"形""实"命名　此类菜名既富有鲜明的形象，又烘托出菜肴的主要内容，或突出制作菜肴的某种特殊原料，并往往伴随雕刻品装点，如"龙舟载宝""金玉满堂""龙凤西瓜盅""迎宾花篮""农家乐""姜太公钓鱼"等。

除此而外，有些菜肴还可以采取比较特别的方法来命名。如根据制作时的手法命名，如"柴把鸭""扎猪手"等，就是根据厨师制作时，将主要原料切成条或片，再用黄花菜、海带、干菜丝等将主料一束一束地捆扎起来命名的。另如"扣三丝""扣水鱼""瓤青椒""八宝瓤蟹盒""冬瓜卷""大良野鸡卷""龙穿凤翅""三丝穿鱼丸"等。还有根据所用盛装器皿、雕刻品、吉祥数字，乃至运用成语典故、诗词句子等，如"鸭仔煲""鱼香茄子煲""龙舟载宝""凤戏牡丹""一品豆腐""双色鱼圆""炒三泥""四季发财""雪中送炭""岁寒三友""花好月圆""肝胆相照""一行白鹭上青天""门泊东吴万里船"等。

二、菜肴命名的艺术手法

中国菜肴的命名，无论利用哪种方法，都应遵循简洁、健康、吉祥、上口的基本原则。并且要做到名符其实，使菜肴命名足以体现菜肴的特色或反映出菜肴的全貌。力求雅致得体，不可牵强附会、应当朴素大方，不可滥用词藻，更不能庸俗下流。有些菜肴的名称往往滥用词藻，如"豆角炒牛肉"叫作"乱棍打死牛魔王"，"空心菜汤"叫作"青龙过海"等，显得华而不实，客人往往感到有被蒙骗的感觉。有些甚至庸俗下流，如"白切鸡"叫作"贵妃出浴"，"奶油包子"叫作"包二奶"等，这是不可取的。

实际上，菜肴的命名是否名实相符、高雅得体，它与厨师的文化素养息息相关，我们在学好烹饪技艺时，应不断提高理论和文化水平，这样才能够互相促进，相得益彰。一般来说，菜肴的命名往往与所用的原料、烹调方法、色彩、质地、口味及形体特征有直接联系，有时还与历史典故、民间传说、地方特色有很大关系。常见菜肴命名的艺术手法包括如下几个方面。

1．运用吉祥数字

（1）一品　本指封建社会的最高官阶，例：太帅、太保、太尉、司徒、司空，皆是官居一品，菜肴借用此词，形容菜肴的名贵高级。例"一品燕窝""一品酥方""一品火锅"等。宫廷菜和官府菜中运用较多。

（2）三元　取三元吉祥之意命名菜肴。古时以天、地、人为三元，也有以每年正月初一为三元，愿开年大吉，祝诸事如意。三元在烹饪中多指三种原料，例"三元白汁鸭""三元鱼脱""三元牛头"等。

（3）四喜　烹饪中一是指运用四种原料制作成一个菜肴，或运用一种原料制成四个分量相等、外形相同的菜肴，盛装在一个盛器中，例"四喜虾饼""四喜丸子""四喜鱼卷"等。旧时四喜本来是指人们最值得庆贺的四件事，古诗中描述的人生四大喜事指的是："久旱逢甘雨，他乡遇故知，洞房花烛夜，金榜题名时"。现在用在菜名上，意为祝人吉祥。

2．运用吉祥动物

（1）麒麟　传说中一种尊贵的动物，其外形如鹿，独角，全身长满麟甲，尾像牛，多作为吉祥的象征。菜肴中以此名菜，富意吉祥，例"麒麟鳜鱼""麒麟大虾"等。

（2）鸳鸯　鸟名，雄为鸳，雌为鸯，体小似鸭，嘴扁平而短，雄者羽毛漂亮，雌者全体苍褐色。菜肴中把色成双、味成双及原料成双的菜点，冠以鸳鸯之名，例如"鸳鸯火锅""鸳鸯海参""鸳鸯鱼扇"等。

（3）其他吉祥事像　如八宝、绣球、龙船、翡翠、八仙等，如"八宝鱼翅""八宝海参""绣球干贝""水晶鸭方""水晶肘子""翡翠虾仁""八仙过海""狮子头""龙船送宝""松鼠鳜鱼""八宝葫芦鸭"" 鲤鱼跳龙门""全家福""母子会""二龙戏珠""瑶池鲜果""游龙戏凤""金鱼戏水"等。这些菜肴命名所运用的手法，或强调菜肴的形象特征，或蕴含美好吉祥的寓意，或注重菜肴的艺术造型，或表达幸福美好的祝愿，都是为了引起人们的好奇心，以招徕客人的光顾。

3．运用其他手法

（1）以素菜形式命名　这是将菜肴做成荤菜的样子，满足少数人的心理需求，以享口福，例如"素海参""素鸡""素鱼圆""素鳜鱼"等。

（2）以蔬果等盛器命名　将蔬果粉丝制作成食物盛器的外形，来盛装菜肴，既是盛器又是食物，例如"西瓜盅""冬瓜盅""渔舟唱晚""鹊巢虾仁"等。

（3）以中西结合命名　强调菜肴是采纳西餐原料或西餐烹饪方法制作的，吃中餐菜，体现西餐味道，例如"千岛牛肉""吉利虾排""沙司扇贝""牛排布丁""法式猪排"等。

（4）以夸张的手法命名　通过夸张手法，渲染气氛，给人焕然一新的感觉，例如"天下第一菜""天下第一羹""平地一声雷"等。

（5）以渲染神奇制法命名　强调独特的烹饪方法或食用方法引人入胜，例如"两吃活鱼""冲浪海参""泥鳅钻豆腐""火烧冰淇淋"等。

（6）以宴会主题命名　如祝寿和婚庆宴席多用"八仙贺喜（八围碟）""长命百岁（红烧甲鱼）""安居乐业（鹊巢双翠）""源远流长（阿妈手擀面）""红粉俏佳人（枸杞炖金鸡）""千丝心心结（鸡丝翅肚）""百年好合（莲子百合）""早生贵子（红枣炖莲子）""松鹤延年""龙凤吉祥（鸡球炒虾球）"等。

（7）以历史典故或传说命名　例如"佛跳墙""叫花鸡""红嘴绿鹦哥""东坡肉""黄桥豆腐"等。

三、菜肴命名的艺术美感

毋庸置疑，菜肴的名称既是反映烹饪技术的概念，但又不仅仅局限于烹饪技术，它具有相对独立的意趣之美。它与菜肴的色、香、味、形、质、器、营养卫生构成了中国烹饪艺术的意境美。如果我们把古今成千上万的馔肴名称研究一番，就会强烈感觉到，中式菜肴命名的美感确是中国烹饪艺术意境美的重要组成部分。菜肴命名美感集中表现在四个方面，即质朴之美，意趣之美，奇巧之美，谐谑之美。

1．质朴之美

这是古今菜肴命名的基本方面。大量的菜肴名称，直接从烹饪工艺过程中提炼出来。以料、味、形、色、质、器以及烹饪方法来命名菜肴，就反映出这种质朴。比如以料为名的菜肴"荷叶包鸡"，就是荷叶包裹鸡肉等料制成的，"奶汤鲫鱼"就是鲫鱼氽汤，因汤色奶白而得名，直截了当，毫不令人费解。以味命名的菜肴如"五香牛肉"，就是用五种香料和调料烹制而成的牛肉。以形命名的菜肴，如"樱桃肉""菊花鱼"等，从菜肴名称的本身便可知其形状。以质地命名的菜肴，如"酥鲫鱼"，一看便知是酥软的鱼。以色命名的菜肴，一般皆用"金"言黄，"玉"指其白，如"碎金饭""金玉羹"。袁枚《随园食单》上的"金团"，《调鼎集》上的"金花饼""金银蹄"等，其金甚多。"玉尖面""玉糁羹""玉版鲜""玉桂糖"，"玉"亦不少。其他还有"贵妃鸡""白片肉""琥珀肉"等，都是以颜色为主体命名的菜肴。至于以烹饪方法命名的菜肴就更多了，如"火腿煨鸭""炒肉丝""清蒸鱼""熏鸡""糟熘鱼"等，从名称上一眼就能知道是煨、炒、蒸、熏、糟、熘这些方法制成的。"砂锅鱼头""汽锅鸡""老鸭煲""铁板烧"这类名称，更是把用什么器具烹制而成的菜肴，毫不掩饰地告诉了食者。

质朴之美，还表现在以自然现象和数字为名的菜肴中。天、地、风、云、春、夏、秋、冬等自然现象，也是传统的菜肴借用来命名的对象，天地类的有"天花毕罗""天蓬牛排""天长甘露饼""遍地锦装鳖"等；风云类的有"风鸡""风鱼""新风鳗鲞""云海腾波""白云猪手""云吞面""剪云析鱼羹""云液紫霜"等；雪有"雪霞羹""雪花豆腐""雪花蟹斗""雪底芹芽""雪月羊肉""雪花桃泥""雪花鸡淖""雪衣鱿鱼"等；春夏秋冬类有"春卷""箸头春""一曲阳春""春子蚱""夏月冻蹄膏""秋叶鹌鹑蛋""冬凌粥"等。

以数字作菜肴名称，可以从一到十、百、千、万等。带"一"的多以"品"字连用常见，表示高贵，著名的有浙菜"一品锅"、川菜"一品熊掌"、山东菜"一品豆腐"等。"二"字菜名中可用二本身，也多用"双"字代之，诸如山东菜"二龙戏珠""双爆菊花"、江西菜"双层肚丝"、广西菜"双冬烧竹鼠"、湖南小吃"双燕绉纱馄饨"、河南小吃"双麻火烧"等。"三"作为吉祥数字由来已久，在菜名中使用较广，古有：宋代《宋氏中馈录》"三和菜"，《明宫史》记有一道御膳"三事"，今有"三鲜锅巴""三不沾""三套鸭""三鲜大包"等。其他数字的菜肴有"四喜肉""四喜丸子""四喜吉庆"；"五缕鱼扇""五福鱼圆""五柳鲩鱼"；"六合猪肝""六合同春"；"七星螃蟹""七星紫蟹""七彩片皮鸡"；"八宝鸡""八宝饭""八宝鸭""八宝瓤香梨""八仙过海"；"九色攒盒""九转大肠""九丝汤"；十有《清异录》中的"十运羹"，《食宪鸿秘》"十香菜""十景素烩"；百有"百鸟朝凤""百花清汤肚"；千有"千里酥鱼""千层油糕"等。这些数字的运用与组合，简直就是一首美妙的数字之歌。

另外，以菜肴制作的地方来命名，也表现出质朴之美，如"东江盐焗鸡""北京烤鸭""德州扒鸡""符离集烧鸡""金陵桂花鸭""彭城鱼丸""梁溪脆鳝""文楼汤包"等皆是。

2. 意趣之美

意趣之美集中表现在如下四个方面。

（1）夸张比喻　如"神仙"，本是常人所羡慕的所谓得道之人，菜肴名称里就常出现"神"与"仙"之类的字眼。《山家清供》之中载有林洪因姜能通神之故，取姜、葱、盐、麦面、白糖制成的饼取名为"通神饼"，用白术、石菖蒲、干山药、蜂蜜制成的饼，称其为"神仙富贵饼"。《调鼎集》载的"神仙汤"，仅仅是用油、姜、葱、酱油、醋、酒调匀，冲一碗滚烫的开水而成，之所以称为"神仙汤"，无非是来得神速罢了。至今，好多地方仍有"神仙鸭""神仙炖鸡"之类的名称，足见其影响之深。"龙凤""麒麟""鸳鸯"之类名称，古今菜名都用得很多，如"凤眼肝""龙凤火腿""龙穿凤翅""凤尾明虾""龙须鳜鱼"之类。还有以鸡翅为"凤翅"的，如"凤翅海参""贵妃凤翅"，以莴笋尖，凤尾笋干为"凤尾"的"清炖凤尾笋汤""麻酱凤尾""金钩凤尾"等，皆有寓意吉祥、高贵或美好之意。"麒麟"也被用来寄喻吉祥之意，菜肴有"麒麟鳜鱼""麒麟鲈鱼"。人们把色成双、味成双、料成双的菜肴，或工艺造型而成鸳鸯形的菜肴，美称为鸳鸯菜，常用于婚嫁喜事的宴席之中，诸如"鸳鸯鸡""鸳鸯鱼片""鸳鸯鱼扇""鸳鸯豆腐""鸳鸯酥"，还有"鸳鸯火锅"之类便是。再如"龙虎斗"，以虎喻猫肉，以龙喻蛇肉；"佛跳墙"用戒荤的出家人忍不住跳墙过来吃，这样的生动形象形容这一荤食之美；"水磨丝"以水磨纹形似猪耳朵截面的花纹，来比喻用猪耳朵切成的冷菜……这种方法，用作比喻的事物，人们熟知而又形象高雅，使人听之油然而生美感。

（2）谐音转借　用来形象地美化菜肴。如"霸王别姬"，以鳖和鸡与"别姬"音谐，鳖又被比作"霸王"。再如糖醋丸子改名为"左右逢源"，红烧鼋蹄改叫"一团和气"，烤鲥鱼叫"时来运到"，炸鹌鹑叫"春回大地"，百合煨莲子叫作"百年好合"，松子鳜鱼叫"富贵有鱼"，黑椒牛排叫"牛市大吉"，甲鱼乳鸽汤叫"沉鱼落雁"，烩海八鲜叫"全家欢乐"，大枣花生莲子羹叫"早生贵子"。这些菜名可谓妙语谐音，奇趣横生，且有吉祥色彩，顺应人情心理，颇为菜肴生辉。

（3）祝愿用语　通过菜肴的名称，祝愿人们幸福如意。如婚庆喜宴上的菜肴"鸳鸯戏水""比翼双飞""称心鱼条""相敬虾饼"，祝愿新婚夫妻恩爱情长，相敬相爱，称心如意，比翼双飞；而"早生贵子""甜甜蜜蜜"的菜肴则祝新人早得贵子，日子越过越红火。以祝愿用语给菜肴命名，在我国的港台地区尤其流行。如下面是我国台湾省一些家庭的婚宴菜单名称，一桌宴席12道菜均被取上吉祥的名称，有：四海同歌韵合鸣、鸾凤喜映神仙池、百年好合锦玉带、海誓山盟龙凤配、月老红线牵深情、比翼双飞会鹊桥、天长地久庆有余、纱窗绣幕鸳鸯枕、同心齐谱金镂曲、七夕佳偶牵手心、花团锦簇并蒂莲、馥兰馨果合家欢。祝寿之宴的菜肴亦如此，如松鹤延年、五福寿桃、伊府寿面、寿比南山等，皆是祝愿之意，以达到烘托气氛，愉悦宾客，祝福客人的效果。

（4）文化情趣　如给能够发出声音的菜肴命名为"桃花泛""炸响铃""平地一声雷"等，以过桥命名的菜肴"过桥米线""过桥抄手""将军过桥"等。在古籍中这类菜名也多有记载，如《山家清供》里记有供酒醉喝的清面菜汤称"冰壶珍"，用野兔肉切薄片涮食的火锅称"拨霞供"。近年来，以体育为情趣的菜肴命名大行其道，如"球孔牵红线""满场飞点翅""鱼耀中华""世棒珍宝拼""球中玉环"等，真是菜菜离不了球，更有"前进雅典映双辉""花团奥运红圆汤"等。真可谓情趣盎然，菜中有情，名中有趣。

3．奇巧之美

制作奇巧，出人意料，因而菜名也令人拍案称奇。"玲珑牡丹酢"和"辋川小样"是人们熟悉的古代花色菜与造型工艺菜。《烧尾食单》上的"生进二十四气馄饨"，便是用二十四种花形与馅料制成的，与常见的馄饨相比，当然是奇巧无比了。

在古今的众多肴馔名中，奇巧之美颇多，有借用诗情画意，如"白鹭上青天""黄莺穿绿柳""鸭戏新波"等；在肉蓉中加入马蹄丁（荸荠），做成的肉饼叫"春风得意"，可谓借用之巧妙，有的故作惊人之语如"平地一声雷"；有的反语正说，如"叫化鸡"改名"富贵鸡"。福建有道名菜叫作"西施舌"，说是名菜，其实普通至极，就是贝肉氽汤，这种贝海滩上俯拾即是，市场里多而且价贱。烹调方法也很简单，往汤里一氽就行了。所以出名，是因为有人根据贝肉颇似美人之舌，而给这个菜肴取了个"西施舌"的菜名。西施是大名鼎鼎无人不知的历史美人，把"西施舌"含到嘴里，真让人叹服此菜名之怪奇。与"西施舌"异曲同工的，还有叫"贵妃鸡"的菜肴，所谓"贵妃鸡"，其实就是清蒸整鸡。把洁白的鸡放入瓷盆里，盛着热气腾腾的汤汁，中间躺着着一只皮滑肉嫩的肥雏母鸡。叫上一个"贵妃鸡"的名字，很容易使人想象出唐皇佳人杨贵妃，"温泉水滑洗凝脂"的情景。这两个菜名真可谓匠心独具。湖南有道传统名菜叫"子龙脱袍"，听其名心中总免不了产生好奇感，此菜乃是用拇指粗的鳝鱼为料，去其表皮再烹制，子龙即小龙，意指鳝鱼状似小龙，去皮即脱袍，故取名"子龙脱袍"。一条鳝鱼制作的菜肴与一个历史著名战将赵子龙的名字连在一起，可谓恰到好处。更奇的还有安徽名菜"鱼咬羊"，听了此菜名，你定会问鱼怎么能咬羊的?原来此菜是先将鳜鱼内脏从鱼口中取出，洗净后再将羊肉灌入，小火红烧。此菜鱼体完整，而鱼腹中有羊肉，故称"鱼咬羊"。广东名菜"咕噜肉"也是让你满腹疑团，不知究竟是何肉，吃了方才知道就是去骨的糖醋排骨，因食用时不需吐骨嚼肉，可"咕噜"直接吞下去，所以就形象地把它称作"咕噜肉"。

《调鼎集》中记载一个以蛋为料制作的菜肴，菜名甚为奇巧，此菜名叫"混蛋"。"混蛋""浑蛋"都是骂人的话，但菜名"混蛋"取混沌如一而不可分之意，混合成为可口的美食。现代的"换心蛋"、湖北的"石榴蛋"以及"鸳鸯蛋""无黄蛋"等都是师承此法而来。

最为奇巧之名，莫过于山西的一道地方汤菜"头脑"，是用羊肉、山药、莲子、面粉等煮制成的汤羹。当地人把"头脑"作为一种滋补食品，据说老年人只要连喝几个冬天的"头脑"，就可以收到益气调元、活血健身、滋阴补肾、延年益寿的奇效。"头脑"之名出现于明末清初。当时山西有位名医叫傅山（即傅青主），因其母亲有头疼脑热四肢无力的毛病，却久治不愈。傅山只好改变方针，采用了食疗的方法，设计了此种药膳，傅山母亲服用一段时间后，病愈身健。傅山后来把其制作方法详细传授给食肆，为大众服务。但令人费解的是这种滋补汤与头脑可说毫无关系，不知为何要给它取一个让人摸不着头脑的"头脑"名称。其实，就因为这道菜肴治好了傅山母亲头疼的病，而名之为"头脑"。

4. 谐谑之美

以人名命名的菜点，以事命名的菜点，是谐谑之美的主要表现。古代很多菜点是以人名为名传下来的。"樱桃肉"是以首创者淮阴侯韩信的妻子樱桃娘来命名的。"宋五嫂鱼羹"本名"赛蟹羹"，是开封人宋五嫂在杭州创制的，因曾被御赏出了名，才叫"宋五嫂鱼羹"的。"云林鹅"是倪瓒喜食的烧鹅，其制法独到，因倪瓒号云林，故清代美食家袁枚便以其号"云林"与"鹅"命名此菜。"宫保鸡丁"之名，世人皆知清末曾任广东巡抚、四川总督丁保桢喜食，其人有太子太保的封号，世称"宫保"而来。"太白鸭""太白鸡"乃系厨师怀念李白而命名的菜。"麻婆豆腐"是陈森富的脸上有麻子的妻子创制的烧豆腐。诸如此类在烹饪古籍中记载很多，如萧美人点心、刘方伯月饼、文山肉丁（文天祥号文山）等。

以人名命名的菜点的"大腕"，当数以老饕苏轼之号为名的"东坡"菜肴系列。从宋代开始，就逐步出现了东坡羹、东坡玉糁羹、东坡豆腐、东坡芹芽脍、东坡肉、东坡肘子、东坡腿、东坡墨鲤、东坡饼、东坡酥等菜点名目，或因景仰，或因寓情，或附庸风雅，或牵强附会。

以事件命名的菜肴，也有许多，且每一个菜点都有一个动人优美的故事。

"护国菜"是一道用料极普通的菜肴，是用番薯叶配以北菇、火腿末和上汤煨制而成的潮州名菜。相传在公元1278年，南宋度宗之子赵昺在砜州被坚决主张抗元的将领张世杰和大臣陆秀夫拥立为王，年仅八岁的赵昺便成了南宋最末一个皇帝，人称少帝。在一次与元军的交战中，少帝败兵，从福州逃到广东，寄宿一座深山古庙之中。庙中僧人听说是宋朝的少帝，对他们十分热情，怎奈庙里香火不旺，僧人的日子也过得很凄惨，一无所有。僧人见少帝疲惫不堪，又饥又饿，只好就地取材，用自己栽种的番薯制成汤肴，给少帝充饥，少帝饥渴交加，见这菜碧绿清香，软滑味美，食之倍觉爽口，于是大加赞赏。问其名字，僧人合掌谦卑地说："山野贫僧，不知菜之名，此菜为皇帝解除饥渴，保护龙体康健，贫僧之愿足矣。有万岁在，宋朝百姓皆有希望。"少帝听后，十分感动，于是封此菜为"护国菜"，以表自己一定要保住大宋朝江山的决心。从此"护国菜"之名便传之于后代。

"红娘自配"相传在清同治年间，清宫御膳房梁会亭厨师创制，他希望慈禧太后让自己的侄女——一个超龄宫女离宫，他根据《西厢记》中的一段故事情节构思了此菜，取名为"红娘自配"，因而感动了老佛爷。此菜因滋味鲜美在民间广泛流传。

"大救驾"是安徽的地方名小吃。相传公元956年，后周世宗皇帝派大将赵匡胤攻打寿州。可是久攻不下，赵匡胤因此长期日夜操劳而病倒，不思饮食，日见清瘦，赵匡胤的厨师想方设法做出各种可口饮食，都无法引起赵匡胤的食欲。一日，赵匡胤的随从在别处带来金黄色的油炸山药面饼。这面饼做工十分精致，饼面捏出由中心向外旋涡状的褶纹，宛如盘绕的金丝。赵匡胤一见胃口大开，尝了一口，面皮酥脆，特别可口，一连吃了好几个，病好了一半。以后赵匡胤做了宋朝的开国皇帝，后人就把这救过赵匡胤命的饼取名"大救驾"。

以事件命名的菜肴名称还有很多，诸如立过战功的"黄桥烧饼"，纪念爱国诗人屈原的粽子，庆丰收团圆的"中秋月饼"，叙述母子离散后重逢的"母子会"，"油炸鬼"是宋代人恨秦桧而称油条的叫法等。

从以上四方面可以看出古今菜肴命名以质朴之美、意趣之美、奇巧之美、谐谑之美为主流。体现中式菜肴命名的审美意境，它是中国烹饪艺术的一个组成部分。贴切而又富有美感的菜名，能够使宾客在品尝菜肴时产生美的想象，得到美的享受。

🔗【知识链接】

东坡肉的来历

苏东坡是宋代大文学家，名列唐宋八大家。他在烹调艺术上，也有许多创举，在历史上有美食家之称。据传说，苏东坡的烹饪，以红烧肉最为拿手，当他在黄州时，常常亲自烧肉与友人品味。为此，他还曾作诗介绍他的烹调经验，云"慢著火，少著水，火候足时它自美。"不过，烧制出被人们用他的名字命名的"东坡肉"，据传那还是他第二次回杭州做地方官时发生的一件趣事。他上任后，因为西湖被淹，于是发动数万民工除葑田，疏湖港，治理水患，把挖起来的泥堆筑成长堤，这就形成了后来被列为西湖十景之首的"苏堤春晓"。

当时，老百姓赞颂苏东坡为地方办了这件好事，听说他喜欢吃红烧肉，到了春节，都不约而同地给他送猪肉，来表示自己的心意。苏东坡收到那么多的猪肉，觉得应该同数万疏浚西湖的民工共享才对，就叫家人把肉切成方块，用他的烹调方法烧制，连酒一起，按照民工花名册分送到每家每户。他的家人在烧制时，把"连酒一起送"领会成"连酒一起烧"，结果烧制出来的红烧肉，更加香醇味美，食者盛赞苏东坡送来的肉烧法别致，可口好吃。众口赞扬，趣闻传开，大家求方制作，名之曰"东坡肉"，遂流传至今。

中国烹饪是科学，是文化，也是一门艺术，这是我国学术界公认的结论，本章的主要内容就是介绍中国的烹饪艺术。烹饪艺术是一个很宽泛的课题，它包括中国烹饪的工艺之美、中国菜肴的美化艺术、中国菜肴的审美鉴赏、中国菜肴的命名艺术等内容。中国烹饪的工艺之美主要从刀工艺术和勺工艺术两个方面介绍；而中国菜肴的美化艺术则从菜肴造型、菜肴围边和花色艺术菜肴三个方面反映；中国菜肴的审美鉴赏则从烹饪专业角度的审美鉴赏与文学艺术的审美鉴赏两个方面介绍；中国菜肴的命名艺术则从实际出发，从菜肴命名的分类、菜肴命名的艺术手法、菜肴命名的艺术美感等方面表现其艺术魅力。

· 延伸阅读 ·

1. 陈光新编. 中国宴会筵席大典. 青岛：青岛出版社，1995.
2. 杨铭铎著. 饮食美学及其餐饮产品创新. 北京：科学出版社，2007.
3. 贾凯主编. 实用烹饪美学. 北京：旅游教育出版社，2007.
4. 周忠民主编. 饮食消费心理学. 北京：中国轻工业出版社，2007.
5. 熊四智主编. 中国饮食诗文大典. 青岛：青岛出版社，1995.

· 讨论与应用 ·

一、讨论题

1. 中国烹饪艺术一般来说包括哪些具体方面？
2. 中国烹饪的花刀艺术对中国烹饪艺术有什么样的影响？
3. 中国菜肴的美化方法包括哪些方面？
4. 从烹饪专业角度来说，菜点审美包括哪些方面的内容？
5. 中国的烹饪艺术，是依靠高超的烹饪技艺体现的，因此工匠精神是关键。

二、应用题

1. 到一个酒店学习、了解意境菜的发展，并说出你的感想。
2. 刀工之美的高境界是"炫技"，请一位技艺高超的厨师进行刀工"炫技"表演。
3. 到厨房观看艺术凉菜装盘的全过程，并撰写一份心得体会。
4. 一桌宴席有10位客人同时进餐，但他们对同一种菜肴的评价却不相同。有的客人说某菜肴的口味太咸了，有的人则认为某菜肴的口味太淡。人们对相同的菜点的审美结果为什么会不同呢？

第八章

中国烹饪发展前瞻

学习目标： 学习、了解中国烹饪发展的现状与中国烹饪的发展机遇，学习、认识对烹饪类非物质文化遗产代表性项目的保护和开发利用，全面认识中国烹饪产业化发展理念与实践，理解"中国烹饪工艺"向"餐饮产业"的转化、建立烹饪标准、烹饪产业链的重要性，以及烹饪工业文明与餐饮文化创意的意义。全面认识、了解中国烹饪在世界烹饪中的地位与发展前景，从而提高民族自豪感。

内容导引： 以前，中国厨师业界流行一句话说：厨师学好了手艺，就可以实现"手提一把切菜刀，走遍全世界"的愿望。而在老一辈厨师中有多少人技艺虽然登峰造极，但也没有机会走出国门，甚至大部分厨师连中国都没有走遍。然而，改革开放以来，随着我国经济的繁荣与对外经贸的发展，已经有无数的中国厨师走向了国外，实现了老一代厨师的梦想。但是，中国烹饪发展的前景远不是几个厨师到国外谋生发展的事，而是要在新时代的世界经济发展机遇中，让中国烹饪走向国际舞台，为全世界人们的饮食生活造福，也让世界人民了解灿烂的中华文明与积淀深厚的中华文化。

第一节　中国烹饪发展的现状

　　随着我国社会经济发展和人民生活水平的不断提高，人们的饮食消费观念逐步改变，传统的家庭烹饪逐渐被社会化餐饮服务所取代，使我国餐饮业呈快速发展的趋势。这既是我国餐饮业发展的机遇，也是中国烹饪发展的机遇，但同时也面临着挑战。

一、中国餐饮业发展现状

1．国内本土餐饮业发展状况
随着我国国民经济的快速发展，居民的收入水平越来越高，饮食消费需求日益旺盛，餐饮营业额一直保持较强的增长势头。改革开放40多年来，我国餐饮业一直以较高的增长速度快速发展，截至2019年底，全国年度餐饮销售总额已经达到了4.6万亿关口，为国家GDP的增长贡献了力量，可以说整个餐饮市场发展态势良好。

当前，我国餐饮行业发展态势明显，主要体现在以连锁经营、品牌培育、技术创新、管理科学化、新技术网络平台为代表的现代饮食企业，逐步替代传统饮食业的手工随意性生产、单店作坊式、人为经验管理型，正在快步向产业化、集团化、连锁化、网络化和现代化迈进。大众化消费越来越成为饮食消费市场的主体，饮食烹饪文化已经成为餐饮品牌培育和餐饮企业竞争的核心，现代科学技术、科学的经营管理、网络营销理念、现代营养理念在餐饮行业的应用已经越来越广泛。

同时，我国经济体制和增长方式不断改善，工业化、城市化、数字化和现代化进程日趋加快，社会经济稳定发展和人民生活水平继续提高，餐饮业的发展环境和条件日趋成熟，市场需求进一步增强，所有这些都预示着我国餐饮业发展前景更加广阔，为我国烹饪的进步发展创造了先决条件。

2. 国外餐饮企业在中国的发展

我国改革开放以来，包括西餐在内的国外餐饮，特别是西式快餐已大举进入中国，打破了我国餐饮业千百年来形成的传统的经营模式。从最近几年中国烹饪协会发布的"年度中国餐饮业百强企业"排行榜上可知，外商独资的百胜餐饮集团年营业额一直稳居榜首，而位居前几位的国内本土餐饮企业的年营业额与百胜集团相比较，差距相当大，不到百胜餐饮集团年营业额的50%。

美国百胜全球餐饮公司是全球财富500强之一，是世界上第二大特许连锁快餐馆集团。百胜旗下拥有的餐馆遍及世界100多个国家和地区，数量超过4万家，其中约2/3分布在美国以外。该公司以美国肯塔基州的路易斯维尔为基地，在世界各地经营着肯德基炸鸡、必胜客、艾德熊和银质约翰等5个餐饮服务品牌，其每个品牌业务在它们各自的餐馆发展类型中都是全球领导者。

肯德基于1987年进入我国以来，在中国的发展实现了三级跳：自1987—1996年的头9年，以年均11家的速度发展了100家连锁直营店；在1996—2000年的4年间年均发展75家；2001年以来，以年均150家的发展速度加快了在中国的扩张，同时在部分中小城市开展了特许加盟业务。截至2007年12月底，百胜集团已成功地在中国大陆开出了超过2000家肯德基餐厅，超过300家必胜客餐厅，53家必胜宅急送餐厅和11家东方既白餐厅，员工人数超过16万名。根据百胜最新提供的数据，截至2009年6月底，中国百胜已在中国大陆开出了超过2600家肯德基餐厅、430多家必胜客、80余家必胜宅急送、4家必胜比萨站和17家东方既白餐厅。据悉，2011年百胜餐饮集团在中国的营业额达到了434亿元人民币，中国成为该集团全球发展最快、增长最迅速的市场。截至2011年底，百胜餐饮集团仅在湖北省就拥有超过120家肯德基餐厅，20多家必胜客餐厅，员工人数近2万名。公司连续多年来一直雄踞商务部发布的中国餐饮百强企业之首。虽然近几年来的发展势头有所减弱，但仍然具有较强的发展实力。

与此同时，麦当劳、吉野家、赛百味、日式回转寿司、日式拉面等几十个国外餐饮品牌纷纷进入中国快餐市场，几乎占领了中国快餐市场的半壁江山。在这样的竞争环境下，也给中国烹饪和中式快餐提供了一个良好的发展机会。

3. 国内餐饮企业需要提高应对危机的能力

自2003年以来，我国的餐饮市场先后经历了"非典"疫情的影响、"新冠"疫情的影响，以及一些政策性的影响等。尤其是"新冠"疫情的发生，给餐饮行业提出了一个严肃的问题：为什么每次遇到类似的危机，首先受伤的总是餐饮行业？这里面有很多问题值得探讨。但其中最关键的问题是我国的餐饮行业缺乏抵抗各种市场风险的能力。由于餐饮行业大多数都面临企业体量小，发展能力弱，经济储备不足的局面，因此，降低了或者根本就没有抵抗风险的能力。尤其对于那些个体、微小的餐饮企业，问题就更加突出。所以，经过改革开放40多年的经济发展积累之后，我们的餐饮业应该站在更高的层面，在新时期的发展阶段，如何提高餐饮行业抵御风险的能力就成为我们当前餐饮企业的一个主要问题。只有当我们有了充分的思想准备和经济储备之后，我们才有信心战胜一切艰难困苦和各种突发的危机事件，唯其如此，我们才能够在风云变幻的市场面前展现大无畏的精神。

二、中国烹饪的发展机遇

中国烹饪与世界其他流派的饮食烹饪体系一样，既有其不足之处，也有明显的优势。而且，随着中国文化在世界范围内的逐渐传播，中国烹饪在国际餐饮市场的竞争中越来越显示出独有的魅力。

中国台湾有研究学者指出，在世界餐饮业的发展道路上，中国烹饪将逐渐成为主流。许多专家则预言，21世纪将是中国烹饪的世纪。从当前世界经济的发展趋势来看，这些预言并非妄想，而是建立在对中国烹饪的本质特征有充分理解的基础上而言的。英国作者J.A.G.罗伯茨先生在《东食西渐》一书中研究认为，中国饮食全球化的进程，基于三个方面的因素。首先是中餐传统风味的改变与价格优势，其次是中餐饮食养生的健康理念与功效，而更重要的是"文化资本和东西方之交融"的结果。最后，作者引用美国洛杉矶著名大厨沃尔夫冈·帕克的话说："只要不刻意强调其为地道的异国风味，并且无过分宣扬之嫌，中国的传统饮食文化精髓可以完全融入美国的饮食习惯当中，从而使中国饮食文化被彻底接纳。"

中国烹饪的本质特征是注重性味养生和美味享受，即注重充分满足人的生理与心理需要，讲究科学化与艺术化的统一。但是，如要我们仅停留在对中国烹饪的美好展望中，对目前物质与精神生活水平不断提高的中国人民的新需求，对已有自己传统烹饪或现代烹饪的世界各国人民的不同需求熟视无睹，唯我独尊，故步自封，那么中国烹饪将难以在新世纪实现腾飞。

当然，客观事物总有其自身的发展规律，中国烹饪也不例外。它发展为今天的繁荣兴盛局面，并非偶然，而是由一些历史的必然因素促成。因此，在人类交流日益频繁的今天和明天，包容性极强、生命力极强的中国烹饪也绝不会原地踏步，改革开放以后中国烹饪的高速发展即是证明。只是为了加快中国烹饪的发展，为了事半功倍，需要人们认清现实，统一观念，采取有效措施，使中国烹饪由自发地发展变为自觉地发展。

毫无疑问，中国烹饪在新世纪，无论是国内市场，还是国际市场，都有着良好的发展前景，但中国烹饪要实现快速腾飞，并不是一件容易的事，也绝不是简单地继承传统或照搬西方模式，抑或是中西结合就能实现，而是要在发扬自身优势、克服不足的同时，利用世界各国特别是发达国家的有益经验与科技成果，使中国烹饪实现科学化与艺术化的统一，以适应当代饮食消费的潮流。

1. 中国烹饪的优势

（1）历史积累优势 中国烹饪历经数千年，不断兴盛，并且影响到周边国家和地区，形成以其为中心的东方烹饪，与其自身的优势密切相关。这种优势集中体现为既重科学，又重艺术的特色。中国烹饪所注重的科学，是建立在中国特有的传统思维模式基础上的，这种思维模式就是从整体上看待任何一个事物，钱学森先生称其为整体论。因此，千百年来，中国烹饪始终以人为中心，坚持以人为本的原则，强调饮食对人体健康的综合作用。早在先秦时期，《黄帝内经·素问》就明确提出："五谷为养，五果为助，五畜为益，五菜为充。气味合而服之，以补益精气。"这一科学理论是对当时饮食初衷的经验总结，同时也对后世中国烹饪的发展兴盛起了极大作用。它的科学性在于充分认识人体的各种需要，综合安排膳食结构。几千年的实践证明，以植物原料为主，以动物原料为辅的食物结构，对人体健康长寿具有显著的作用。20世纪80年代，西方学者在中国作了一次饮食与健康调查，并与西方进行比较，最后指出："现代营养学强调单一营养成分的作用，忽视了诸种营养成分在人体中的整体作用。"因此，在被"文明病"害苦了的西方人中，许多有识之士呼吁向中国烹饪饮食学习，改革其烹饪方式与膳食结构。

（2）中国餐饮市场优势 改革开放以来，随着我国国民经济的快速发展，居民的收入水平越来越高，饮食消费需求日益旺盛，餐饮营业额一直保持较强的增长势头。尤其是在中国政府关注民生的大前提下，改善和提高国民生活质量就成为头等大事，其中饮食消费占据着重要的地位。近几年来的发展已经证明了这一点。旅游休闲餐饮、城市上班族工作餐、大众化餐饮消费越来越成为饮食消费市场的主体，饮食烹饪文化也日益成为中国烹饪产品的组成内容。可以说整个饮食市场发展态势良好。同时，我国经济体制和增长方式不断改善，工业化、城市化和现代化进程日趋加快，社会经济稳定发展和人民生活水平继续提高，为未来中国餐饮业的发展创造了良好的环境，所有这些都为中国烹饪行业的进步发展提供了有力的保障。

2. 中国烹饪的发展提高

中国烹饪实现未来的大发展，还必须在自身的发展中不断得到提高与完善，特别是在烹饪科学化与烹饪产业化的道路上要有长足的进步。

中国烹饪的科学性，不仅表现在饮食结构上，而且表现在食物原料的多样化及令人眼花缭乱的组合上。对此，孙中山先生在《建国方略》中有详细评述，并且说："中国人之饮食习尚暗合乎科学卫生，尤为各国一般人所望尘莫及也。"为了实现饮食养生目的，中国烹饪还非常注重艺术化，使饮食烹饪没有仅仅停留在生理满足上，进而上升到心理满足。中国烹饪的艺术化，主要表现在追求创造性和个性化，忌讳千篇一律，讲究一菜一格，百菜百味。具体而言，就是以味为核心，追求味的无穷变化，进一步追求味外之味。由此，中国烹饪出现了众多的烹饪方法、味型、菜肴品种和复杂多变的菜点配搭与组合方式，同时产生了相应的饮食思想与观念。春秋战国时期，孔子言"食不厌精，脍不厌细"，指出色恶、臭恶、失饪，不得其酱皆不可食，从色香味形等方面对饮食烹饪提出了要求。而《吕氏春秋·本味篇》则重点阐述了调味的艺术性，云"调和之事，必以甘、酸、苦、辛、咸、先后多少，其齐甚微，皆有自起。鼎中之变，精妙微纤，口弗能言，志不能喻。"到了宋代，苏轼又明确提出了"味外之美"的观点，认为中国烹饪不仅能让人欣赏其形式美，享受其味觉美，还能让人体会到与饮食相联系的多种美，如环境美、意蕴美等。正是由于中国烹饪将科学与艺术相统一，才具有了旺盛的生命力。如今，不少人通俗地说，吃中国菜，吃的是科学、文化与艺术，吃的是一种境界或感觉。

所谓现代化手工烹饪，就是利用现代科学理论与方法，对传统手工烹饪进行改革式继承与发扬，生产出个性化的特色食品，其特点是突出个性化、创造性、弘扬民族特色，现代手工烹饪重在满足人们的心理需要，但也不能忽视人们最基本的生理需要，应在注重艺术性的基础上辅之以标准化，力求在特色突出的前提下让人们吃得更科学。因此，中国现代手工烹饪不必追求工业烹饪那样的稳定快捷，而必须精雕细刻，在"变"中求"不变"。所谓变，是指继承传统烹饪技艺，做到原料搭配、烹饪方法的变化，成品风味特色的变化，菜点组合形式的变化等，充分体现中国烹饪一菜一格、百菜百味的特点，展现其丰富的历史文化内涵和艺术风采。所谓不变，就是运用现代高科技成果，做到原料选择与切配的质量稳定，成品的营养搭配合理，经营服务的标准统一。这样，人们在获得美的艺术享受的同时，也不知不觉地获得了科学化的生理享受。

现代工业烹饪必须形成一个产业，并像其他现代产业一样进行操作与管理，方能满足现代人对它的需要。而现代手工烹饪则可如艺术创造一般进行，二者不可能相互取代。因为人的机体和思想是复杂的，单个复杂的人组成的群体、社会就更加复杂，所以不可能仅以工业烹饪或手工烹饪去满足所有人的所有需求。钱学森先生曾精辟地论述到："烹饪产业的兴起并不会取消今天的餐馆业，这就像现代工业生产并没有取消传统工艺品生产。今日的餐馆、餐厅和酒家饭店，今日的烹饪大师将会继续存在下去，并会进一步发展、提高，成为人类社会的一种艺术活动。"我们还可进一步说，即使许多餐馆饭店实现工业烹饪，手工烹饪也不会消亡。

总之，在新世纪、新时代，中国烹饪一定会在保持自身基本特点的前提下，出现现代烹饪工业与现代手工烹饪有机并存的全新格局，从而达到烹饪科学化与艺术化更加完善的统一。我们烹饪工作者的任务就是通过不懈努力，使这一全新格局的形成由自发到自觉，尽量缩短其形成时间，为中国烹饪在新世纪的腾飞作出自己的贡献。

第二节　烹饪技艺的传承与创新

一、弘扬中华民族工匠精神

随着我国深化改革政策的实施和综合国力的不断增强，一个自信的中华民族巍然屹立于东方。但一个国家一个民族的强盛，除了经济繁荣、科技发达等，更重要的还在于文化的自信。传承和弘扬祖国优秀的传统文化，传播和复兴中华民族的精神，就是一个摆在我们每一个中国人面前的重要任务。中国传统的烹饪技艺是经过华夏民族无数人不断创造积累而成的优秀文化，是历朝历代烹饪工作者的艰辛劳动、无私奉献、精益求精、勇于创新等的结晶，是大国工匠精神的体现，是华夏民族精神的展示。因此，把我们优秀的烹饪技艺传承下来，便成为每一个当代烹饪工作者的责任和使命。我们不拒绝新技术的学习，我们不排斥世界各国烹饪技术的引进，但我们也不能妄自菲薄我们自己优秀的烹饪技艺。

1．工匠精神的概念

李克强总理在2016政府工作报告提出的"工匠精神"，是具有传统文化背景意义的民族工作精神。早在现代化工业革命发生之前，无论东西方人们的产品生产，都是利用简单的工具，依靠手工操作完成的。手工作业基本是一种工坊式的工作形式，一个人从头到尾完成一件作品或产品，这在旧时的中国是司空见惯的。曾经，工匠是一个中国老百姓日常生活须臾不可离的职业，木匠、铜匠、铁匠、石匠、篾匠等，各类手工匠人用他们精湛的技艺为传统生活提供了优质的服务。随着农耕时代结束，社会进入后工业时代，一些与现代生活不相适应的老手艺、老工匠逐渐淡出日常生活，但工匠精神永远不会过时。传统中国手工产品的完成，是在中国"以诚信为本"的传统文化为背景下诞生的产品生产形式，讲究材料的货真价实，讲究工艺的精益求精，讲究产品的完美形象等。但时至今日，各种产品生产的工业化水平日益普及，大多数产品都是在现代化的流水线上完成的，但要确保产品的质量，还必须发扬传统的工匠精神。所以，我们今天倡导的大国"工匠精神"，必须是建立在中华民族传统文化背景下的民族工作态度，把我们的产品质量提升到一个较高的水平。

2．工匠精神的内涵

要全面从理论上阐述工匠精神的内涵，并不是一个简单的问题。但概括起来，大致可以从如下几个方面理解。

（1）高尚的职业情操　我国历来有"干一行爱一行"的俗语，实际上能够一生真正爱上一个专业，把它做到极致的境地，这是需要有真正的爱心和高尚的情操。我们通常把这种职业情操称之为职业道德和奉献精神。新中国成立以来，有多少默默无闻的英雄在自己的工作岗位上无私地奉献了毕生的精力，甚至包括生命。从石油生产到两弹一星，从军工发展到大飞机生产，无数人为此奉献了自己的毕生。这种建立在爱国主义崇高精神下的职业情操，自然是高尚的，是中华民族的脊梁。

（2）精益求精的态度　要做好任何一件事，完成一个产品，必须具备一丝不苟、精益求精的严谨态度。在我国没有引进西方科学观念之前，人们追求的那种朴素的质量观念，就是不放过工作中的任何一个细节，追求完美和极致，不惜花费时间精力，孜孜不倦，把产品做到最好。在今天而言，则是遵循严格的科学态度，不投机取巧，严格操作规程，以最高的检测标准，实现产品质量的最高标准。

（3）耐心专注的坚持　工匠精神还体现为耐心专注的坚持和持之以恒的工作态度。这话说起来容易但要做到是非常难的。例如，持续不断提升产品的质量，是需要一个长期的积累和坚持耐心的过程。因为真正的工匠在专业领域上绝对不会停止追求进步，无论是使用的材料、设计还是生产流程，都在不断完善。所谓没有最好，只有更好，就是这个意思。工匠精神的目标是打造本行业最优质的产品，其他同行无法匹敌的卓越产品。

（4）淡泊名利的心态　用心专注于一个行业，用心做好一件事情，甚至是用一生为之努力与付出，这种行为必须来自内心的热爱，源于灵魂的本真，不图名不为利，只是单纯地想把一件事情做到极致。这种精神在当今以经济利益为核心的氛围中，能够坚持并且做到是非常不易的事情。因此，需要每一个烹饪工作者能够发扬中华民族的传统美德，传承中华民族优秀的传统文化，为民族的振兴，为国家的繁荣贡献自己毕生的心血。

二、烹饪类非物质文化遗产的保护与利用

我国是历史悠久的文明古国，拥有丰富多彩的文化遗产。其中，数量众多的烹饪类非物质文化遗产是中国文化遗产的重要组成部分，是我国历史的见证和中华文化的重要载体，蕴含着中华民族特有的精神价值、思维方式、想象力和文化意识，体现着中华民族的生命力和创造力。保护和利用好非物质文化遗产，对于继承和发扬民族优秀文化传统、增进民族团结和维护国家统一、增强民族自信心和凝聚力、促进社会主义精神文明建设都具有重要而深远的意义。

1. 非物质文化遗产的概念

在联合国教科文组织编写的《保护非物质文化遗产公约》中，对非物质文化遗产的定义是指被各群体、团体、有时为个人所视为其文化遗产的各种实践、表演、表现形式、知识体系和技能及其有关的工具、实物、工艺品和文化场所。根据联合国教科文组织《保护非物质文化遗产公约》的核心意义，我国对非物质文化遗产也有一个明确的定义，并制定了《中华人民共和国非物质文化遗产法》，其中明确规定，非物质文化遗产是指各族人民世代相传并视为其文化遗产组成部分的各种传统文化表现形式，以及与传统文化表现形式相关的实物和场所。我国迄今为止评审了四批国家级非物质文化遗产名录，其中属于烹饪类的有30多项。包括传统面食制作技艺、茶点制作技艺、周村烧饼制作技艺、月饼传统制作技艺、素食制作技艺、同盛祥牛羊肉泡馍制作技艺、烤鸭技艺、牛羊肉烹制技艺、烤全羊技艺、天福号酱肘子制作技艺、六味斋酱肉传统制作技艺、都一处烧卖制作技艺、聚春园佛跳墙制作技艺、真不同洛阳水席制作技艺、仿膳（清廷御膳）制作技艺、直隶官府菜烹饪技艺、孔府菜烹饪技艺、五芳斋粽子制作技艺、辽菜传统烹饪技艺、泡菜制作技艺（朝鲜族泡菜制作技艺）、老汤精配制作技艺、上海本帮菜肴传统烹饪技艺、豆腐传统制作技艺、德州扒鸡制作技艺、蒙自过桥米线制作技艺等。

2. 非物质文化遗产的保护和利用

非物质文化遗产是指各种以非物质形态存在的与群众生活密切相关、世代相承的传统文化表现形式，包括口头传统、传统表演艺术、民俗活动和礼仪与节庆、有关自然界和宇宙的民间传统知识和实践、传统手工艺技能等以及与上述传统文化表现形式相关的文化空间。非物质文化遗产是以人为本的活态文化遗产，它强调的是以人为核心的技艺、经验、精神，其特点是活态流变。在非物质文化遗产的实际工作中，认定的非遗的标准是由父子（家庭），或师徒，或学堂等形式传承三代以上，传承时间超过100年，且要求谱系清楚、明确。

我国非物质文化遗产所蕴含的中华民族特有的精神价值、思维方式、想象力和文化意识，是维护我国文化身份和文化主权的基本依据。在近当代中国，能够传承100年以上的各种非物质文化遗产项目，是非常不容易的，因此非物质文化遗产是我国珍贵的文化遗产，具有极其重要历史价值和文化信息资源价值，也是历史的真实见证。从这样的意义看，保护和利用好非物质文化遗产，对于增强国民的文化自信，弘扬中华民族优秀的传统文化，促进现代文化经济的可持续的协调发展，具有不可低估的社会意义和现实价值。当前的社会是一个高速发展的信息时代，随着全球化趋势的加强和现代化进程的加快，人类非物质文化遗产的生存状况受到了比较大的冲击，一些依靠口授和行为传承的文化遗产正在不断消失，许多传统技艺濒临消亡，大量有历史、文化价值的珍贵实物与资料遭到毁弃或流失境外，随意滥

用、过度开发非物质文化遗产的现象时有发生。所以加强我国非物质文化遗产的保护已经是刻不容缓。

我国的烹饪类非物质文化遗产，大多数都是源自于广大民众生活的项目，因此在今天倡导保护后人开发利用好非物质文化遗产的前提下，都具有开发利用的价值。运用传统技艺制作生产的各种菜肴、食品、饮品等，都是我们今天服务于广大民众生活、推动产业发展的优质项目。当一个非物质文化项目在新时期能够产生出造福于广大人民生活的价值时，是最好的保护，也是最有价值的保护。

我国烹饪类非物质文化遗产项目，都是我国民众经过无数人的持续创新、积累、传承下来的优秀传统烹饪技艺，我们不仅要很好地进行保护，更应该使其得到完整的传承，并通过新的生产方式，能够得到很好的开发利用。于是"美食"非遗的名称就此诞生，各种各样的非遗项目下的地方小吃、美馔佳肴纷纷登场，成为丰富民众生活、提升民众生活质量的亮点。如果是在旧时侯，普通老百姓是不可能吃到美味的"北京烤鸭"的，但时至今日，随着北京烤鸭品牌名店的大力发展和人民生活水平的日益提高，"北京烤鸭"这种国家级的非遗美食已经进入百姓之家，成为许多家庭餐桌上的常客。如此案例，不胜枚举。而且，在大力开发利用美食非遗项目造福民众生活的同时，还创造了可观的经济价值，可谓一举多得。尤其在这个发展过程中，更加增强了国民的民族自信心。

三、烹饪工业文明的现代化发展

随着国民生活水平的日益提高，中国的餐饮业发展已经进入一个全新的时代，菜肴、食品的加工也由传统的手工作业进入到了现代化的工业生产方式阶段。中央厨房、成品流水线、半成品流水线等已经成为现代餐饮生产方式的一部分。换言之，今天的中国餐饮加工已经进入了工业文明时代。而且随着餐饮连锁经营的实现和新技术网络平台的发展，以中央厨房加配送中心或电商物流为特点的餐饮经营模式正在轰轰烈烈地发展起来，甚至会成为将来许多人们的生活方式。

然而，今天的餐饮消费者已经摆脱了昔日饮食果腹的年代，现在到餐厅就餐，更多是体验美食、感受饮食文化的魅力所在。因此，以餐饮主题文化为背景的餐饮文化创意成品、餐厅应运而生。也就是说，今天的餐饮经营，已经进入了一个文创的时代。审美、文化、情趣、体验、参与、感受等综合性的餐饮经营成为发展方向。其中，以民族传统文化元素为背景，与现代时尚生活方式相互融合的餐饮产品大行其道。现今的餐厅，已经不是纯粹的销售饮食品，更成为供人享受生活、感受文化、体验时尚综合性的场所。就是说，当前流行的是餐饮文化创意产品。以北京的故宫为例，故宫火锅店和咖啡店相继开业，文创与餐饮消费融合成为一大特色。角楼餐厅里设有文创产品展示区，主要展示餐具等与饮食相关的产品，顾客吃完火锅可以到文创区获得一张角楼专属明信片，同时可以集印章。角楼咖啡店也设置了文创区，故宫手账、笔记本、茶具、团扇等产品可在店内购买。旁边还有书架，可在店里阅读和故宫相关的书籍。如果这些文创展示售卖还不过瘾，咖啡店隔壁，刚亮相不久的故宫淘宝体验馆可以让你逛个够。这里也常常是人头攒动。上百种俏格格书签和挂饰、像瀑布一样垂下的各色胶带、造型各异的小摆件……故宫淘宝店被搬到了线下，直观地呈现在人们面前。

在故宫开火锅店，在西安博物馆开必胜客店等，拉开了餐饮文化创意新经营模式的序幕。烹饪产品同样也要适应这样的变化，进入烹饪产品的文化创意时代。唯其如此，才能够使中国烹饪传统技艺得到良好的传承和发扬光大。

第三节　中国烹饪产业化

中国烹饪与中国餐饮业要想在当今的国内外餐饮市场取得长足的进步与发展，就必须要走中国烹饪的产业化之路。

中国烹饪产业化的实施过程是一个系统工程。从产业化的角度来定位中国烹饪，通过促进中国烹饪的发展使之带动其他相关行业的发展。诸如制定人才的培养与技术人才的输出计划、原料的生产与供应策略、产品研制与开发计划等。如果"中国烹饪产业化"的进程得以顺利进行，就会形成以中国烹饪为龙头，继而带动农业、水产业、副食品加工业、酒茶业、运输业等相关产业的发展，从而形成一条较为完善的产业链，所产生的社会、经济效益是可想而知的。据有关专家研究表明，这将是未来中国烹饪餐饮业谋求发展的趋势。对此，中国烹饪在其发展进程中不可视而不见。

开宗明义，中国烹饪要想在适应21世纪前进的时代步伐中得到全面的弘扬与长足的发展，就必须按照市场的经济规律进行运作，把中国烹饪当作一个大产业去认识它，去研究它，去传承它，去经营它。

一、餐饮业新发展——烹饪产业化

1. 餐饮业发展的新动向——产业化

中国烹饪的发展在现代市场经济下，首先是要建立创新发展的模式，这是毫无疑问的新发展基础问题。但现代市场经济下的中国餐饮业仅仅有创新的观念还是不行的，更需要建立适应现代餐饮市场发展规律的发展模式。传统的中国烹饪经营模式是以小规模的一店一铺为基础的，各自为战，单打独斗，尤其形成不了链式的纵向发展，发展至今仍停留在民间工艺、民间作坊式的发展模式上，这与日益激烈竞争的现代餐饮市场是相悖的，更背离了市场经济的发展规律。市场经济相信的是竞争力，而竞争力的来源对于餐饮企业来说，就是要在观念转变的前提下，走中国烹饪产业化的发展之路。

历史的经验已经证明，单一性质的方向不符合中国烹饪的发展趋势，多层面多角度的发展思路才是科学之举。中国烹饪产业化发展便是在这种形势下由市场提出的要求，是在效率提升和效益创造的双重作用下形成的一次创新和变革，也是对中国烹饪生产经营性质的一次转变和发展。

产业化发展的前提是能形成较为完备的产业组织，这一组织是以同一产品市场的企业关系结构为对象，保持产业内的企业有足够的改善经营、提高技术、降低成本的竞争压力，利用"规模经济"使产业单位成本处于最优化水平。餐饮业属于服务经营范畴，体现的是服务劳动过程中的经济现象，具体可以表现为餐饮工作者围绕着餐饮产品的生产、销售、流通以及消费而进行的系列活动。

从我国当前餐饮业的发展趋势来看，中国烹饪产业化的发展已有了充足的契机，一方面国民经济的快速增长、进一步扩大内需市场的发展战略为餐饮市场的持续繁荣不断注入新的活力。另一方面餐饮业的持续红火又是刺激消费、拉动内需的有力举措，良性循环的运行态势给传统的中国烹饪产业发展赋予了新的内涵。这一态势也促使中国烹饪的产品质量和产品品格的双重提升，在与相关产业的相互促进和带动之下，能够形成一个完善的中国烹饪产业链。

2."中国烹饪产业化"的含义

在我国，没有哪一个行业能像餐饮行业这样拥有众多数不清的名牌菜肴、面点品种，仅就中国烹饪而言，其中有影响力的菜肴、面点就多达数百种之众。但是，令人遗憾的是，不仅中国烹饪，即便是在整个中国也没有一个餐饮品牌能像麦当劳那样响彻全球，而经久不衰。

中国烹饪技术下创造的中国菜，以其无穷的美味魅力赢得了世人的青睐。但由于长期以来在人们的心目中，餐饮经营只不过是某些人开店谋生的一种手段，而忽略了餐饮在现代经济领域的重要地位，至今人们依然习惯于个人开店、小本投入，而没有把它从宏观上视为一个很大的产业来对待。所以，中国烹饪要想在新世纪中实现突飞猛进的发展，首先要推进中国烹饪产业的进程。

中国烹饪以其博大精深的内涵和历史悠久的形象在众多的菜系中占据着重要地位，其影响力是不言而喻的，如果能够在保持中国烹饪原有特色与风格的基础上，把菜肴的经营生产规范化、标志化、品牌化，就会加速中国烹饪的全面发展，会吸引和服务更多的国内外饮食消费者，甚至迅速发展到全球各地。

促进中国烹饪产业化的发展进程，首先需要人们转变传统的观念，彻底从旧的经营模式走出来，打破一人、一家、一户、一个单位、一个企业、一个地区的经营方式，建立政府主管部门宏观调控下的大产业经营观念。其实，早在20世纪90年代初，著名的科学家钱学森和著名的经济学家于光远先生就已经提出了"烹饪产业"的理论，但当时并没有引起有关政府部门和餐饮经营者的重视。从而导致了近年来，中国烹饪基本上还处于各自为战、缺乏规模经营的状态之中，并导致餐饮市场的无序竞争。也有很多人将饮食业简单地理解为就是投一点小钱，招聘几名厨师和服务员，开个餐馆供客人吃吃喝喝而已，更有些地方官员把它仅仅看成是解决部分下岗职工吃饭问题的一条途径。实际上，这些观念都是对餐饮业的极为狭隘的理解造成的，它忽视了饮食烹饪与社会相关因素的影响与联系。举个例子，肯德基的一只鸡腿、一杯可乐、一个汉堡，虽然口味单调，品种简单，却能打遍全球无敌手。然而随便从中国烹饪体系中找出几道代表菜来，都会比肯德基的鸡腿、汉堡好吃，但为什么没有像肯德基那样幸运呢？关键是没有对中国烹饪产业化产生深刻的认识，观念上远远滞后于时代的发展需要。

二、"中国烹饪工艺"向"餐饮产业"的转化

中国烹饪要想走向产业化发展之路，首先必须完成由"烹饪手艺"向"餐饮工业"的横向产业转化。

中国的现代餐饮市场是一个具有很大发展空间的经济领域，在中国改革开放以来首先抢

占这一市场空间的不是中国的餐饮企业，而是西方的著名餐饮品牌。经过十几年的发展，西式餐饮、日式快餐、韩式快餐等已在中国餐饮市场站稳了脚跟。特别是西式快餐所占的比重已越来越大，西式快餐几乎占据了中国餐饮市场的半壁江山。从餐饮市场化程度的不断加深的现状来看，出现这一情形属于正常的经济现象。但如果要对照中、西餐饮对社会生活的影响以及包括中国烹饪在内的中餐在海外市场所占的份额来看，启发应该说是非常深刻的。中国烹饪的优势无须多说，但在餐饮现代化发展如此快速的背景下，中国烹饪仍然停留在以"烹饪"为手工艺的阶段，甚至还以它的手工艺水平而沾沾自喜，这不能不说是中国烹饪在现代市场情况下的一种悲哀。我们不仅需要完成由"烹饪手艺"向"餐饮工业"的产业转化路程，而且还应尽可能把这个转化过程在时间上缩短。西式餐饮在食品品质和服务质量方面，早就形成了严密的标准化体系，进入我国后在国人的比较心理中，已转化成为一种休闲饮食的方式，产业内涵得到有效扩充，这时候消费者往往不再刻意强调食品的营养成分和人体的吸收效果。虽说以中国烹饪为基础的中餐在产品生产和销售过程中的许多细节都能体现出亲情化的特点，尤其是服务特色。但所欠缺的除去一些硬件环节之外，却正是这些辅助技术的有效运用、营销方式的独具匠心、产品生产与供应的产业链、企业发展的前瞻意识等方面。

近几年来，中国餐饮企业的发展已进入了一个全新的阶段，但当前的中国餐饮企业仍处于投资规模不大、融资渠道不畅通的整体气氛中，因此，企业的"内功建设"便显得尤为重要。中国餐饮企业更需要在管理创新、技术创新、制度建设和企业的"软环境"建设等方面下大力气，要形成一套全新的营销文化和服务文化。企业在经营成熟的情况下再行连锁扩张，去创造品牌优势，以品牌支撑企业的规模体系，以规模促进品牌的延伸推广。

同时，中国烹饪要完成产业化的发展之路，更需要走联合发展的思路。产业化是指以餐饮业为龙头，带动种植业、养殖业、加工业和商业等同步发展，互为依存和补充，并在生产方式上与这些关键部门融为一体。通过实施产业化战略，可以把餐饮业和其他行业分散的、互不联系的个别生产过程转变为互相联系的社会生产过程，把传统的中国烹饪生产制作，一家一户的做饭、炒菜，餐馆及小食店的单兵作战状态，改造成为具有专业化社会分工的产业，更好地满足人们现代生活和营养保健意识的需要。

中国餐饮业产业化的发展，客观上要求实行农工商综合经营，或农业、餐饮业、商品零售业三者一体化。对于中国烹饪来说，农业、海洋捕捞与养殖业作为餐饮业的后向关联产业，为其提供优质原材料和廉价劳动力是不可缺少的连环。商业作为中国餐饮业的前向关联产业，则提供储运销售服务，这就大大密切了餐饮业同农业、海洋产业、商业及其他关联产业的联系，尤其是按照专业化分工建立起来的各个餐饮企业，必须要同它的前后产业保持衔接，否则生产、经营就会中断。在中国餐饮业推广原料的集中采购、加工和储存、销售，不仅有利于减少消耗、节约成本、提高效率，同时还有利于形成中国餐饮业产业化发展所需要的各种辅助性产业和公共服务事业。

三、中国烹饪餐饮产业化的基础——标准化

据统计资料表明，在当今世界经济发达的国家里，技术进步对经济增长的贡献率已由20世纪初的5%～20%上升到20世纪80年代的60%～80%，而且在进入21世纪以来，这个比例还在大幅度提高。在现代化的工业社会中，科学技术进步的贡献已明显超过了资本和劳动力的贡献。所以，在当前的产业结构调整中，知识和技术创新已经完全占据主导地位。中国烹饪在很长时期内都是一种技艺和经验相结合的生产操作，尤其是经验型烹调一直都占据着主导地位。一些书籍和菜谱中出现较多的是"适量""少许""八成油温"等字眼。尽管菜点风味流派和特色的多样化是体现中餐竞争力的优势所在，一些业内人士也提出了中国菜肴生产的"模糊优势"。但针对某个固定产品的特点和口味难有准确的定性，显然会影响菜肴产品的推广和传播，这样的产业化也只能处于一种低水平重复的状态。

因此，中国烹饪在文化性和艺术性等方面的积淀要想得到进一步的长足进展，就必须着眼于菜肴产品的市场化发展，需要摈弃一些传统思维。尤其是当传统技艺在受到现代科技的影响和冲击时，如何更好地使两者相互融合相互弥补，进而推动中国餐饮产业的快速发展就是中国烹饪产业化发展所要面临的新问题。

因而，符合中国烹饪产业化特点的尝试和做法要在行业内得到逐步推广，产品制作和生产工艺上的变革尤其如此，量化操作、菜肴制作标准化无论是中国烹饪研究，还是餐饮行业的烹饪实践都需要有选择、有步骤地进行。一些传统名菜点在市场中要保持其特色和个性，就必须要确保不同地域同一产品质量的稳定性和恒久性。而实现这一可能的关键环节是确定菜点制作过程中的诸多不稳定因素，使中国烹饪生产与作业实现标准化。这是当前所要解决的关键问题。

中国烹饪产品生产的标准化是一个系统工程问题，它至少包括餐饮企业经营管理的标准化、原料供应与加工环节的标准化、工艺配方的标准化、生产加工设备设施的标准化等。实施中国烹饪生产标准化的基础是要实现餐饮企业的规模经营与产业化发展，特别要走发展连锁经营的模式。对于寻求连锁经营的中国烹饪餐饮企业来说，一方面需要加强原料加工和半成品配送中心的建设，另一方面要在市场方面和一些经营实体强化标准统一的人才培养规格和流动机制。

同时，中国烹饪技术创新的物质载体主要体现在烹调器具和设备上。中国烹饪科技含量和知识含量的单薄是一个现实的存在，以手工为主的操作方式一直难有明显改进。即使近几年引进了一些新技术设备，但都不具有自主的研发成果，而且与表现中国烹饪技术特征不完全相吻合，甚至传统中国烹饪中的带柄的炒瓢、炒锅都无影无踪了。因此，符合中国烹饪技术特征的新式烹调器械和设备的研制推广，无疑是影响中国烹饪产业化进程的一个重要环节。尽管当前行业内已出现了诸如测温勺、切割机等提高厨房生产效率的设备，但如何在此基础上进一步加快技术改造，迎接中国烹饪进入国际市场后更大范围内的市场竞争，需要对准产业特点进行有针对性的技术研究。传统中国烹饪使用的炒勺，就已经被日本企业研制成为能够连续翻动、保持一定温度控制的现代化机械设备，这对于中国烹饪来说，应该是一种启示和震撼。

目前，我国餐饮服务经济的特点决定了人为作用会占据较大的比重，菜肴的量化会涉及许多的指标，在数量不大的情况下，各项指标都进行统一的话，那很可能会变得更加烦琐，"效率优先"的原则很难显现。对于这个问题，其实经营者无须担心，近几年来许多大型的中国餐饮企业的实践已经证明了这一点，菜肴的量化对于稳定产品质量、赢得顾客的信赖起到了很大的作用。西式餐饮在这方面也早已做出了成功的范例，先进的器械设备，保证了餐饮产品的质量一致性和制作上的高效率。中国烹饪的产品生产要进一步开发和运用一系列能够提高菜点制作和生产效率的工具和手段，以此来减少单位产品的制作成本，使产业成本处于最优化水平。

不过，我们提倡中国烹饪生产的标准化，并不意味着要将传统的工艺流程与生产方式彻底抛弃。从美食的角度来看，运用手工业进行的菜肴生产还会永远继续下去，以充分体现中国烹饪的特色。但手工艺作业的产品与中国烹饪产业化的产品是有着本质上的区别的，其实，这也是将来中国烹饪作业与菜肴供应多样化发展的一个重要途径。

四、建立中国烹饪产业链

为了迎合和确保中国烹饪产业化这一发展趋势，餐饮业在经营中就需要与相关产业进行密切结合，发展态势迅猛的食品工业便担当了这样的角色。我国"十三五"规划中已经明确地提出了一项重要任务——"让安全的工业化食品进入老百姓的一日三餐"。为此，中国烹饪在产业化的发展过程中必须建立与其他行业密切协作的产业链。对此，有许多学者首先提出一个初步的构想。

1．建立人力资源供应链

中国烹饪产业化的发展有赖于人才的培养与储备，因此做好人力资源的培养与供应是中国烹饪产业化发展的基础工作，也是关键性的环节所在。因为餐饮业属于劳动密集型的企业，即便是机械化达到了很高的程度，仍然离不开人与人面对面的服务，更何况菜肴生产过程的本身就需要有一大批专业技术能力很强的人才队伍。

就目前情况而言，中国是一个人力资源非常丰富的地区，但在中国烹饪专业人才的培养方面却始终没有一个社会性的统筹规划。比如如何把城镇、农村的剩余劳动力培养成为适应中国烹饪产业化发展的专业人才；建立中国烹饪人员、餐厅服务人员等相关能力岗位的能力标准体系，而不是像目前各自为政，甚至为了小群体的一己利益随意确定标准的混乱局面。

对此，政府有关部门应在进行充分社会调查的基础上，除了在正规的烹饪院校根据社会需求有计划地培养专业人才之外，还要建立由人员选择、人员培训、用人单位与培训单位协商一致的社会化人才培养机制。

当然，这当中也包括人才在社会上的有序流动，比如实行中国烹饪厨师登记制度、俱乐部制度与经纪人制度，鼓励人才中介机构设立或猎头公司之类的人才流动模式，这样一来既可保证专业人员的流动有序化，也确保了企业用人的稳定性，对于就业人员与用人单位都有一个基本的保障。

2．建立食品原料供应链

众所周知，著名的西式快餐"麦当劳"和"肯德基"无不是在建立完善的食品原料供应链的基础发展起来的。首先是原料生产种类及生产、养殖过程的标准化。比如建立统一的海产养殖基地、农业生产基地、蔬菜栽培基地等。有关部门提供统一的品种、统一的生产标准、统一的管理模式、统一的收藏标准等。然后进行统一的、集中的工业化加工处理基地，也就是被称之为"中心厨房"的原料半成品加工基地。

在此基础上，建立科学配置的原料配送中心机构，对各种经过统一化加工处理的食品原料进行统一配送。如此一来，不仅由于标准化的生产、加工、储存、运输等过程，确保了原料质量的稳定与统一，避免了菜肴出品质量由于原料质量的不稳定而飘忽不定的现象发生，更重要的是在这个链条中的上下两段发生了根本性的变化。一是中国烹饪餐饮企业的厨房可以最大限度地减少资源配置成本。现在的中国烹饪厨房由于要进行原料的初加工与细加工过程，厨房配置的面积很大，不仅浪费了场地，也造成了人力成本的增加，使产品的出品成本率被迫提高，尤其是随着中国人力资源成本的不断提升，这对于一般的餐饮企业来说将是一个很大的问题。而实行食品原料的配送制度，企业就可以减少厨房的配置面积和人力。二是以餐饮企业为中心的上游形成了产业化生产模式，可以发展成为从原料生产，到原料加工、包装、储存、运输、配送的一条龙式的发展态势。这对于形成大规模化生产、解决当前就业问题是一个具有重大贡献的领域。

3．建立产品开发科研链

由于市场经济的发展规律使然，当前的中国餐饮业，其激烈的竞争程度有目共睹。每个酒店为了不被市场淘汰，就不得不成立研究、开发菜品的机构，由此增加了企业的费用。关键的问题是，由于这些企业的规模化程度都较小，科研的投入自然也不会很大，形成不了规范化的、有竞争力的研发机制和科研成果。如果在政府有关部门的统一协调下，将这些零散的科研资金集中起来，建立规范有力的科研机构，并调动专业科技工作者进行全面的包括菜肴、设备、器具、用品等方面的研究开发，将为中国餐饮企业的发展提供雄厚的科研资源。富有竞争力的烹饪科学研究成果，可以有偿地转让给企业，或根据具体的企业需要提供专门的产品研发等。这种集团式的科学研究模式，对于中国烹饪的发扬光大、推陈出新将会起到巨大的支持作用。

其实，这种规模化的科研，还可以包括中国烹饪餐饮品牌的策划、新产品的社会化推广等，甚至包括新店铺的设计、筹划等。

4．实现大型连锁企业与社会化服务相结合

中国烹饪产业化的发展必须以全方位、多层面的密切协作来实现。因此，政府有关部门应当在政策层面扶持创建大型的中国烹饪餐饮连锁企业，其中包括协助企业的融资、人才倾斜、营销策略、市场管理等各个方面。

然而，建立大型的中国烹饪餐饮连锁企业，毕竟不是所有的企业都有能力做到的事情。对于那些中小型的餐饮企业来说，产业链的建设与发展就要依靠社会化的力量。从中国烹饪产业化发展的战略意义上讲，中国餐饮企业应该发扬两条腿走路的方式，有能力的企业向着连锁企业的方向发展，逐渐形成独立的品牌和市场竞争力，为进入国际餐饮市场做好准备工作。另一方面，在政府有关部门的支持下，充分利用社会上的闲散资金，有计划地建立并发展为中国烹饪餐饮企业产业化发展的相关链条，如原料生产、加工、配送等企业，形成一条社会化服务的产业链，也是不可缺少的发展模式。

5．烹饪工业化与信息网络时代的融合发展

随着现代信息科学的高速发展，以新技术网络平台为载体的电商经济得到了飞速发展，而且方兴未艾。就目前的网络信息发展态势而言，全球网络化时代已经为期不远，网络经济也以高速的发展影响着人们的生活方式。4G、5G、6G……，互联网、物联网……这些新技术日新月异的发展，使人类的生活得到了颠覆性的改变。烹饪产品、餐饮行业也置身其中。随着烹饪现代工业化的发展，烹饪餐饮产品迎来了网络电商时代。一个以线下工业化流水线生产、线上网络销售、即时快递到客户的餐饮发展模式已经发展起来，成为当前推动餐饮产业发展的新动力。烹饪工作者也必须清醒地认识到网络时代对人们饮食的影响，足不出户，

手指一点，就可以品尝到各种美食，甚至是各地、各国美食，这就是新技术网络经济时代的特征。所以，中国烹饪的发展，要紧跟信息时代的脚步，结合网络经济时代发展的需求，在保持传统技艺的前提下，开发适应网络技术平台的新产品，让古老的烹饪技术为新时代服务，这是中国烹饪技术保持创新发展、弘扬光大的关键问题。

五、烹饪工业文明与餐饮文化创意

1. 重视产业化进程中的现代"烹饪工业文明"

从烹饪原料的供给角度来看，随着社会饮食思想的不断进步，求新求异的消费人群将会越来越少，人们对于日常饮食质量和效能的认识都将发生明显的转变，珍稀动植物资源在法律和认识两方面作用下将逐渐退出餐桌，饮食原料资源会更趋于广泛化和普遍性。因而，在产业化进程中应主要着眼于现有的普通原料，进行有效转化加工，进而产生规模效应，逐步形成现代社会的"烹饪工业文明"，这将会是中国烹饪产业化发展的又一明显趋势。

迎合这一发展趋势，就需要与相关产业进行密切结合，发展态势迅猛的食品工业便担当了这样的角色。根据食品加工业"十三五"规划，"十三五"期间食品工业将会重点发展新一代营养、安全、美味的速冻、微波、保鲜、休闲、调味食品和中西式快餐食品等方便食品，不断提高人们一日三餐中工业食品的比例，使主食消费的工业食品城镇居民占50%以上，农村居民占20%以上。这一发展思路为不少地区粮食问题的合理解决提供了一条重要途径，同时也为烹饪产业化的发展提供了极大的帮助和借鉴。烹饪产业化的发展需要决策部门拿出一些具体措施，同时更要注重课题之间的交融和互补。尤其是针对一些地方独特的饮食品种和原料资源，通过烹调技术的革新优化转化为"工业化食品"完全是两者相互结合的切实可行之举。以淮扬菜为例，扬州近年来就发展了以速冻点心为主打产品的系列冷冻食品，鹅类制品也已形成了盐水鹅、风鹅等体现淮扬风味的工业化产品，其中不少都已享誉国际市场，产生了较好的社会效益和经济效益。但中餐中的许多品种是不适宜机械化生产的，一定的选择性和针对性是必需的，品种开发要坚持以市场为导向，更要方便烹调制作。另外，存贮技术的研发、烹调方法的改进、保鲜技术的运用等是关键环节。所以，要能较好地保持产品的原味，就必须认真评估原料加工冻制后品质的变异程度，除速冻环节之外，诸如原料的选择、整理、切割、热处理等都要与烹调方法密切结合起来。工业化食品的主要消费对象是青少年人群，产品特色应在分析其饮食需求特点的基础上有一定的侧重。在这一过程中，尤其要开发和运用一些新式烹调方法，进行有选择、有针对性的"烹饪工业化"生产，进而提升产业经济的综合效益。同时，对于饮食行业经营实体而言，产品工业化生产也是推动企业品牌建设的有力举措，杭州楼外楼实业有限公司所属食品厂能为企业的经营活动提供的常规品种达30余种。类似这类经营方式已在行业内广泛出现，特别是一些快餐企业，流水作业的工业化食品已成为其正常经营活动中的主导产品，这些产品可以说都是现代科技和烹调艺术的最佳组合。从这一层意义上讲，"烹饪工业化"只是中国烹饪产业化进程中的一个功能性因子，两者在概念和内涵上有着本质性差异，同时，这应该是建设现代"烹饪工业文明"的重要着眼点和立足点。

2. 彰显文化特性，形成并完善烹饪文化产业

"文化搭台，经济唱戏。"中国烹饪文化属性的多元化和包容性特征也已成为当前加快区

域经济发展的一个重要平台。《倾力打造"川菜王国"》的作者就以独特的视角提出通过采取一系列有效的措施带动种养殖业和农副产品加工业的发展，川菜产业从种植业、养殖业、加工、营销到培训、资本、传媒等，形成了一个庞大的产业链。这也是烹饪多种属性的鲜明体现，通过各种属性的有效聚合去形成一条完善的产业链将会是烹饪产业化发展的另一显著趋势。

实际上，许多人喜欢到"麦当劳""必胜客"等西式快餐厅去就餐，除了卫生干净等直接环境氛围之外，更重要的是在那里可以感受、体验到地道的西方饮食文化。从人类文明积累的角度看，烹饪产品无论如何工业化发展，说到底，它是要被人们在不同的生活需求中用来消费的。因而，就必然要带有人类生活方式中的文明发展印记。所以说，餐饮产业，更确切地说应该是餐饮文化产业。中国烹饪在文化方面的积淀有得天独厚的优势，但如何去开发利用它，使中国烹饪产品无论在任何情况下，都能够反映出中国文化的特征，这是有待于在中国烹饪产业化发展的道路上需要解决的课题。

中国烹饪的产业化发展是一个不断递进的过程，其中的主线就是要把握好"烹饪"的本质特征和市场经济条件下的产业转化与优化。从与相关产业的链接和作用效果上，要抓住产业经济的特征，在标准化、机械化、规模化、市场化、工业化及文化属性等加快生产力发展的诸多要素上去体现。烹饪产业化的发展不是哪一方面的单一属性的体现，应该是包括几类发展方向的聚合体，要遵循其基本的发展原则，充分发挥传统中国烹饪的文化性和包容性特点，开辟产业化发展的新的空间。

3．大力发展文化创意型餐饮产品

在弘扬传统中国优良烹饪技艺的前提下，注重发展富有饮食文化、饮食审美、饮食养生、科学营养等内涵的新型餐饮产品，这样的餐饮产品需要运用我们的聪明才智去创意、去设计、去整合，故名之曰"文化创意型餐饮产品"，也就是餐饮文化创意产品，这是近年来在文旅融合的背景下的发展趋势。我国烹饪界兴起的"意境菜""餐饮文化创意""主题文化餐厅""博物馆文化餐厅""场景式体验餐厅"等产品，都反映了当前中国烹饪文化的发展走向。

这里所说的文化创意型餐饮产品结构，只是一种产品形态的概念表达，可以做如下的表述：文化创意型餐饮产品结构不是完全以果腹为目的的，而是具有美食享受与满足精神愉悦的双重功能的餐饮产品组合，包括有形产品部分与无形产品内涵的完美结合。一句话，这样的餐饮产品，需要依托丰富的食料资源与饮食文化资源，运用我们的创意思维对产品进行合理设计与加工，并把全部的产品内涵贯穿在整个产品的消费过程中。使购买、消费餐饮产品的客人能够得到完整、完美的产品体验。

尤其值得注意的是，文化创意型餐饮产品是一种完整意义的结构型产品，是文旅融合背景下的创意产品，诸如"主题文化餐厅""场景式体验餐厅""可吃的博物馆餐厅"等。因为这类餐饮产品，虽然仍然基于可食资源型为基础的创意销售型产品，但其中也凝聚了烹饪工作者的智慧运用与创新意识，包括对文化元素、美术技巧、组装艺术、环境设计等方面的运用。文化创意型餐饮产品结构的优势大致有如下几点。

（1）以品质代替数量，提升餐饮产品的食用价值　饮食生活水平的提高不在于食品的数量，而取决于食品的品质，因为我们今天的生活已经不是满足于果腹充饥的年代了。当然，菜肴食品的品质标准包括许多的项目，诸如安全、营养、养生、审美、内涵、意境、寓意等。其实，近几年来我国餐饮产品一直在朝着这个方向发展，但还不够，尤其是鲁菜餐饮企业，有许多人还在以食材数量的多少确定菜品的价值和价格，以菜品数量的多少确定宴席的价值与价格。如果先抛开其他因素不谈，就某一个菜肴或某一桌宴席来看，与其在餐桌上浪费掉50%的食品，还不如把浪费掉的部分产品从菜品食材、宴席设计开始，就减少数量，提高等级，把部分成本通过创意手段进行产品的艺术整合与文化渗透，比如增加艺术审美元素、融合艺术文化元素等，形成少而精、意境美的饮食产品。由此一来，同样价格的产品，虽然数量减少了，但品质反而提高了，如果客人的消费过程满意了，价格也就不成问题了，甚至可能比先前销售得更好。众所皆知，什么是高品质的产品，现阶段从消费者的角度看，就是能够提供适合他们个体需求的少而精、有内涵、有意思的菜品，古人所谓"适口者珍"，就是最好的产品。所以，文化创意型餐饮产品结构不以数量取胜，而是以品质称道，在减少餐桌浪费的同时，又提高了餐饮产品的食用价值。

（2）以品格取代食材档次，提高产品的无形价值　时下流行一句话说，让中国的老百姓生活得有尊严。其实，这种尊严抛开政治层面的意义不论，表现在具体的生活行为上，就是生活得有品质、有品位、有格调。就饮食方面而言，不是追求山珍海味在餐桌上的堆砌，也不是钟鸣鼎食在形式上的豪华奢侈，而是享受一种有生活格调、有审美情趣、有文化境界的饮食产品和消费过程。如此才能够使人具有高雅的生活意义、优雅的美食享受。从饮食养生的角度看，中国菜肴具有三个享受层面：一是悦口娱肠；二是和乐精神；三是修性养德。一如中国饮茶的三个层次：一品茶，二茶道，三禅茶。菜肴与饮茶除了第一个层面是建立在以实物本身为主的基础上外，其他层面的需求都是依靠提升产品的无形价值，也就是文化内涵来实现的。如此一来，餐饮产品需要依赖无限的文化审美创意来提升其无形的价值，而这正是完成餐饮产品高品质的必由之路。我们可以约略用"饮食"和"美食"两个词来加以区别之。"饮食"是以满足生理需求为目的的，必须首先要有数量的保证，食不果腹的滋味尽人皆知。而"美食"是在满足生理需求的基础上进一步满足心理上的安全感、愉悦感、怡情感等需求，不是靠数量而是依靠食品蕴含的无形价值实现的。文化创意型餐饮产品结构的无形价值，就是"美食"的意义，它的真正价值也就在于此。

（3）以合理运用各类资源为目的，倡导餐桌文明　古人云："仓廪实而知礼节，衣食足而知荣辱。"在经济生活水平提高以后，人们开始追求一种优雅、礼仪、文明、品格的生活方式。无论从菜品加工、宴席生产方面还是从餐饮产品消费者方面而言，合理运用食材资源，科学设计餐桌肴馔，减少或避免餐桌浪费，就是一种提高生活文明的具体行为方式。如果在餐饮产品的消费过程中，能够增加一些礼仪情趣、文艺表现等内涵，那餐饮产品的附加值就会更高，也更有价值，使宴饮消费者的饮食消费真正变成一种真善美的享受过程，一种人生文明的体验过程，一种情感交流的优雅过程。如此，我们的餐桌文明就会发扬光大。而当下的餐饮产品和餐饮消费过程，需要这样的餐桌文化和餐桌文明，也需要富有情趣的礼仪活动。文化创意型餐饮产品结构可以完成这样的餐饮转型使命，并且实现合理运用食材资源的目的。

总而言之，大力发展我国餐饮文化创意型产品，富有势在必行的战略意义。我国著名的经济学家于光远先生认为：经济发展的深层次是文化，文化是根，经济是叶，根深才能叶茂。一句话，道出了经济发展过程中资源型产品与文化创意型产品之间的密切关系。众所周知，中国烹饪发展历史悠久、文化底蕴深厚。但长期以来，我国餐饮业在饮食文化资源的应用方面还是一个短板。所以，建立在文化创意型餐饮产品结构的理念下，促进中国烹饪文化资源的运用与创意，应该是未来中国餐饮创新发展的方向。

🔗【知识链接】

分子烹饪新理念

"分子"和"烹饪"搭配组合，看上去很不和谐，英语称为"Molecular Gastronomy"，颠覆了人们对美食的传统概念。它是20世纪80年代由法国科学家Herve This和牛津大学物理教授Nicholas Kurti共同创造的，将化学、物理学和其他科学原理运用到烹饪的过程、准备及其原料当中。不同菜品间存在着分子联系，厨师找出最理想的烹调方法及温度，从而创造出具有独特感官的菜肴。

现在一些分子烹饪的步骤处理技术已经应用于商品食品工业，正如材料一样。但这使新风格承诺把步骤技术从工厂带到厨房。包括：①将流体改造成一种"皮肤"，如液体形式的球体；②真空调理食物，或真空包装食物，是将食品用塑料真空包装，而后用温度受控的温水烹调以达到期望熟度；③速冻，要么将液氮浇在一碗食物上，要么把食物放置于"反扒"设备上；④发泡或泡沫化，在蔬菜汁和果汁混入凝胶或琼脂，而后推进加压罐或手动充气。现在，常用于烹饪中的几种技术如下：

（1）肉经过真空处理以后经过长时间水煮温度控制在60℃，空气完全接触不到肉，这样的烹饪方法会把肉的纤维破坏掉，让肉变得松软并形成凝胶状，但一点不会损失肉的营养和口味。

（2）一些水果如桃、苹果、梨细胞之间会有一层空气，经过真空抽气机的处理把水果细胞里的空气抽出，并重新注入新的口味，如清新的香槟加一些香草味。这样会使水果完全改变本身的味道和颜色。

（3）使用真空旋转蒸馏器甚至可以提取到芳香泥土的味道并把它加到生蚝里，的确有一个厨师就是这么干的并且成功了，发明了一道叫作带有泥土芳香的生蚝菜肴。

（4）费兰亚得利亚还通过各种食品添加剂来改变食物分子的结构，把哈密瓜做得几乎和鱼子一样，这让人是有些难以理解的，劳尔厨师用类似的技术用苹果制作了一种凝结状的东西，切开以后里面是有汁液流出的。

第四节　中国烹饪在世界烹饪中的地位与发展前景

一、中国烹饪在世界烹饪中的地位

1. 中国烹饪是世界烹饪的重要组成部分

现在一般认为，世界上有三大烹饪流派：一是西方烹饪，以法国烹饪为代表；二是中东地区阿拉伯烹饪，以土耳其烹饪为代表；三是东方烹饪，以中国烹饪为代表。而在这三大烹饪体系中，中国烹饪使用的人口最多，在全世界约有14亿人，占世界人口的五分之一，具有举足轻重的地位。中国烹饪以其广博的取料、精湛的加工、精美的产品赢得了五大洲人民的赞誉。中国烹饪文化又以其悠久的历史、博大的范围、精深的内涵、独具的东方魅力使世界耳目一新，成为中国对外交流的窗口、旅游中的重要项目，受到世界广泛的欢迎。中国烹饪不仅为中国人民，还为世界各国人民的生活作出了伟大的贡献。显而易见，随着中国改革开放的进一步扩大深入、对外交流的更广泛发展，中国烹饪将在世界烹饪中占有愈来愈重要的地位。

2. 中国烹饪技术是世界第一流烹饪

孙中山先生于20世纪初，在他的《建国方略》中就已经讲到："我国近代文明进化，事事皆落人后，惟烹饪一道之进步，至今尚为文明各国所不及。中国所发明之食物，固大盛于欧美，而中国烹调法之精良，又非欧美可并驾。"又说："昔日中西未通市以前，西人只知烹调一道法国为世界之冠，及一尝中国之味，莫不以中国为冠矣。"孙先生为革命数十年奔波于东西方，深深体验和了解中西烹饪的同异优劣。实践证明，孙先生的话是十分正确的。现在越来越多的西方人承认中国烹饪为世界第一流烹饪，中国的食品也越来越受到欢迎。有一家美国杂志曾就"哪一个国家的菜最好吃"作了一次民意测查，结果是90％的人投票认为中国菜最好吃。据美国的一项对纽约800人抽样调查显示，其中43％的人平时最爱吃的外卖第一选择是中国食品。法国前总统希拉克说，中国烹调和法国烹调一样享誉世界。他特别喜欢中国菜，尤其爱吃川菜。波兰总统克瓦希涅夫斯基说他非常喜欢中国餐，他自己还会做"不坏"的中国饭菜。英国作家J.A.G.罗伯茨先生在《东食西渐》中认为，"中国人（已经）靠食物征服世界"。他在书中说："在今天的西方世界里，很多国家的每条高速公路边上，几乎都有中式快餐店，差不多每家每户的厨房里都备有一口中式的炒菜铁锅。可以说，中国饮食文化背景下的餐饮业已经风靡西方国家，很多令西方人敬而远之的中国食物现今已经成为餐桌上的常食之品。"

中国烹饪之所以受到欢迎，除了其他一些因素外，最主要的原因是中国烹饪中那些味道美、制作精而又符合科学饮食要求的因素和成分。如中国人崇尚自然食品、崇尚素食，菜肴中含糖、盐、脂肪低而含蛋白质高和碳水化合物，形式多变，味型众多，讲求色、香、味、形、触感和营养、卫生的有机统一。这些既具中国特点，又适合外国人饮食观念的食品最受青睐和赞赏。

二、中国烹饪走向世界

如果说在我国改革开放之前，中国烹饪以台湾、香港为主攻部队，大陆（内地）作为配合（限于以苏联、东欧和南斯拉夫等一些社会主义国家为主）向全世界进军的话，改革开放后，中国烹饪则进入以中国大陆（内地）为大本营、向全球全面出击的时代。中国烹饪以雄浑的实力、深厚的文化底蕴乘改革开放之风，加入了世界烹饪大交流的行列，不断主动开放胸襟，加入国际有关烹饪组织，积极参加国际上的各类烹饪大赛和各种形式的学术、技艺交流活动，采取"走出去""请进来"的方法，使中国烹饪为更多的人了解、接受。由于中外烹饪交流的不断深入扩大，中国烹饪也从外国烹饪中获得了很多教益，汲取了很多营养，促使中国人的饮食观念发生了相当大的转变，对中国烹饪今后的发展也形成了一些共识。中国烹饪在未来走向世界的道路上应该注意如下的问题。

1．饮食观念需要进一步转变

近年来，中国人的饮食观念已经发生了某种意义上的转变，主要表现在以下方面：随着城镇居民和已解决温饱问题的农村地区生活水平的普遍提高，在社会大范围内，饮食结构由充饥型向营养型过渡，消费层次由生存型向享受型过渡。传统的"五谷为养、五果为助、五畜为益、五菜为充"饮食结构所提出条件的满足、实现，对社会上广大人民群众来讲，在未解决"饱"即充饥问题之前，仍是一种奢望。所以直至若干年前，中国的领导人还非常郑重地指导农民制定忙时吃干、闲时吃稀，忙时三餐、闲时两餐；粮不够、瓜菜代的食谱。而现在出现的充饥型向营养型过渡，很显然不是对传统营养结构的追求，而是在现代科学营养理论指导下对人体所需营养的更科学合理的追求。一般认为，传统营养结构偏多于碳水化合物的摄入，有一定的片面性。随着我国饮食消费层次向享受型的逐渐过渡，人们也不是单纯对美味的追求，而是把味和养更加完善地统一起来的享受。如时兴起来的杂粮风、野菜风、黑色食品（黑米、黑木耳、海带等）风、绿色食品（绿蔬菜、绿豆、绿果实等）风、红色食品（红萝卜、红米、西红柿、红薯等）风、黄色食品（玉米、小米、胡萝卜、南瓜等）风等，人们首先注意的是它们所具有的营养价值的高低，是否属天然无污染食品。当然味道不佳也是不被消费者欢迎，这是对传统饮食习惯和烹饪观念的继承。如果说养是目的，那么，味就是实现目的的核心手段。在这种先进科学理论指导下，很多风味流派也在不断主动调整、改变着自己的工艺、产品形式。如川菜的重油、淮扬菜的重甜、北方的重咸等都向清淡转变，鲜菜的烹调也改变了过去大煮大炖的做法，以限制热量、脂肪、盐分的过多摄入和减少食品中营养成分的过多破坏，同时保持味道的鲜美适口。尤其是在优质蛋白质（动物蛋白质）的摄入量方面受到现代营养学的影响而有所增加。

2．中国烹饪的发展必须建立在国际环境的大视野中

改革开放以来，对中国烹饪的发展，逐渐在思想理论上形成了一些共识，主要表现在如下几点。

（1）必须积极主动加入国际大交流　采用先进科学技术，借鉴外来先进经验，运用科学理论指导中国烹饪的发展。当今的世界处于国际大交流时代，任何国家要发展，都必须把自己置于国际大环境中，发展中国烹饪也不例外。人类的科学技术在日新月异地向前发展，新的观念、理论在不断产生，如果对此视而不见，即使是不给予充分注意，也不能使烹饪的发展跟上世界潮流。中国烹饪不仅是中国的，也是世界的，它不仅仅是中国人民饮食生产消费活动的承担者，也是世界人民饮食生活消费活动的一个组成部分。发展中国烹饪，也要走改革开放的道路。只有走科学指导之路，借他之长补己之短，发挥自己的优势，不断改良，不断更新，不断补充，不断完善，路才会越走越宽，越来越得到世界的肯定，才能够被世界性的公民所接受，中国烹饪的前途才会越来越光明。

（2）必须继承中国烹饪的优秀精华　发扬中国烹饪的优良传统，传承大国工匠精神，在保持民族风格、保持中国特色的前提下，取他人之长，为我所用。中国烹饪之所以在世界烹饪中占有重要的一席之地，原因就在于中国烹饪具有自己鲜明的民族特色，独树一帜。越具民族性的，越有世界性，这已经成为一条定律。据《人民日报》1998年1月海外版上刊登的一篇文章讲，美籍华裔世界著名建筑设计大师贝聿铭在参观安徽黟县民居品尝当地风味时，深有感触地说，"外国人来中国参观，你们最'土'的东西，外国人也许觉

得是最'洋'的东西。"所谓的"土",就是民族特色。例如现在有些人用中餐招待外国客人,摆上一副刀叉,岂不知正好破坏了中餐的特色。波兰总统克瓦希涅夫斯基说:"好多中餐要用筷子吃,不用筷子中餐的味就全变了。"所以,丢掉中国特色的菜肴就不再是中国菜,也无"风味"可言了。因此,借鉴和吸收国外的东西,必须遵循一个原则,就是自己烹饪的根本、实质不能丢失,否则就会闹邯郸学步的笑话。成功的例子如茄汁菜肴,茄汁烹法来自国外,但经中国厨师的加工改造,已完全变成中国式的,而且也很受西方客人的欢迎。

（3）必须树立市场经济意识 把中国烹饪不仅看作对外交流的"友好使者",还要视为经济创收的手段,通过多种途径,采取多种方式,宣传中国烹饪,推销中国烹饪,发展国际旅游,开拓海外市场。这一方面已经做了很多工作,如前面已讲过的参加有关国际烹饪组织、参与国际烹饪交流活动等。现在大家越来越认识到,"酒香不怕巷子深"的旧观念需要改变了。中国人去海外谋生,一般情况下,最简捷最容易办到的就是开餐馆,可见作为经济手段,中国烹饪不能小视。但作为国家的经济行为,就要从整体上、站在高角度上树立中国烹饪的形象,积极宣传推销中国烹饪,如利用国外报刊、电视等宣传媒体,有目的、有组织地集团性出国展示,邀请有关人员来中国考察,组织美食旅游团队来中国旅游等。让国外知道,中国的风味流派众多,不仅仅是粤菜,粤菜中也不仅仅是港台粤菜,更不是海外有些已经变得不伦不类的"中国菜"。同时不仅仅是吃,还有中华民族饮食文化的欣赏享受。国内则要加强烹饪管理和科研,制定品牌战略,从菜肴、面点到小吃都要树立一些国家级、省级名牌,采取相应的产权保护措施,加紧培养大量既有高超的实践操作技能和理论知识,又懂外语的高层次烹饪人员,立足中国,面向世界,全面开拓海外中国烹饪市场。在目前体制下,如果由国家统一计划,有一个部门专门负责此项工作,使其成为一项对外产业,其经济潜力将是十分巨大的。美国的"肯德基""麦当劳"等能在中国打开市场并大获其利,对中国来说,也是一个可借鉴的例子。外国烹饪对中国烹饪的影响和促进是全方位的,不仅表现在思想观念方面,还表现在从烹饪原料、工具、工艺生产到产品、产品消费等方面。

（4）必须紧跟时代发展的脚步 充分发挥新技术网络平台的作用,让中国烹饪的发展紧紧拥抱网络经济的发展。随着互联网、物联网的快速发展,中国烹饪也进入了网络发展时代,现代化的中央厨房和流水生产线,快捷的物流配送与快递业的发展,都为烹饪产品的新时代发展提供了新的机会。

三、中国烹饪未来发展前瞻

当代中国烹饪的发展已开始进入一个全新的历史时期,世界范围内科学技术的进步、经济文化交流日益广泛频繁,尤其是中国自身的伟大变革,给中国烹饪的发展提供了前所未有的条件和契机。根据中国烹饪既往历史总结的发展规律,结合当今存在的实际情况,对中国烹饪未来的发展做出科学的预测,既是中国烹饪理论研究的主要任务,更是发展中国烹饪实践的必需。这种前瞻性预测具有十分重要的现实意义,它能够使我们高瞻远瞩地把握中国烹饪发展的方向,站在战略的高度对中国烹饪的发展进行规划,做到胸中有数,打有准备之仗。

1．中国烹饪原料未来的发展状况

烹饪原料的来源种类在总体上不断增加，其中仍以自然生长的原料为主，人工合成的原料为辅。在自然生长原料中，野生野长的部分在比重上将不断下降，人工培植养殖的部分在比重上不断上升。人工合成原料所占比例虽然不大，但其种类也将增加。同时，中国烹饪原料还继续保持"博"的特色。

据统计，地球上现存可食生物有8万多种，而人类现在仅利用了3000种左右。以鱼类而言，约有25000种，而仅食用约500种。仅此一项，可供开发利用的范围还很大。近年来对藻类、菌类、霉菌类中可食部分已进行了开发。人工培植养殖的范围也在不断扩大，新的科学技术的采用，使过去野生野长的东西可大量采用人工方式培养，如大虾、鳗鱼、海带、鲍鱼、猴头菇等。过去的时令蔬菜现在地不分南北、时不论冬夏都可以食用到。利用生物遗传工程技术改良和培育新品种，为扩大食源开辟了广阔的天地。如利用宇航技术在太空使生物基因发生异变，培育出品质更加优良、产量更大的新品种。据报载，人类可能培育出一种介于动植物之间的具有肉类营养特征的植物。人工合成的烹饪原料种类也会有所增加，但预计近期内不会出现突破性的进展，不过其前景未可限量。同时，一些原料将因种种原因退出烹饪领域，如益鸟、益虫、需要保护的稀有珍贵生物等。更多的海外产烹饪原料将进入中国，包括原材料和半加工品以及原种等。中国烹饪原料"博"特色的继续存在，有多方面的原因，如温饱问题还未完全彻底解决；作为一种传统习惯以及追求猎奇、刺激等原因。

2．中国烹饪工具未来的发展状况

传统手工工具作为一个系统将在相当长的时期内保持不变，但其中一些工具将得到改造，一些落后的工具将被淘汰。半机械化、机械化、智能化工具将不断增加。尤其是以电为能源的工具种类增加更快，工具的专门化程度、使用的方便性都将得到大幅度的提高和加强。

中国传统的手工工具在食品直接消费的生产中还将继续占据主导地位。这主要是由中国烹饪的特殊性所决定，同时大量的烹饪生产还将在家庭进行。即使科技高度发展了，中国烹饪的手工生产还会存在，所以手工工具不会退出烹饪阵地。但是，很多手工工具将会改变自己的质料或形式，更加科学、更符合现代烹饪对它们的各种要求条件。如不锈钢系列工具、不粘锅、多微量元素营养锅等的出现，高压锅、电饭煲、电磁炉、打浆机、榨汁机等的出现都是例子。还有一些特殊的工具如砂锅、铁锅、瓷饮食具、紫砂茶具、汽锅等，因其能保证某种风味特点及文化因素，会长久保留使用。而其中一些过时或不符合卫生等要求的，会被淘汰掉，如过去使用的石磨、石碾、石碓等，含铅量超过标准的餐具，不易清洗、易腐蚀污染或易发生有害的化学变化的工具、器具如青铜工具、铅锡器具、造成"白色污染"的塑料食品袋、饭盒等。而一次性使用，又能避免上述危害和资源浪费的器具将大行于世。

在大规模工厂化食品生产领域内，机械化、自动化、数字化、智能化生产工具将占据绝对主导地位。小型的、家庭用机械化、自动化、数字化、智能化工具将大量进入中、小型食品生产企业和家庭，如现在已广泛使用的和面机、面条机、绞肉机、切菜机、饺子机、馒头机、电磁灶、微波炉等。据报载，美国市场上已出现一种如微型混凝土搅拌机一样的旋转炒菜锅、自动量水饭锅、视听微波炉、热波炉、音频解冻器等新工具，无疑会于不久的将来在中国出现。

3．中国烹饪工艺与烹饪生产未来的发展状况

手工工艺在食品工厂生产领域以外仍将居于统治地位。传统手工工艺中的精华将永远保留下去，传统工艺中的合理部分将继续得到发扬。机械化、自动化、数字化、智能化烹饪工艺将得到突飞猛进的发展，其涉及范围将日益扩大。机械化、自动化、数字化、智能化烹饪工艺代替手工工艺的范围与工艺的复杂程度成反比，其工艺水平在一定范围内与手工工艺相媲美。烹饪工艺将更加科学化，并向全面智能化方面发展。

原料预加工中将有更多的部分被机械操作替代，尤其是初加工部分。工艺复杂、特色性强的部分，以及家庭烹饪生产中预加工部分手工工艺还将占主导地位。配组工艺日益讲求营养搭配的科学性、安全卫生性，讲求审美性。自动化配组将由现在的工厂生产进入饭店、食堂等生产单位。家庭烹饪将更多采用已加工好的半成品或配好的成组原料，只需进行最后的成品加工。但手工配组在饭店、食堂以及家庭中仍为主要的方式，因为必须满足因人而异的复杂口味及其他要求。中国的烹调工艺手工工艺仍为主要的，这是因为一是特色的要求，二是即烹即食的时间要求，三是旅游中观赏，特别提出品尝手工制品等特殊要求，四是家庭生产的分散性。但自动烹调工艺也会扩大阵地，如四川的麻婆豆腐，采取了机械批量生产，风味特点基本保留。还有一些新技术带来的烹调工艺和微波炉直接烧菜、罐头装生原料直接加热等，将会大量进入家庭。同时，烹调工艺中讲求如何避免营养素的减少，保证安全、卫生等科学方法将更普及。

4．中国烹饪产品未来的发展状况

随着生存型向享受型转变，中国的食品种类将越来越丰富，风味食品将经久不衰地受到欢迎，保健食品稳步扩大地盘，方便食品将大行于世，快餐将得到突飞猛进的发展。其中的名牌食品会受到特别的青睐。

中国自古就有众多的快餐品种，如包子、烧饼、盖浇饭、大饼夹肉、煎饼夹菜、水饺、面条等。在中国数以千计的小吃中，快餐比重不小。中式快餐和西式快餐有很多不同之处：一是中国快餐品种多，规格多，风格多。中国人大多不习惯西方"三明治"之类的单一化和"标准化"；二是有重口味的传统，不同于西方特别注重每份快餐中淀粉、肉、菜等营养的均衡搭配；三是一次进餐多项选择，不同于西方人习惯于一次只选一种；四是传统观念中不作为正式的一餐饭。这些特点在发展中国快餐中有利有弊，必须结合中国人的饮食观念和习惯走出一条中国式快餐的道路。今后中国快餐的发展，一是将走多品种、多风格的路子；二是营养搭配中既讲求一份快餐中各种营养的搭配，又讲求一份快餐中以多品种搭配满足营养要求；三是将走社会化生产的路子，并实现每一品种质量的标准化；四是将注重不同范围、不同层次市场的开拓；五是将进行规范化的管理；六是将逐步开拓国际市场，使中国烹饪产业化发展。

5．中国烹饪风味流派未来的发展状况

可以预见，我国的众多风味流派将继续保持基本特色长期不变，随着社会经济文化交流的日益扩大深入，但会在日益的发展与交流中互相渗透，有些产品在标准化的走向中会向产品同质化方面发展。风味流派本身是历史的产物，就必须在历史的发展中不断丰富自己，就得有所改变，以适应时代的需求。所谓的"变"与"不变"是辩证的统一：变是绝对的，不变是相对的；绝对的变中包含着一定历史阶段中相对的不变，相对的不变中又包含着部分的、局部因素的不断变化。因此，所谓的"正宗"也是绝对和相对的统一。如川菜的"正宗"

在四川，从其流派形成后，以"辛香"为主，"百菜百味"的特色经历数百年基本不变；但明代川菜不会绝对等同于清代川菜，民国时期的川菜也不会绝对和现在的川菜相同。走出四川的川菜，不管其"正宗"两个字写得多大，多多少少都会因适应地方口味而有所改变。但无论怎么变，川菜的基本特点不能丧失，否则就不成其为川菜了。所以，那种认为凡是"正宗"均不改变或不能改变，或既然"变"就无所谓正宗不正宗的观点，都是不符风味流派发展实际的。

6．中国烹饪人员未来的发展状况

随着中国经济发展人民生活水平质量的提高、对外经济文化交流的扩大频繁，中国烹饪人员队伍将不断壮大，层次将不断提高，在生活中的作用将越来越大，社会地位将越来越高。一支现代化的、高水准的烹饪队伍将登上中国烹饪舞台。

温饱式生存型生活模式在中国的存在日益减少和基本消失，社会对烹饪人员的需求越来越大，要求烹饪人员具有高的或较高的综合素质。总的说，中国烹饪人员的总体素质在不断提高，从高到低各层次的烹饪人员大量培养以满足不同层次的需求。而其中高层次的学者型、专家型烹饪人员以及能够胜任对外交流的烹饪人员将越来越多地涌现出来，形成梯队，作为中国烹饪的带头人和中坚力量。全社会将越来越视烹饪人员为饮食艺术文化、饮食科学的生产者和研究者，给予高度的重视和尊敬。那种旧的视烹饪为"小道"、烹饪人员为"小人下才"的观念将日益淡化并最终消失，成为历史的沉渣。在此需求推动下，烹饪培训教育事业也将得到前所未有的重视和发展。

7．中国烹饪消费未来的发展状况

在保留传统消费观念、方式精华的基础上，消费层次将不断提高，消费观念将不断现代化，消费方式将更加科学化与多元化。中国的饮食文化将补充、增添很多新的内容和内涵。

中国饮食文化中雅食、尊老、睦亲、敬友等将作为"礼仪之邦"的优良传统继续得到发扬光大，一些不健康的因素将随着物质文明的提高被摒弃，饮食从内容到方式都将追求符合科学原理。同时，各种服务将更为快捷和方便，如外卖速递、上门烹饪等更为普遍。人们将越来越把饮食消费作为一种享受，赋予其新的文化内涵。中国烹饪市场未来的发展状况总的趋势是在市场经济杠杆作用下，各风味流派都将树立市场经济的观念，大力发展、开拓自己的国内外烹饪市场，将以更为丰富的产品、优质的服务展开竞争，灵活变化，主动进攻。市场竞争将更为规范，规则愈加明确，遵守规则的自觉性日益提高。国内市场和国际市场将进一步扩大繁荣。一批烹饪市场专家将应运而生，使烹饪市场营销进入理论指导下的实践操作阶段。从策划、市场分析、战略策略制定、实施、反馈到调整等都成为经营者自觉的行为和有序的运作过程。

国内烹饪市场在向多层次、多元化发展的同时，将出现越来越多的集团化连锁经营产品占领和引导市场的情况。有可能在全国范围内出现一些大规模的烹饪原料、工具、产品集散地及人员培训中心市场。竞争者更加自觉地以人才、高质量的产品和优质的服务巩固已占有市场和开辟新的市场。在竞争中更注意市场信息的反馈和灵活的调整。无论是大的或小的食品生产销售者，都将在市场经济规律强制下更加深入地认识这些道理。同时，家庭消费层次的增多，工薪阶层等追求省力、省时等造成的市场需求将日益扩大，将成为烹饪市场激烈竞争的领域。

国际市场的巩固和开拓将更多采取宏观和微观相结合的方式，灵活多变的方法，由分散性经营向集团化经营过渡，有可能出现连锁经营形式。同时通过接待国际旅游者、对外交流展示等多角度、多渠道、多方式宣传推销，促进国际烹饪市场的开拓。

综上所述，中国当代的烹饪已发展到一个新的历史时期，在各方面已经出现了前所未有的巨大变化，并将随着世界和中国的进步继续发生变化。中国烹饪在历史上已经为中国人民和世界人民的生活创造了辉煌，未来的中国烹饪一定能够胜任自己的使命，为人类幸福创造更加灿烂的辉煌。

🔗【知识链接】

《舌尖上的中国》与烹饪文化

2012年，一部纪录片《舌尖上的中国》火了，不仅吸引无数观众深夜守候，垂涎不止，更让许多人流下感动的泪水。因为这是一部反映中国传统美食烹饪与人生况味的作品。它出乎意料地走红荧屏，带给我们超越美食烹饪的思考。

哲学家费尔巴哈有句名言，人就是他所吃的东西。从一开始，《舌尖上的中国》就不只是一部关于吃的纪录片。"看着笋挖出来，火腿吊起来，渔网里闪闪发亮，揭开蒸笼白花花、冒着蒸汽的馒头，拉面摔打在案板上的脆响……都让人激动得落泪。多可爱的中国。"从舌尖上的中国，到味蕾中的故乡，影片所展示的厚重感，体现了该片的独特性——"通过美食这个窗口更多地看到中国人、人和食物的关系、人和社会的关系"。看这部充满温情的纪录片，有人想起了小时候"妈妈的味道"，有人体会到了"粒粒皆辛苦"的不易，也有人升华到了"爱国主义"的境界，还有人上升到了"文化输出"的高度。"不是空洞地宣扬饮食文化的博大精深，而是从美食背后的制作工艺和生产过程入手，配合平常百姓的生活，在情感上引起共鸣。"一位网友指出了该片的成功所在，那就是定位在中国烹饪、饮食文化的视角。

中国的烹饪文化、美食文化本就丰富多彩、内涵深厚。《舌尖上的中国》就是从中国烹饪文化的深层次来反映华夏民族的生活况味。所以，从这样的意义上来看，中国的烹饪文化不仅是餐饮文化创意产品的源泉，而且还是多层面文化创意产品的基础。或许"人类文明始于饮食的命题"有所偏颇，但又有一定的道理在里面。

· 本章小结 ·

本章主要是针对中国烹饪未来的发展前瞻进行论述，并就中国烹饪向世界餐饮市场发展的过程进行一些理论上的探讨。其内容包括中国烹饪发展的现状、中国烹饪产业化、中国烹饪在世界烹饪中的地位与发展前景三个方面。中国烹饪发展的现状是通过对中国餐饮业发展现状的探讨，引发对中国烹饪发展机遇的期望；中国烹饪产业化主要从"中国烹饪工艺"向"餐饮产业"的转化、中国烹饪标准化、建立中国烹饪产业链，以及烹饪工业文明与餐饮文化创意等方面进行探索；最后对中国烹饪在世界烹饪中的地位与发展前景进行了展望，包括对中国烹饪走向世界的论述。为所有从事中国烹饪行业和即将成为烹饪工作者的人，指明未来的发展方向，从而树立坚定的信心。

· 延伸阅读 ·

1. 中央电视台纪录频道编. 舌尖上的中国. 北京：光明日报出版社，2012.
2. J.A.G. 罗伯茨著. 东食西渐. 杨东平译. 北京：中国当代出版社，2008.
3. 杨柳著. 中华餐饮产业竞争力研究. 北京：经济科学出版社，2009.

· 讨论与应用 ·

一、讨论题

1. 中国烹饪的发展现状如何？对此你有什么感想？
2. 什么是餐饮文化创意？什么是中国烹饪的产业化？
3. 中国烹饪产业链发展包括哪些方面？
4. 中国烹饪如何在弘扬传统文化的背景下走向世界餐饮市场？
5. 在网络经济发展时代，烹饪行业如何跟上时代的步伐？

二、应用题

1. 组织观看《舌尖上的中国》《面条之路》等纪录片，每人写一份观后感。
2. 到一个大型的农贸市场了解中国烹饪原料的供应情况。
3. 请一位国内烹饪文化、饮食文化研究的学者，畅谈中国烹饪未来的发展状况。
4. 结合自己的生活体验，谈一谈对烹饪文化创意的认识。

参考文献

[1] 华国梁，马健鹰，赵建民．中国饮食文化［M］．大连：东北财经大学出版社，2002．

[2] 黄剑，鲁永超．中外饮食民俗［M］．北京：科学出版社，2010．

[3] 张海林．中国烹饪学基础纲要［M］．郑州：中州古籍出版社，2006．

[4] 路新国．中国饮食保健学［M］．北京：中国轻工业出版社，2001．

[5] 高启东．中国烹调大全［M］．哈尔滨：黑龙江科技出版社，1990．

[6] 颜其香．中国少数民族饮食文化荟萃［M］．北京：商务印书馆，2001．

[7] 赵荣光，谢定源．饮食文化概论［M］．北京：中国轻工业出版社，2000．

[8] 国家旅游局人事劳动教育司．中国烹饪概论［M］．北京：中国旅游出版社，1996．

[9] 熊四智．中国烹饪学概论［M］．成都：四川科学技术出版社，1988．

[10] 张起钧．烹调原理［M］．北京：中国商业出版社，1999．

[11] 陶文台．中国烹饪概论［M］．北京：中国商业出版社，1988．

[12] 李曦．中国烹饪概论［M］．北京：旅游教育出版社，2005．

[13] 王子辉．中国饮食文化研究［M］．西安：陕西人民出版社，1997．

[14] 马宏伟．中国饮食文化［M］．呼和浩特：内蒙古人民出版社，1997．

[15] 杨柳．中国餐饮产业竞争力研究［M］．北京：经济科学出版社，2009．